JN060332

高校レベルから はじめる！

やさしく わかる

ノマド・ワークス 著

物理学 のための 数学

ナツメ社

はじめに

　「物理数学」と聞くと、なにやら呪文のようなアヤシゲな数式がえんえんと続く、えらくむずかしいもの……といったイメージをもっている人がいるかもしれません。物理＋数学。どちらか片方だけでも大変なのに、まさかダブルで攻めてくるとは！

　しかし、物理と数学にはそもそも切っても切れない縁があります。万有引力から相対性理論、量子力学まで、この世界の物理現象は、数学を使わなければ説明できないのですから。数学は、一見複雑でややこしい物理現象を、スッキリと理解するための便利な「道具」なのです。

　ただ困ったことに、物理学の基礎をきちんと理解しようとすると、高校で習う数学は「道具」としてやや物足りません。たとえば、一次方程式や二次方程式の解き方は中学・高校で習いますが、物理学では「微分方程式」というものが登場します。また、ベクトルや微分・積分は高校の数学で習いますが、物理学では「ベクトル場の微分」や「ベクトル場の積分」のような計算が必要です。

　このような、物理を学ぶ上で必要な「道具」としての数学について、できる限りわかりやすく説明したのが本書です。

　高校数学の復習からはじめているので、独学や本格的に学ぶ前の入門として利用できます。数式は途中の式を省略せず、「なぜこうなるのか」が理解できるように配慮しました。理解できると楽しいものです。「数学はあまり得意じゃないなあ」という人にも、ぜひ手に取っていただきたいと思います。

目次

第3章 ● 行列とベクトル

第4章 ● 微分方程式

第5章 ● 場の微分を理解する grad, div, rot

万有引力と勾配

第6章 ● 場の積分を理解する　グリーン，ストークス，ガウスの定理

第7章 ● フーリエ級数とフーリエ変換

第1章

基礎的な知識①
関数について

これから物理数学の森に分け入っていく前に、最低限必要な装備をいくつか確認しておきましょう。この章では、中学や高校の数学で学習する様々な関数について復習します。とりわけ三角関数は、物理数学を理解するうえで重要です。

01 関数とはなにか

この節の概要

▶ まずは「関数」の復習からはじめましょう。関数については中学数学で習いますが、じつはここで数学が苦手になる人がけっこういます。しかし、物理数学で関数を避けて通ることはできません。

　ある値 x に対して、対応する値 y が1つだけ決まる場合、y を x の関数といい、

$$y = f(x)$$

のように書きます。関数の記号 $f(\ \ )$ は入力値を受け付ける変換器のようなもので、カッコの中に x を入れると、内部でガタゴトと機械が動いて、y がポンと出てきます。この場合、x を**独立変数**、y を**従属変数**といいます。
　　　　　　　　　入力値は自由に決められる＝独立している

　また、x がとれる値の範囲を**定義域**、それによって出力される y の値の範囲を**値域**といいます。

出力値は入力値に応じて決まる＝従属している

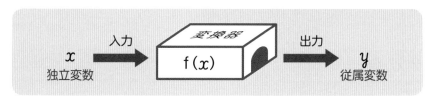

$f(x)$ が内部でどんな仕事をするかは、

　　　$f(x) = x$ に関する式　　または　　$y = x$ に関する式

のように書きます。たとえば「入力値の2乗を出力する」関数であれば、

$$\boxed{f(x)=x^2} \quad \text{または} \quad \boxed{y=x^2}$$

となります。関数は、この「x に関する式」の内容によって、一次関数、二次関数、三角関数といった様々な種類に分類されます。

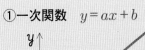
①一次関数　$y = ax + b$

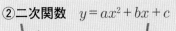
②二次関数　$y = ax^2 + bx + c$

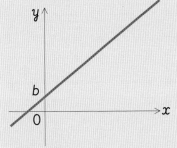

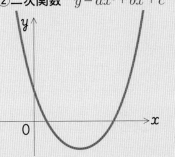

③指数関数　$y = a^x$　$(a > 1)$

④対数関数　$y = \log_a x$　$(a > 1)$

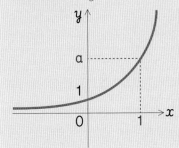

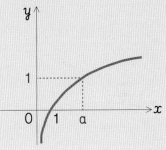

⑤三角関数

$y = \sin x$　　　　$y = \cos x$　　　　$y = \tan x$

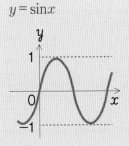

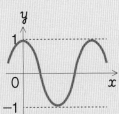
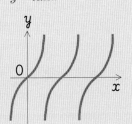

02 一次関数と二次関数

この節の概要

▶ 一次関数は中学数学、二次関数は高校数学で学習します。

一次関数については、「傾き」の考え方がとくに重要です。

▶ 二次関数については、「平方完成」によるグラフの頂点の求め方と、二次方程式の「判別式」について説明します。

■ 一次関数

一次関数は $y = ax + b$ のように、右辺が 1 次式で表される関数です（a, b は定数）。一次関数 $y = ax + b$ の定数 a を傾き、定数 b を y 切片といい、グラフは次のような直線になります。──[x の乗数が最大 1]

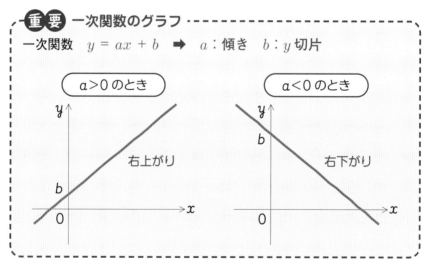

重要 一次関数のグラフ

一次関数 $y = ax + b$ ➡ a：傾き b：y 切片

$a>0$ のとき

右上がり

$a<0$ のとき

右下がり

傾きとは、「x が 1 増えたときの y の変化量」を表します。いま、x の値が x_1 から x_2 に増加したとき、y の値が y_1 から y_2 に変化したとすると、y の値の変化の割合＝傾きは、

$$a = \frac{y_2 - y_1}{x_2 - x_1}$$

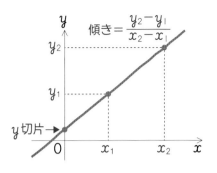

で求めることができます。

　また、y切片とは、$x = 0$のときのyの値です。一次関数のグラフを描くと、直線とy軸との交点のy座標がy切片になります。

例題1 傾きが3、y切片が-2の直線の式を求めよ。

　解　直線の式$y = ax + b$において、傾き$a = 3$、y切片$b = -2$となるので、求める直線の式は、次のようになります。

　　$y = 3x - 2$　…（答）

例題2 2点P（1, 8）、Q（3, 4）を通る直線の式を求めよ。

　解　直線を通る2点の座標$(x_1,\ y_1)$、$(x_2,\ y_2)$が与えられている場合、傾きaとy切片bは、それぞれ次のように求められます。

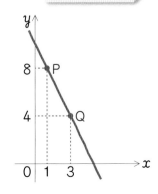

> $y = ax + b$より、
> $b = y - ax$
> 上式のx, yに座標$(x_2,\ y_2)$を代入します。

傾き：$a = \dfrac{y_2 - y_1}{x_2 - x_1}$　　y切片：$b = y_2 - ax_2$ ◀

　2点P$(1, 8)$、Q$(3, 4)$の座標を当てはめて計算すると、次のようになります。

傾き：　$a = \dfrac{y_2 - y_1}{x_2 - x_1} = \dfrac{4-8}{3-1} = \dfrac{-4}{2} = -2$

y**切片：**$b = y_2 - ax_2 = 4 - (-2) \cdot 3$
　　　　　　　　　$= 4 + 6 = 10$

以上から、求める直線の式は、

　　$y = -2x + 10$　…（答）

■ 二次関数

二次関数は、$y = ax^2 + bx + c$ のように、右辺が2次式で表される関数です（a、b、cは定数、$a \neq 0$）。二次関数のグラフは、左右対称の放物線のようなグラフになり、頂点の y 座標が最小値または最大値になります。

x の乗数が最大2

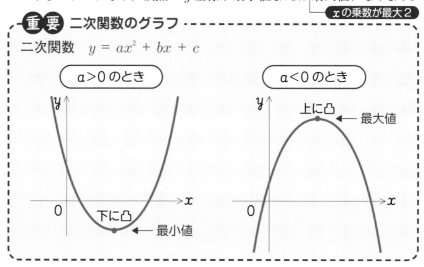

重要 二次関数のグラフ

二次関数　$y = ax^2 + bx + c$

a＞0 のとき

a＜0 のとき

上に凸 ← 最大値

下に凸 ← 最小値

二次関数のグラフの頂点の座標は、二次関数の式 $y = ax^2 + bx + c$ を次のように変形して求めます。この変形を**平方完成**といいます。

$$y = ax^2 + bx + c = a\left(x^2 + \frac{b}{a}x\right) + c \quad \blacktriangleleft 無理やり a でくくる$$

$$= a\left\{x^2 + 2\cdot\frac{b}{2a}x + \left(\frac{b}{2a}\right)^2 - \left(\frac{b}{2a}\right)^2\right\} + c \quad \blacktriangleleft \left(\frac{b}{2a}\right)^2 を足してまた引く$$

$$= a\left\{x^2 + 2\cdot\frac{b}{2a}x + \left(\frac{b}{2a}\right)^2\right\} - a\left(\frac{b}{2a}\right)^2 + c \quad \blacktriangleleft カッコの外に出す$$

$$= a\left(x + \frac{b}{2a}\right)^2 - \frac{b^2}{4a} + c \quad \blacktriangleleft \alpha^2 + 2\alpha + \beta^2 = (\alpha + \beta)^2$$

$$= a\left(x + \frac{b}{2a}\right)^2 - \frac{b^2 - 4ac}{4a} \quad \cdots ①$$

$a > 0$ の場合、式①は $x = -\dfrac{b}{2a}$ のとき最小値 $-\dfrac{b^2 - 4ac}{4a}$ になります。

また、$a < 0$ の場合、式①は $x = -\dfrac{b}{2a}$ のとき最大値 $-\dfrac{b^2 - 4ac}{4a}$ になります。

以上から、二次関数 $y = ax^2 + bx + c$ のグラフの頂点の座標は、次のようになります。

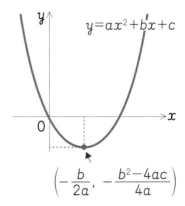

$y = ax^2 + bx + c$

$$\left(-\frac{b}{2a},\ -\frac{b^2 - 4ac}{4a}\right)$$

重要 二次関数のグラフの頂点の座標

$$(x,\ y) = \left(-\frac{b}{2a},\ -\frac{b^2 - 4ac}{4a}\right)$$

例題3 $y = 2x^2 - x - 1$ のグラフの頂点の座標を求めよ。

解 二次関数 $y = 2x^2 - x - 1$ を平方完成すると、

$$y = 2x^2 - x - 1 = 2\left(x^2 - \frac{1}{2}x\right) - 1$$
$$= 2\left\{\left(x^2 - 2\cdot\frac{1}{4}x + \frac{1}{16}\right) - \frac{1}{16}\right\} - 1$$
$$= 2\left(x^2 - 2\cdot\frac{1}{4}x + \frac{1}{16}\right) - \frac{2}{16} - 1$$
$$= 2\left(x - \frac{1}{4}\right)^2 - \frac{9}{8} \qquad \left(\frac{1}{4}\right)^2 \text{を足して引く}$$

$\therefore$ 頂点の座標 $\left(\dfrac{1}{4},\ -\dfrac{9}{8}\right)$ …（答）

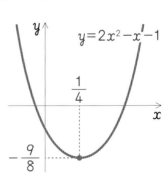

$y = 2x^2 - x - 1$

別解 $a = 2,\ b = -1,\ c = -1$ として上の公式を当てはめれば、

$$x = -\frac{b}{2a} = -\frac{-1}{2\cdot 2} = \frac{1}{4}$$
$$y = -\frac{(-1)^2 - 4\cdot 2\cdot(-1)}{4\cdot 2} = -\frac{1 + 8}{8} = -\frac{9}{8} \quad \therefore \left(\frac{1}{4},\ -\frac{9}{8}\right)$$

第1章　基礎的な知識①　関数について

15

■■ 二次関数のグラフと方程式の解

二次方程式 $ax^2 + bx + c = 0$ の解について考えてみましょう。この方程式の解は、二次関数 $y = ax^2 + bx + c$ において、$y = 0$ になるときの x の値と考えることができます。そこで、$y = ax^2 + bx + c\ (a > 0)$ のグラフを、次のように3パターンに分けて考えます。

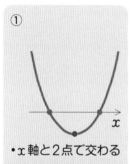

①
・x 軸と2点で交わる
・頂点の y 座標が負

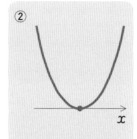

②
・x 軸と1点で接する
・頂点の y 座標が0

③
・x 軸と交わらない
・頂点の y 座標が正

①の場合、グラフは x 軸と2点で交わるので、$y = 0$ になる x の値が2個あります。これは、二次方程式の解が2個あることを示します。このとき、グラフの頂点は x 軸より下にあるので、頂点の y 座標は負になります。すなわち、

$$-\frac{b^2 - 4ac}{4a} < 0 \quad \Rightarrow \quad \frac{b^2 - 4ac}{4a} > 0$$
$$\Rightarrow \quad a > 0 \text{より、} b^2 - 4ac > 0$$

②の場合、グラフは x 軸と1点で接するので、$y = 0$ になる x の値は1個だけです。このとき、グラフの頂点は x 軸と接するので、頂点の y 座標は0になります。すなわち、

$$-\frac{b^2 - 4ac}{4a} = 0 \quad \Rightarrow \quad a > 0 \text{より、} b^2 - 4ac = 0$$

また、頂点の x 座標 $-\dfrac{b}{2a}$ が方程式の解となります。

③の場合、グラフは x 軸と交わらないので、$y = 0$ になる x の値は存在しません。これは、二次方程式の実数解がないことを示します。

複素数の解はあります

このとき、グラフの頂点は x 軸より上にあるので、頂点の y 座標は正になります。すなわち、

$$-\frac{b^2-4ac}{4a}>0 \;\Rightarrow\; \frac{b^2-4ac}{4a}<0$$
$$\Rightarrow\; a>0\text{より、}\;b^2-4ac<0$$

このように、二次方程式の解の個数は、式 b^2-4ac の正負で判別することができるので、この式を判別式といいます（ここでは $a>0$ の場合について説明しましたが、$a<0$ の場合も同様になります）。

重要 判別式

二次方程式 $ax^2+bx+c=0$ の判別式

$$D=b^2-4ac$$

・判別式 $D>0$ のとき、二次方程式の解：2個
・判別式 $D=0$ のとき、二次方程式の解：1個（重解）
・判別式 $D<0$ のとき、二次方程式の解：0個（実数解なし）

なお、14 ページ式①より、$ax^2+bx+c=0$ の左辺を平方完成すると、

$$a\left(x+\frac{b}{2a}\right)^2-\frac{b^2-4ac}{4a}=0$$
$$\Rightarrow a\left(x+\frac{b}{2a}\right)^2=\frac{b^2-4ac}{4a} \quad \blacktriangleleft \frac{b^2-4ac}{4a}\text{を右辺に移項}$$
$$\Rightarrow \left(x+\frac{b}{2a}\right)^2=\frac{b^2-4ac}{4a^2} \quad \blacktriangleleft \text{両辺を}a\text{で割る}$$
$$\Rightarrow x+\frac{b}{2a}=\pm\sqrt{\frac{b^2-4ac}{4a^2}} \quad \blacktriangleleft \text{両辺の平方根を求める}$$
$$\Rightarrow x=-\frac{b}{2a}\pm\frac{\sqrt{b^2-4ac}}{2a}=\frac{-b\pm\sqrt{b^2-4ac}}{2a}$$

となり、二次方程式の解の公式になります。

$$x=\frac{-b\pm\sqrt{b^2-4ac}}{2a} \quad \blacktriangleleft \text{二次方程式の解の公式}$$

03 三角関数

この節の概要

▶ 三角関数は高校で学習しますが、物理数学ではひんぱんに使うのでしっかりマスターしておいてください。この節では、三角関数の定義と値の範囲について解説します。

■ サイン、コサイン、タンジェント

右図のような直角三角形において、斜辺 c に対する高さ a の割合をサイン（正弦）といい、次のように表します。

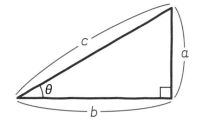

$$\sin\theta = \frac{a}{c}$$ ◀ 高さ ÷ 斜辺

同様に、斜辺 c に対する底辺 b の割合をコサイン（余弦）、底辺 b に対する高さ a の割合をタンジェント（正接）といい、それぞれ次のように書きます。

$$\cos\theta = \frac{b}{c}$$ ◀ 底辺 ÷ 斜辺

$$\tan\theta = \frac{a}{b}$$ ◀ 高さ ÷ 底辺

三角定規の2種類ある直角三角形の3辺の比は、ひとつが $1:\sqrt{3}:2$、もうひとつが $1:1:\sqrt{2}$ であることはご存知ですね。これらの直角三角形から、次のようなサイン、コサイン、タンジェントの値がわかります。

$$\sin 30° = \frac{1}{2}, \quad \cos 30° = \frac{\sqrt{3}}{2}, \quad \tan 30° = \frac{1}{\sqrt{3}}$$

$$\sin 60° = \frac{\sqrt{3}}{2}, \quad \cos 60° = \frac{1}{2}, \quad \tan 60° = \sqrt{3}$$

$$\sin 45° = \frac{1}{\sqrt{2}}, \quad \cos 45° = \frac{1}{\sqrt{2}}, \quad \tan 45° = 1$$

　これらの値は、直角三角形の大きさに関係なく、角度 θ によって一定の値に決まります。つまり、角度 θ の関数になります。

三角比から三角関数へ

　上の説明では、角度 θ の値は $0° < \theta < 90°$ の範囲でしか考えられません。そこで、θ がどんな値でも成り立つ三角関数を定義しておきましょう。

　図のように、原点 O を中心とした半径 r の円を描き、円周上の点を P とします。また、点 P から垂直に下した直線と x 軸との交点を Q とし、直角三角形 OPQ をつくります。

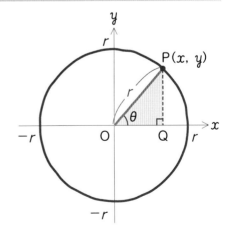

　点 P の座標を P (x, y) とすると、$\sin\theta$、$\cos\theta$、$\tan\theta$ は、それぞれ

次のように定義できます。

重要 **三角関数の定義**

$$\sin\theta = \frac{y}{r}, \quad \cos\theta = \frac{x}{r}, \quad \tan\theta = \frac{y}{x}$$

θ の値の範囲に応じて、これらの値がどのように変化するかを例題を使ってみてみましょう。

例題1 $\theta = 60°$ のとき、$\sin\theta$、$\cos\theta$、$\tan\theta$ の値を求めよ。

解 右図のように、θ が$60°$になるように点Pをとると、△OPQは3辺の比が$1:\sqrt{3}:2$の直角三角形になります。半径$r = 2$とすれば、

$$|OP| = 2, \quad |OQ| = 1,$$
$$|PQ| = \sqrt{3}$$

なので、点Pの座標は$(1, \sqrt{3})$となります。したがって、三角関数の定義より、

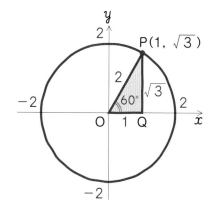

$$\sin 60° = \frac{y}{r} = \frac{\sqrt{3}}{2}$$

$$\cos 60° = \frac{x}{r} = \frac{1}{2}$$

$$\tan 60° = \frac{y}{x} = \frac{\sqrt{3}}{1} = \sqrt{3}$$

$0° < \theta < 90°$ のとき

・$\sin\theta > 0$（正）
・$\cos\theta > 0$（正）
・$\tan\theta > 0$（正）

となります。

例題2 $\theta = 135°$ のとき、$\sin\theta$、$\cos\theta$、$\tan\theta$ の値を求めよ。

解 $90° < \theta < 180°$ の範囲では、点Pは原点Oの左上（第2象限）にあり、点Pの座標(x, y)はxが負、yが正の値になります。$\theta = 135°$のと

きの△OPQは右図のように3辺
の比が $1 : 1 : \sqrt{2}$ の直角三角形
なので、半径 $r = \sqrt{2}$ とすれば、

$$|OP| = \sqrt{2}, \quad |OQ| = 1,$$
$$|PQ| = 1$$

以上から、点Pの座標は$(-1, 1)$
となります。したがって、

$$\sin 135° = \frac{y}{r} = \frac{1}{\sqrt{2}}$$

$$\cos 135° = \frac{x}{r} = \frac{-1}{\sqrt{2}} = -\frac{1}{\sqrt{2}}$$

$$\tan 135° = \frac{y}{x} = \frac{1}{-1} = -1$$

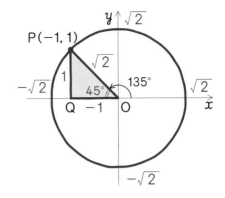

$90° < \theta < 180°$ のとき

・ $\sin\theta > 0$ (正)
・ $\cos\theta < 0$ (負)
・ $\tan\theta < 0$ (負)

となります。

例題3 $\theta = 210°$ のとき、$\sin\theta$、$\cos\theta$、$\tan\theta$ の値を求めよ。

解 $180° < \theta < 270°$ の範囲で
は、点Pは原点Oの左下（第3
象限）にあり、点Pの座標(x, y)
は x, y ともに負の値になりま
す。△OPQは右図のように3
辺の比が $1 : \sqrt{3} : 2$ の直角三角
形なので、半径 $r = 2$ とすれば、

$$|OP| = 2, \quad |OQ| = \sqrt{3},$$
$$|PQ| = 1$$

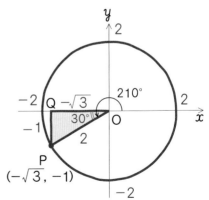

以上から、点Pの座標は $(-\sqrt{3}, -1)$ となります。したがって、

$$\sin 210° = \frac{y}{r} = \frac{-1}{2} = -\frac{1}{2}$$

$$\cos 210° = \frac{x}{r} = \frac{-\sqrt{3}}{2} = -\frac{\sqrt{3}}{2}$$

$$\tan 210° = \frac{y}{x} = \frac{-1}{-\sqrt{3}} = \frac{1}{\sqrt{3}}$$

となります。

180°＜θ＜270°のとき

・sinθ＜0（負）
・cosθ＜0（負）
・tanθ＞0（正）

例題4 $\theta = 300°$ のとき、$\sin\theta$、$\cos\theta$、$\tan\theta$ の値を求めよ。

解 $270° < \theta < 360°$ の範囲では、点 P は原点 O の右下（第 4 象限）にあり、点 P の座標 (x, y) は x が正、y が負の値になります。△OPQ は右図のように 3 辺の比が $1:\sqrt{3}:2$ の直角三角形なので、半径 $r = 2$ とすれば、

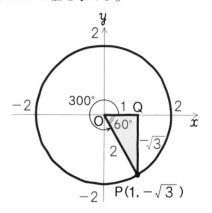

$$|OP| = 2, \quad |OQ| = 1,$$
$$|PQ| = \sqrt{3}$$

以上から、点 P の座標は $(1, -\sqrt{3})$ となります。したがって、

$$\sin 300° = \frac{y}{r} = \frac{-\sqrt{3}}{2} = -\frac{\sqrt{3}}{2}$$

$$\cos 300° = \frac{x}{r} = \frac{1}{2}$$

$$\tan 300° = \frac{y}{x} = \frac{-\sqrt{3}}{1} = -\sqrt{3}$$

270°＜θ＜360°のとき

・sinθ＜0（負）
・cosθ＞0（正）
・tanθ＜0（負）

となります。

練習問題1 （答えは 45 ページ）

　次の三角関数の値を求めなさい。

(1) $\cos 150°$　　(2) $\sin 225°$　　(3) $\tan(-30°)$

角度が0°や90°のときの三角関数

$\theta = 0°$のときの点Pの位置は右図のようになります。点Pのx座標はrと等しく、P$(r, 0)$となるので、

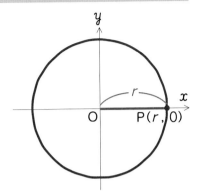

$$\sin 0° = \frac{y}{r} = \frac{0}{r} = 0$$

$$\cos 0° = \frac{x}{r} = \frac{r}{r} = 1$$

$$\tan 0° = \frac{y}{x} = \frac{0}{r} = 0$$

となります。同様に、$\theta = 90°$のときの点Pの座標は$(0, r)$となるので、

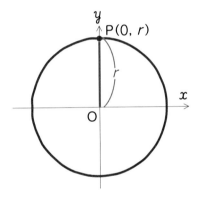

$$\sin 90° = \frac{y}{r} = \frac{r}{r} = 1$$

$$\cos 90° = \frac{x}{r} = \frac{0}{r} = 0$$

となります。$\tan 90°$は分母がゼロになってしまうため定義できません。

$$\tan 90° = \frac{y}{x} = 未定義 \quad \blacktriangleleft 分母が0になるため$$

$\tan 90°$は定義できませんが、θを$89.9999\cdots°$のように$90°$に限りなく近づけると、点Pのx座標は0に限りなく近い正の数となるので、

$$\tan 89.9999\cdots° = \frac{r に限りなく近い正の数}{0 に限りなく近い正の数} = \infty（無限大）$$

となります。また、θを反対側から$90°$に限りなく近づけると、点Pのx座標は0に限りなく近い負の数となるので、

$$\tan 90.0000\cdots1° = \frac{r に限りなく近い正の数}{0 に限りなく近い負の数} = -\infty（無限小）$$

となります。

練習問題 2 （答えは 45 ページ）

次の三角関数の値を求めなさい。

(1) $\sin 180°$ (2) $\cos 180°$ (3) $\sin 270°$ (4) $\cos 270°$

■ 三角関数のグラフ

$\sin\theta$、$\cos\theta$、$\tan\theta$ の値の増減は、$0° \leqq \theta \leqq 360°$ の範囲で次のように なります。

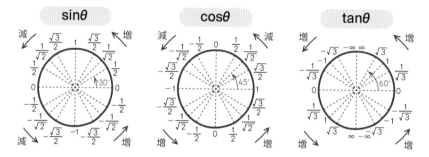

横軸に角度 θ、縦軸に三角関数の値をとってグラフを描くと、$y = \sin\theta$、$y = \cos\theta$、$y = \tan\theta$ のグラフはそれぞれ次のようになります。

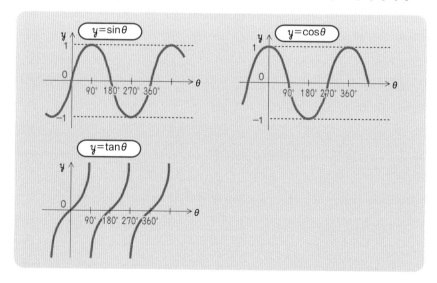

　なお、角度 θ は $360°$ で 1 回転するので、$\theta \geqq 360°$ 以降の三角関数の値は、$0° \leqq \theta \leqq 360°$ の繰り返しです。すなわち、一般に、

$$\sin(\theta \pm 360°) = \sin\theta$$
$$\cos(\theta \pm 360°) = \cos\theta$$
$$\tan(\theta \pm 360°) = \tan\theta$$

が成り立ちます（$\tan\theta$ の場合は、$\tan(\theta \pm 180°) = \tan\theta$ も成り立ちます）。

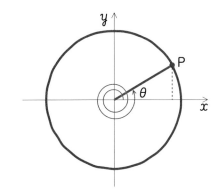

例：$\sin 750° = \sin 390° = \sin 30°$

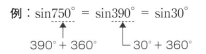

$390° + 360°$　　$30° + 360°$

弧度法（ラジアン）

　物理数学で角度を表すには、度数〔°〕よりもラジアン〔rad〕がよく使われます。ラジアンを使った角度の表し方を弧度法といいます。

> **重要** 弧度法
>
> 半径に等しい長さの弧の中心角＝1〔rad〕
>
>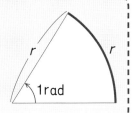

　1rad が度数法で何度〔°〕になるかを計算してみましょう。半径 r の円の円周は $2\pi r$ です（π は円周率）。円周は中心角が $360°$ の弧の長さとみなせるので、中心角が d〔°〕のときの弧の長さは、$2\pi r \times \dfrac{d}{360}$ と表すことができます。1rad ではこの長さが r に等しくなるので、

$$2\pi r \cdot \frac{d}{360} = r \qquad \therefore d = \frac{180}{\pi}\ [°]$$

以上から、1rad は $\dfrac{180}{\pi}$〔°〕に等しいことがわかります。また、

$$\pi \text{ (rad)} = 180 \text{ (°)}$$

になります。

　一般に、度数〔°〕→ラジアン〔rad〕への変換、またラジアン〔rad〕→度数〔°〕への変換は、それぞれ次のように計算します。

重要 度数⇔ラジアン

$$d \text{ (°)} \rightarrow \frac{\pi}{180} \times d \text{ (rad)} \qquad \theta \text{ (rad)} \rightarrow \frac{180}{\pi} \times \theta \text{ (°)}$$

例題 5 30°、45°、120° を弧度法で表せ。

解

30° : $\theta = \dfrac{\pi}{180} \times 30 = \dfrac{\pi}{6}$ 〔rad〕

45° : $\theta = \dfrac{\pi}{180} \times 45 = \dfrac{\pi}{4}$ 〔rad〕

120° : $\theta = \dfrac{\pi}{180} \times 120 = \dfrac{2}{3}\pi$ 〔rad〕

例題 6 $\dfrac{\pi}{3}$〔rad〕、$\dfrac{5}{4}\pi$〔rad〕、$\dfrac{5}{3}\pi$〔rad〕を度数法で表せ。

解

$\dfrac{\pi}{3}$ **(rad)** : $d = \dfrac{180}{\pi} \times \dfrac{\pi}{3} = 60$ 〔°〕

$\dfrac{5}{4}\pi$ **(rad)** : $d = \dfrac{180}{\pi} \times \dfrac{5}{4}\pi = 225$ 〔°〕

$\dfrac{5}{3}\pi$ **(rad)** : $d = \dfrac{180}{\pi} \times \dfrac{5}{3}\pi = 300$ 〔°〕

よく使うラジアン

度	ラジアン
0°	0 〔rad〕
30°	$\dfrac{\pi}{6}$ 〔rad〕
45°	$\dfrac{\pi}{4}$ 〔rad〕
60°	$\dfrac{\pi}{3}$ 〔rad〕
90°	$\dfrac{\pi}{2}$ 〔rad〕
180°	π 〔rad〕
360°	2π 〔rad〕

よく使う角度のラジアンは
覚えておきましょう。

04 三角関数の重要公式

この節の概要

▶ 三角関数の計算でよく使う重要公式についてまとめて解説します。これらの公式は、以降の解説で出てくる計算を簡単にするために必要な道具となります。

三角関数の基本公式

まず、覚えておきたい三角関数の基本公式をまとめておきましょう。

> **重要 三角関数の基本公式**
>
> **1** $\sin^2\theta + \cos^2\theta = 1$
>
> **2** $\tan\theta = \dfrac{\sin\theta}{\cos\theta}$
>
> **3** $\sin(-\theta) = -\sin\theta, \ \cos(-\theta) = \cos\theta$
>
> **4** $\sin\theta = \cos\left(\dfrac{\pi}{2} - \theta\right), \ \cos\theta = \sin\left(\dfrac{\pi}{2} - \theta\right)$

1 $\sin^2\theta + \cos^2\theta = 1$

右図の直角三角形において、

$$\sin\theta = \frac{a}{c} \quad \text{より、} \quad a = c\sin\theta \quad \cdots ①$$

$$\cos\theta = \frac{b}{c} \quad \text{より、} \quad b = c\cos\theta \quad \cdots ②$$

また、三平方の定理より、

$$a^2 + b^2 = c^2$$

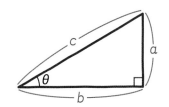

27

です。上の式に①②を代入すると、

$$c^2\sin^2\theta + c^2\cos^2\theta = c^2 \qquad \blacktriangleleft \text{両辺を } c^2 \text{ で割る}$$

$$\Rightarrow \quad \sin^2\theta + \cos^2\theta = 1$$

となります。

2 $\tan\theta = \dfrac{\sin\theta}{\cos\theta}$

先ほどの直角三角形において、$\tan\theta = \dfrac{a}{b}$ に式①②を代入すると、

$$\tan\theta = \frac{a}{b} = \frac{c\sin\theta}{c\cos\theta} = \frac{\sin\theta}{\cos\theta}$$

となります。

3 $\sin(-\theta) = -\sin\theta, \ \cos(-\theta) = \cos\theta$

円周上を θ 回転したときの点を P、$-\theta$ 回転したときの点を P′と すると、点 P′は点 P と x 軸につい て対称となります。点 P の座標を (x, y) とすれば、点 P′の座標は $(x, -y)$ となるので、

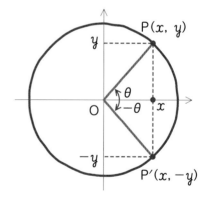

$$\sin(-\theta) = \frac{-y}{r} = -\frac{y}{r} = -\sin\theta$$

$$\cos(-\theta) = \frac{x}{r} = \cos\theta$$

となります。

4 $\sin\theta = \cos\left(\dfrac{\pi}{2} - \theta\right), \ \cos\theta = \sin\left(\dfrac{\pi}{2} - \theta\right)$

円周上を θ 回転したときの点を P、$\dfrac{\pi}{2} - \theta$ 回転したときの点を P′とし

ます。△OPQ と△OP′Q′は右
図のとおり合同なので、点Pの
座標を (x, y) とすれば、点P′
の座標は (y, x) です。したがっ
て、

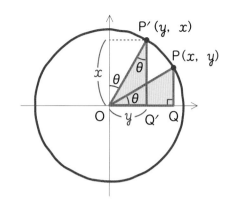

$$\cos\left(\frac{\pi}{2} - \theta\right) = \frac{y}{r} = \sin\theta$$

$$\sin\left(\frac{\pi}{2} - \theta\right) = \frac{x}{r} = \cos\theta$$

が成り立ちます（図は $0 < \theta < \dfrac{\pi}{2}$ の場合ですが、このことは θ がどのような角度でも成り立ちます）。

■ 余弦定理

余弦定理は、一般的な三角形（直角三角形とは限らない）に関する次
のような定理です。

> **重要 余弦定理**
>
> **1** $a^2 = b^2 + c^2 - 2bc\cos A$
> **2** $b^2 = c^2 + a^2 - 2ca\cos B$
> **3** $c^2 = a^2 + b^2 - 2ab\cos C$
>
>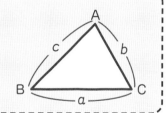

余弦定理は次のように証明できます。図
のように、頂点 A から辺 BC と垂直な直線
AP を引くと、

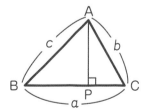

$$\sin C = \frac{AP}{b} \quad \Rightarrow \quad AP = b\sin C$$

$$\cos C = \frac{CP}{b} \quad \Rightarrow \quad CP = b\cos C$$

となります。また、直角三角形 ABP について、三平方の定理より、

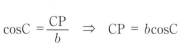

29

$$AB^2 = BP^2 + AP^2$$

が成り立つので、$AB = c$，$BP = a - CP$ より、

$$c^2 = (a - CP)^2 + AP^2$$
$$= (a - b\cos C)^2 + (b\sin C)^2 \quad \blacktriangleleft \quad CP = b\cos C，AP = b\sin C を代入$$
$$= a^2 - 2ab\cos C + b^2\cos^2 C + b^2\sin^2 C \quad \blacktriangleleft \quad (a - b\cos C)^2 を展開$$
$$= a^2 - 2ab\cos C + b^2 (\underbrace{\sin^2 C + \cos^2 C}) \quad \blacktriangleleft \quad b^2 でくくる$$
$$= a^2 + b^2 - 2ab\cos C \qquad \qquad \qquad \quad \sin^2\theta + \cos^2\theta = 1$$

となります。ここでは３つの余弦定理のうちの**3**を証明しましたが、残り２つの式も同様の方法で証明できます。

■・ 加法定理

三角関数の加法定理は、この後の解説でもよく使う重要な公式です。

─(重要) **加法定理** ─────────

1 $\sin (\alpha \pm \beta) = \sin\alpha\cos\beta \pm \cos\alpha\sin\beta$

2 $\cos (\alpha \pm \beta) = \cos\alpha\cos\beta \mp \sin\alpha\sin\beta$

加法定理は次のように証明できます。

原点 O を中心とする半径 $r = 1$ の円周上に点 P，Q をとり、x 軸と OP、OQ のなす角をそれぞれ α、β とします。点 P の座標を (x, y) とすると、

$$\sin\alpha = \frac{y}{1} = y，\cos\alpha = \frac{x}{1} = x$$

となるので、P $(\cos\alpha, \sin\alpha)$ と書けます。また、点 Q についても同様に、Q $(\cos\beta, \sin\beta)$ と書けます。

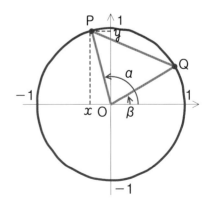

△OPQ において、線分 PQ の長さは余弦定理（29 ページ）により、次のように求められます。

$$PQ^2 = OP^2 + OQ^2 - 2 \cdot OP \cdot OQ \cdot \cos(\alpha - \beta)$$
$$= 1^2 + 1^2 - 2 \cdot 1 \cdot 1 \cdot \cos(\alpha - \beta)$$
$$= 2 - 2\cos(\alpha - \beta) \quad \cdots①$$

$\alpha < \beta$ の場合は $\cos(\beta - \alpha)$ ですが、$\cos(-\theta) = \cos\theta$ より、$\cos(\alpha - \beta) = \cos(\beta - \alpha)$ です。

一方、PQ 間の距離は、三平方の定理により、次のように求めることもできます。

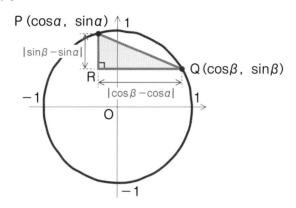

$$PQ^2 = \underbrace{(\cos\beta - \cos\alpha)^2}_{QR} + \underbrace{(\sin\beta - \sin\alpha)^2}_{PR}$$

$$= \cos^2\beta - 2\cos\beta\cos\alpha + \cos^2\alpha + \sin^2\beta - 2\sin\beta\sin\alpha + \sin^2\alpha$$

$$= \underbrace{(\sin^2\alpha + \cos^2\alpha)}_{=1} + \underbrace{(\sin^2\beta + \cos^2\beta)}_{=1} - 2(\cos\beta\cos\alpha + \sin\beta\sin\alpha)$$

$$= 2 - 2(\cos\beta\cos\alpha + \sin\beta\sin\alpha) \quad \cdots②$$

式①②より、

$$2 - 2\cos(\alpha - \beta) = 2 - 2(\cos\beta\cos\alpha + \sin\beta\sin\alpha)$$

$$\therefore \cos(\alpha - \beta) = \cos\beta\cos\alpha + \sin\beta\sin\alpha \quad \cdots③$$

となります。以上で、加法定理のうちの1つが証明できました。他の公式は、式③から次のように導くことができます。

$$\cos(\alpha + \beta) = \cos(\alpha - (-\beta))$$

$$= \cos\alpha\underline{\cos(-\beta)} + \sin\alpha\underline{\sin(-\beta)} \quad \blacktriangleleft 式③より$$

$\cos(-\theta) = \cos\theta \rightharpoonup$ ↑   ↑ $\rightharpoonup \sin(-\theta) = -\sin\theta$

$$= \cos\alpha\cos\beta + \sin\alpha \cdot (-\sin\beta)$$

$$= \cos\alpha\cos\beta - \sin\alpha\sin\beta \quad \cdots ④$$

$$\sin(\alpha + \beta) = \cos\left(\frac{\pi}{2} - \left(\alpha + \beta\right)\right) \quad \blacktriangleleft \sin\theta = \cos\left(\frac{\pi}{2} - \theta\right)より$$

$$= \cos\left(\left(\frac{\pi}{2} - \alpha\right) - \beta\right)$$

$$= \cos\left(\frac{\pi}{2} - \alpha\right)\cos\beta + \sin\left(\frac{\pi}{2} - \alpha\right)\sin\beta \quad \blacktriangleleft 式③より$$

$\sin\theta = \cos\left(\frac{\pi}{2} - \theta\right) \rightharpoonup$ ↑   ↑ $\rightharpoonup \cos\theta = \sin\left(\frac{\pi}{2} - \theta\right)$

$$= \sin\alpha\cos\beta + \cos\alpha\sin\beta \quad \cdots ⑤$$

$$\sin(\alpha - \beta) = \sin(\alpha + (-\beta))$$

$$= \sin\alpha\underline{\cos(-\beta)} + \cos\alpha\underline{\sin(-\beta)} \quad \blacktriangleleft 式⑤より$$

$\cos(-\theta) = \cos\theta \rightharpoonup$ ↑   ↑ $\rightharpoonup \sin(-\theta) = -\sin\theta$

$$= \sin\alpha\cos\beta + \cos\alpha \cdot (-\sin\beta) = \sin\alpha\cos\beta - \cos\alpha\sin\beta$$

■ 加法定理から導かれる公式

加法定理からは、次のような公式が導かれます。これらは、三角関数の計算を簡単にするためによく使われます。

重要 加法定理から導かれる公式

1 倍角の公式

$$\sin 2\alpha = 2\sin\alpha\cos\alpha$$
$$\cos 2\alpha = \cos^2\alpha - \sin^2\alpha = 2\cos^2\alpha - 1 = 1 - 2\sin^2\alpha$$

2 半角の公式

$$\sin^2\frac{\alpha}{2} = \frac{1 - \cos\alpha}{2} \qquad \cos^2\frac{\alpha}{2} = \frac{1 + \cos\alpha}{2}$$

3 積を和にする公式

$$\sin\alpha\cos\beta = \frac{\sin(\alpha+\beta)+\sin(\alpha-\beta)}{2}$$

$$\cos\alpha\sin\beta = \frac{\sin(\alpha+\beta)-\sin(\alpha-\beta)}{2}$$

$$\cos\alpha\cos\beta = \frac{\cos(\alpha+\beta)+\cos(\alpha-\beta)}{2}$$

$$\sin\alpha\sin\beta = \frac{\cos(\alpha-\beta)-\cos(\alpha+\beta)}{2}$$

4 和を積にする公式

$$\sin A + \sin B = 2\sin\frac{A+B}{2}\cos\frac{A-B}{2}$$

$$\sin A - \sin B = 2\cos\frac{A+B}{2}\sin\frac{A-B}{2}$$

$$\cos A + \cos B = 2\cos\frac{A+B}{2}\cos\frac{A-B}{2}$$

$$\cos A - \cos B = -2\sin\frac{A+B}{2}\sin\frac{A-B}{2}$$

5 三角関数の合成

$$A\sin\theta + B\cos\theta = \sqrt{A^2+B^2}\sin(\theta+\alpha), \quad \text{ただし,} \quad \tan\alpha = \frac{B}{A}$$

1 倍角の公式

加法定理（30ページ）より、

$$\sin 2\alpha = \sin(\alpha+\alpha) = \sin\alpha\cos\alpha + \cos\alpha\sin\alpha = 2\sin\alpha\cos\alpha \quad \cdots①$$

$$\cos 2\alpha = \cos(\alpha+\alpha) = \cos\alpha\cos\alpha - \sin\alpha\sin\alpha = \cos^2\alpha - \sin^2\alpha \quad \cdots②$$

が成り立ちます。また、$\sin^2\alpha + \cos^2\alpha = 1$ より、$\sin^2\alpha = 1-\cos^2\alpha \cdots③$、$\cos^2\alpha = 1-\sin^2\alpha \cdots④$ ですから、

式②、③より、$\cos 2\alpha = \cos^2\alpha - \underset{\sin^2\alpha}{(1-\cos^2\alpha)} = 2\cos^2\alpha - 1$

式②、④より、$\cos 2\alpha = \underset{\cos^2\alpha}{(1-\sin^2\alpha)} - \sin^2\alpha = 1-2\sin^2\alpha$

となります。

2 半角の公式

倍角の公式 $\cos2\theta = 1 - 2\sin^2\theta$ より、

$$2\sin^2\theta = 1 - \cos2\theta \quad \therefore \sin^2\theta = \frac{1 - \cos2\theta}{2}$$

ここで、$\theta = \dfrac{\alpha}{2}$ とすれば、$\sin^2\dfrac{\alpha}{2} = \dfrac{1 - \cos\alpha}{2}$

また、$\cos2\theta = 2\cos^2\theta - 1$ より、

$$2\cos^2\theta = 1 + \cos2\theta \quad \therefore \cos^2\theta = \frac{1 + \cos2\theta}{2}$$

ここで、$\theta = \dfrac{\alpha}{2}$ とすれば、$\cos^2\dfrac{\alpha}{2} = \dfrac{1 + \cos\alpha}{2}$

3 積を和にする公式

加法定理より、

$$\sin(\alpha + \beta) = \sin\alpha\cos\beta + \cos\alpha\sin\beta \quad \cdots ①$$
$$\sin(\alpha - \beta) = \sin\alpha\cos\beta - \cos\alpha\sin\beta \quad \cdots ②$$
$$\cos(\alpha + \beta) = \cos\alpha\cos\beta - \sin\alpha\sin\beta \quad \cdots ③$$
$$\cos(\alpha - \beta) = \cos\alpha\cos\beta + \sin\alpha\sin\beta \quad \cdots ④$$

式①＋②より、$2\sin\alpha\cos\beta = \sin(\alpha + \beta) + \sin(\alpha - \beta)$

$$\therefore \sin\alpha\cos\beta = \frac{\sin(\alpha + \beta) + \sin(\alpha - \beta)}{2}$$

式①－②より、$2\cos\alpha\sin\beta = \sin(\alpha + \beta) - \sin(\alpha - \beta)$

$$\therefore \cos\alpha\sin\beta = \frac{\sin(\alpha + \beta) - \sin(\alpha - \beta)}{2}$$

式③＋④より、$2\cos\alpha\cos\beta = \cos(\alpha + \beta) + \cos(\alpha - \beta)$

$$\therefore \cos\alpha\cos\beta = \frac{\cos(\alpha + \beta) + \cos(\alpha - \beta)}{2}$$

式③－④より、$-2\sin\alpha\sin\beta = \cos(\alpha+\beta) - \cos(\alpha-\beta)$

$$\therefore \sin\alpha\sin\beta = -\frac{\cos(\alpha+\beta) - \cos(\alpha-\beta)}{2} = \frac{\cos(\alpha-\beta) - \cos(\alpha+\beta)}{2}$$

└─ マイナス記号に注意

4 和を積にする公式

まず、任意の数 A, B において、$A = \alpha + \beta$, $B = \alpha - \beta$ が成り立つような数 α, β を求めます。2つの式を連立方程式として解くと、

$$\alpha = \frac{A+B}{2}, \quad \beta = \frac{A-B}{2}$$

となります。これらの式を「積を和にする公式」に代入すると、

$$\sin\alpha\cos\beta = \frac{\sin(\alpha+\beta) + \sin(\alpha-\beta)}{2}$$ より、

$$\sin\frac{A+B}{2}\cos\frac{A-B}{2} = \frac{\sin A + \sin B}{2}$$

$$\therefore \sin A + \sin B = 2\sin\frac{A+B}{2}\cos\frac{A-B}{2}$$

$$\cos\alpha\sin\beta = \frac{\sin(\alpha+\beta) - \sin(\alpha-\beta)}{2}$$ より、

$$\cos\frac{A+B}{2}\sin\frac{A-B}{2} = \frac{\sin A - \sin B}{2}$$

$$\therefore \sin A - \sin B = 2\cos\frac{A+B}{2}\sin\frac{A-B}{2}$$

$$\cos\alpha\cos\beta = \frac{\cos(\alpha+\beta) + \cos(\alpha-\beta)}{2}$$ より、

$$\cos\frac{A+B}{2}\cos\frac{A-B}{2} = \frac{\cos A + \cos B}{2}$$

$$\therefore \cos A + \cos B = 2\cos\frac{A+B}{2}\cos\frac{A-B}{2}$$

$$\sin\alpha\sin\beta = \frac{\cos(\alpha-\beta) - \cos(\alpha+\beta)}{2}$$ より、

$$\sin\frac{A+B}{2}\sin\frac{A-B}{2}=\frac{\cos B-\cos A}{2}=-\frac{\cos A-\cos B}{2}$$

マイナス記号に注意

$$\therefore \cos A-\cos B=-2\sin\frac{A+B}{2}\sin\frac{A-B}{2}$$

5 三角関数の合成

式 $A\sin\theta+B\cos\theta$ に $\sqrt{A^2+B^2}$ を掛け、また $\sqrt{A^2+B^2}$ で割ると、

$$A\sin\theta+B\cos\theta=\sqrt{A^2+B^2}\cdot\frac{A\sin\theta+B\cos\theta}{\sqrt{A^2+B^2}}$$

$$=\sqrt{A^2+B^2}\left(\frac{A}{\sqrt{A^2+B^2}}\sin\theta+\frac{B}{\sqrt{A^2+B^2}}\cos\theta\right) \cdots①$$

ここで、右図のような底辺 A、高さ B の直角三角形を考えると、斜辺は三平方の定理より $\sqrt{A^2+B^2}$ ですから、

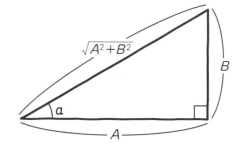

$$\sin\alpha=\frac{B}{\sqrt{A^2+B^2}}$$

$$\cos\alpha=\frac{A}{\sqrt{A^2+B^2}}$$

と書けます。これらを式①に代入すると、

$$A\sin\theta+B\cos\theta=\sqrt{A^2+B^2}\,(\cos\alpha\sin\theta+\sin\alpha\cos\theta)$$

加法定理

$$=\sqrt{A^2+B^2}\,\sin(\theta+\alpha)$$

◀ $\sin(\alpha+\beta)$
$=\sin\alpha\cos\beta+\cos\alpha\sin\beta$

となります。ただし、$\tan\alpha=\dfrac{B}{A}$ です。

練習問題3　　　　　　　　　　　　　　　　　　　　（答えは46ページ）

　　次の公式（3倍角の公式）を証明しなさい。

　(1) $\sin^3\alpha=\dfrac{3\sin\alpha-\sin3\alpha}{4}$　　(2) $\cos^3\alpha=\dfrac{3\cos\alpha+\cos3\alpha}{4}$

05 指数関数

この節の概要

▶ $y = a^x$ で表される関数を指数関数といいます。指数関数は、y の値が a^1、a^2、a^3、…のように爆発的に増加するのが特徴です（$a > 1$ の場合）。この節では、指数の計算でよく使う、指数法則についても復習します。

■ 指数法則

ある数 a を n 回掛け合わせた数を a^n と書きます。

$$a^n = \underbrace{a \cdot a \cdot a \cdot \cdots \cdot a}_{n回}$$

◀ a を n 回掛ける

この a^n の右肩に乗っている数 n を指数（し̇す̇う̇）といいます。指数については、次のような法則があります。

重要 指数法則

1 $a^m \cdot a^n = a^{(m+n)}$ 　　**2** $\dfrac{a^m}{a^n} = a^{(m-n)}$ 　　**3** $(a^m)^n = a^{mn}$

4 $(ab)^n = a^n b^n$ 　　**5** $a^0 = 1$

1 $a^3 \cdot a^2 = \underbrace{a \cdot a \cdot a}_{3個} \cdot \underbrace{a \cdot a}_{2個} = a^{(3+2)} = a^5$

2 $\dfrac{a^5}{a^3} = \dfrac{a \cdot a \cdot \not{a} \cdot \not{a} \cdot \not{a}}{\not{a} \cdot \not{a} \cdot \not{a}} = a \cdot a = a^{(5-3)} = a^2$

3 $(a^3)^2 = (a \cdot a \cdot a)^2 = \underline{a \cdot a \cdot a} \cdot \underline{a \cdot a \cdot a} = a^{3 \cdot 2} = a^6$

4 $(ab)^3 = \underline{a \cdot b} \cdot \underline{a \cdot b} \cdot \underline{a \cdot b} = \underline{a \cdot a \cdot a} \cdot \underline{b \cdot b \cdot b} = a^3 b^3$

5 一般に、$\dfrac{a^n}{a^n} = 1$ ですが、指数法則 **2** より、

$$\frac{a^n}{a^n} = a^{(n-n)} = a^0$$

ですから、$a^0 = 1$ が成り立ちます。

■ 実数の指数

指数法則は、指数が実数の場合にも成り立ちます。

①負の指数

a^n の逆数 $\dfrac{1}{a^n}$ を、a^{-n} と書きます。

$$a^{-n} = \frac{1}{a^n}$$

例：$2^{-3} = \dfrac{1}{2^3} = \dfrac{1}{8}$

指数法則 **1** より、

$$a^{(m-n)} = a^m \cdot a^{-n}$$

指数法則 **2** より、

$$a^{(m-n)} = a^m \cdot \frac{1}{a^n}$$

$$\therefore a^{-n} = \frac{1}{a^n}$$

②分数の指数

指数が $\dfrac{m}{n}$ のような分数（有理数）で表される場合は、

$$a^{\frac{m}{n}} = (\sqrt[n]{a})^m$$

と定義します。$\sqrt[n]{a}$ は「n 乗すると a になる数」で、a のn 乗根といいます。

指数法則 **3** より、$\left(a^{\frac{1}{n}}\right)^n = a^1 = a$

となるので、$a^{\frac{1}{n}}$ は「a を n 乗すると a になる数」$= \sqrt[n]{a}$ です。したがって、

$$a^{\frac{m}{n}} = (a^{\frac{1}{n}})^m = (\sqrt[n]{a})^m$$

となります。

例：$2^{\frac{1}{2}} = \sqrt{2}$　◀2 乗すると 2 になる数（2 の平方根）

$8^{\frac{1}{3}} = \sqrt[3]{8} = 2$　◀3 乗すると 8 になる数（8 の 3 乗根）

$27^{\frac{2}{3}} = (\sqrt[3]{27})^2 = 3^2 = 9$

③無理数の指数

たとえば $2^{\sqrt{2}}$（2 の $\sqrt{2}$ 乗）は、

$$2^{1.4142} \quad < \quad 2^{\sqrt{2}} \quad < \quad 2^{1.4143}$$

のように「2 の有理数乗」を 2 つ使えば定義できます。指数の有理数を無限に $\sqrt{2}$ に近づけていけば、「2 の $\sqrt{2}$ 乗」は極限で 1 つの数に定まります。

指数関数

定数 a $(a > 0,\ a \neq 1)$ があるとき、$y = a^x$ を、a を底とする指数関数といいます。

$$y = a^x \quad \text{ただし } a > 0,\ a \neq 1$$

たとえば指数関数 $y = 2^x$ は、$x = 1$ のとき $y = 2^1 = 2$、$x = 2$ のとき $y = 2^2 = 4\cdots$ となります。指数 x には実数値を指定できるので、指数関数のグラフは次のような連続的な曲線になります。

重要 指数関数のグラフ

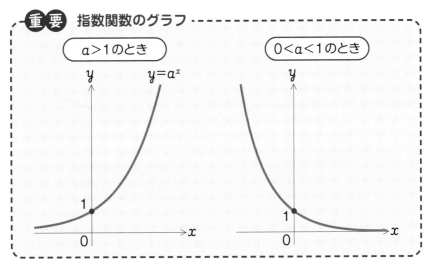

$a > 1$ のとき

$0 < a < 1$ のとき

$a^0 = 1$ より、指数関数の y 切片（$x = 0$ のときの y の値）は必ず 1 になることに注意しましょう。

06 対数関数

この節の概要

▶ x がある数 a の何乗になるかを表す関数を対数関数といい、$y = \log_a x$ で表します。

▶ ネイピア数を底にした対数を、とくに自然対数といいます。対数の性質を理解しておきましょう。

■ 対数とは

2^3 は「2 を 3 回掛けた数」を表し、$2 \times 2 \times 2 = 8$ になります。これに対し、「2 を何回掛けたら 8 になるか」を、次のように表します。

$$2 \times 2 \times 2 = 8 \quad \Longleftrightarrow \quad \log_2 8 = 3$$

2 を 3 回掛ける　　　　　　　　　　2 を何回掛けると 8 になるか

一般に、$a^x = N$ のとき、x は「a を何回掛けたら N になるか」を表します。この x を「a を底とする N の対数」といい、$x = \log_a N$ で表します。また、N を対数 x の真数といいます。

$$a^x = N \quad \Rightarrow \quad \log_a N = x$$

底　　　　　　　　　　真数　対数

例：$\log_5 25 = 2$ ◀ 25 は 5 の 2 乗

$\log_{10} \dfrac{1}{1000} = -3$ ◀ $\dfrac{1}{1000}$ は 10 の -3 乗

$\log_2 \sqrt{2} = \dfrac{1}{2}$ ◀ $\sqrt{2}$ は 2 の $\dfrac{1}{2}$ 乗

■■ 対数の性質

対数には、次のような基本的な性質があります。

重要 対数の性質

1 $\log_a a^k = k$　　$(a > 0,\ a \neq 1)$

2 $\log_a a = 1,\ \log_a 1 = 0$

3 $\log_a N^k = k\log_a N$

4 $\log_a MN = \log_a M + \log_a N$　◀積の対数を対数の和に変換

5 $\log_a \dfrac{M}{N} = \log_a M - \log_a N$　◀商の対数を対数の差に変換

6 $\log_a b = \dfrac{\log_c b}{\log_c a}$　◀底の変換公式

1 $\log_a a^k = k$

$\log_a a^k$ は、「a^k は a の何乗か」の答えなので、当然 k になります。

例：$\log_2 8 = \log_2 2^3 = 3$

2 $\log_a a = 1,\ \log_a 1 = 0$

$\log_a a$ は、「a は a の何乗か」の答えなので、$a^1 = a$ より 1 です。また、$\log_a 1$ は「1 は a の何乗か」の答えなので、$a^0 = 1$ より 0 になります。

例：$\log_{10} 10 = 1,\ \log_{10} 1 = 0$

3 $\log_a N^k = k\log_a N$

$\log_a N = x$ とすると、$a^x = N$ より、

$a^{xk} = N^k$　◀両辺をk乗する

が成り立ちます。上の式は「N^k は a の xk 乗」を表すので、

$$\log_a N^k = xk = k\log_a N$$

となります。

例：$\log_2 1000 = \log_2 10^3 = 3\log_2 10$

4 $\log_a MN = \log_a M + \log_a N$

$\log_a M = x$、$\log_a N = y$ とすると、$a^x = M$、$a^y = N$ なので、

$$MN = a^x \cdot a^y = a^{(x+y)}$$

です。上の式は「MN は a の $(x+y)$ 乗」を表すので、

$$\log_a MN = x + y = \log_a M + \log_a N$$

が成り立ちます。

例：$\log_2 20 + \log_2 5 = \log_2 (20 \times 5) = \log_2 100 = \log_2 10^2 = 2\log_2 10$

5 $\log_a \dfrac{M}{N} = \log_a M - \log_a N$

$\log_a M = x$、$\log_a N = y$ とすると、$a^x = M$、$a^y = N$ なので、

$$\frac{M}{N} = \frac{a^x}{a^y} = a^{(x-y)}$$

です。上の式は「$\dfrac{M}{N}$ は a の $(x-y)$ 乗」を表すので、

$$\log_a \frac{M}{N} = x - y = \log_a M - \log_a N$$

が成り立ちます。

例：$\log_2 28 - \log_2 7 = \log_2 \dfrac{28}{7} = \log_2 4 = \log_2 2^2 = 2$

6 $\log_a b = \dfrac{\log_c b}{\log_c a}$

$\log_a b = x$、$\log_c a = y$、$\log_c b = z$ と置くと、

$$b = a^x \quad \cdots① , \quad a = c^y \quad \cdots② , \quad b = c^z \quad \cdots③$$

式①③より、$a^x = c^z \quad \cdots④$

式④に式②を代入すると、

$$(c^y)^x = c^z \quad \Rightarrow \quad c^{xy} = c^z$$

$$\therefore xy = z \quad \Rightarrow \quad x = \frac{z}{y} \quad \Rightarrow \quad \log_a b = \frac{\log_c b}{\log_c a}$$

となります。この公式は、底を任意の値に変換したいときに使います。

例：$\log_4 8 = \dfrac{\log_2 8}{\log_2 4} = \dfrac{\log_2 2^3}{\log_2 2^2} = \dfrac{3}{2}$

ネイピア数と自然対数

　ネイピア数という、特別な数を底とする対数を、**自然対数**といいます。ネイピア数は分数では表すことができない無理数で、一般に記号 e で表します。

$$e = 2.7182818284590045\cdots$$

　x の自然対数は「$\log_e x$」ですが、底を省略して「$\log x$」と書いたり、「$\ln x$」と書きます。

ネイピア数については68ページであらためて説明します。

例：$\log 10$　◀ 10 の自然対数（10 は e の何乗か）

　　$\log e = 1$　◀ e の自然対数（$e^1 = e$）

対数関数

　定数 $a \ (a > 0, \ a \neq 1)$ があるとき、$y = \log_a x \ (x > 0)$ を、a を底とする x の**対数関数**といいます。

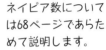

$$y = \log_a x \quad ◀ x は a の y 乗$$

　たとえば、対数関数 $y = \log_2 x$ は、$x = 1$ のとき $y = 0$、$x = 2$ のと

き $y = 1$、$x = 4$ のとき $y = 2$…となります。x は 0 以下の値はとれません ($x > 0$)。

対数関数 $y = \log_a x$ のグラフは、次のような曲線になります。

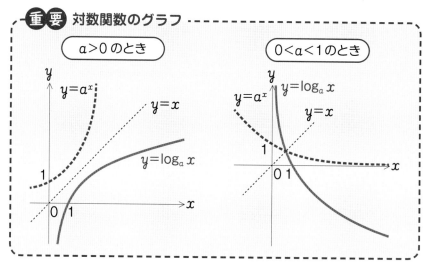

$\log_a 1 = 0$, $\log_a a = 1$ より、対数関数は必ず $(1, 0)$、$(a, 1)$ の 2 点を通ります。また、$y = \log_a x$ のグラフは、$y = a^x$ のグラフと直線 $y = x$ をはさんで対称になります。

練習問題 4　　　　　　　　　　　　　　　　　　　（答えは 46 ページ）

次の式を証明しなさい。

$$e^{\log a} = a$$

第1章 練習問題の解答

練習問題1 ≫22ページ

(1) $\theta = 150°$ のときの $\triangle$OPQ は、右図のように3辺の比が $1:\sqrt{3}:2$ の直角三角形となります。半径 $r = 2$ とすれば、点Pの座標はP$(-\sqrt{3}, 1)$ となるので、

$$\cos 150° = \frac{x}{r} = \frac{-\sqrt{3}}{2} = -\frac{\sqrt{3}}{2} \quad \cdots \text{（答）}$$

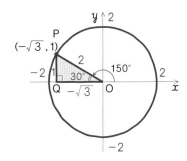

(2) $\theta = 225°$ のときの $\triangle$OPQ は、右図のように3辺の比が $1:1:\sqrt{2}$ の直角三角形となります。半径 $r = \sqrt{2}$ とすれば、点Pの座標はP$(-1, -1)$ となるので、

$$\sin 225° = \frac{y}{r} = \frac{-1}{\sqrt{2}}$$

$$= -\frac{1}{\sqrt{2}} \quad \cdots \text{（答）}$$

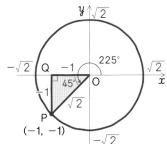

(3) θ がマイナスの値の場合は、角度を時計回りにとります。点Pを時計回りに30°動かすと、右図のようになります。半径 $r = 2$ とすれば、点Pの座標は $(\sqrt{3}, -1)$ となるので、

$$\tan(-30°) = \frac{y}{x} = \frac{-1}{\sqrt{3}} = -\frac{1}{\sqrt{3}} \quad \cdots \text{（答）}$$

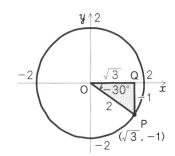

練習問題2 ≫24ページ

$\theta = 180°$ の点Pの座標は $(-r, 0)$ となるので、

(1) $\sin 180° = \dfrac{y}{r} = \dfrac{0}{r} = 0 \quad \cdots \text{（答）}$

(2) $\cos 180° = \dfrac{x}{r} = \dfrac{-r}{r} = -1 \quad \cdots \text{（答）}$

となります。

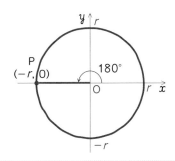

また、$\theta = 270°$ の点 P の座標は $(0,\ -r)$ となるので、

(3) $\sin 270° = \dfrac{y}{r} = \dfrac{-r}{r} = -1$ … （答）

(4) $\cos 270° = \dfrac{x}{r} = \dfrac{0}{r} = 0$ … （答）

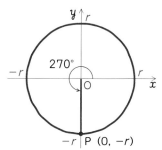

練習問題3 ≫ 36 ページ

(1) 加法定理「$\sin(\alpha + \beta) = \sin\alpha\cos\beta + \cos\alpha\sin\beta$」より、

$\sin 3\alpha = \sin(2\alpha + \alpha) = \underline{\sin 2\alpha}\cos\alpha + \underline{\cos 2\alpha}\sin\alpha$　◀ 倍角の公式

$\qquad = 2\sin\alpha\cos\alpha \cdot \cos\alpha + (1 - 2\sin^2\alpha)\sin\alpha$

$\qquad = 2\sin\alpha\underline{\cos^2\alpha} + (1 - 2\sin^2\alpha)\sin\alpha$　◀ $\cos^2\theta = 1 - \sin^2\theta$

$\qquad = 2\sin\alpha(1 - \sin^2\alpha) + (1 - 2\sin^2\alpha)\sin\alpha$

$\qquad = 2\sin\alpha - 2\sin^3\alpha + \sin\alpha - 2\sin^3\alpha$

$\qquad = 3\sin\alpha - 4\sin^3\alpha$

よって、$4\sin^3\alpha = 3\sin\alpha - \sin 3\alpha \Rightarrow \sin^3\alpha = \dfrac{3\sin\alpha - \sin 3\alpha}{4}$

(2) 加法定理「$\cos(\alpha + \beta) = \cos\alpha\cos\beta - \sin\alpha\sin\beta$」より、

$\cos 3\alpha = \cos(2\alpha + \alpha) = \underline{\cos 2\alpha}\cos\alpha - \underline{\sin 2\alpha}\sin\alpha$　◀ 倍角の公式

$\qquad = (2\cos^2\alpha - 1)\cos\alpha - 2\sin\alpha\cos\alpha \cdot \sin\alpha$

$\qquad = (2\cos^2\alpha - 1)\cos\alpha - 2\underline{\sin^2\alpha}\cos\alpha$　◀ $\sin^2\theta = 1 - \cos^2\theta$

$\qquad = (2\cos^2\alpha - 1)\cos\alpha - 2(1 - \cos^2\alpha)\cos\alpha$

$\qquad = 2\cos^3\alpha - \cos\alpha - 2\cos\alpha + 2\cos^3\alpha$

$\qquad = 4\cos^3\alpha - 3\cos\alpha$

よって、$4\cos^3\alpha = 3\cos\alpha + \cos 3\alpha \Rightarrow \cos^3\alpha = \dfrac{3\cos\alpha + \cos 3\alpha}{4}$

練習問題4 ≫ 44 ページ

$e^{\log a} = x$ と置きます。一般に $M = N$ のとき、$\log M = \log N$ なので、

$\log e^{\log a} = \log x$

$(\log a) \cdot \log e = \log x$　◀ $\log_a M^k = k\log_a M$

$\log a = \log x$　◀ $\log e = 1$

よって、$a = x = e^{\log a}$

第2章

基礎的な知識②
微分と積分

微分・積分は高校数学で学習しますが、苦手意識を
もつ人が多いかもしれません。しかしその考え方は
単純で、微分は変化率を、積分は細分化した面積の
総和を求める計算手法なのです。たくさんある公式
は、計算を楽にするためのツールに過ぎません。

01 微分とはなにか

この節の概要

▶ 微分法は物理の計算には欠かせない重要な道具ですが、その本質は物事の瞬間的な変化率を求めることにあります。単なる計算手法ではなく、基本的な考え方を理解してください。

■ 瞬間の変化率を求める

　微分とは、簡単にいえば、ある曲線上の1点における**接線の傾き**を求めることです。例として、次のような関数 $y = f(x)$ のグラフを考えてみましょう。

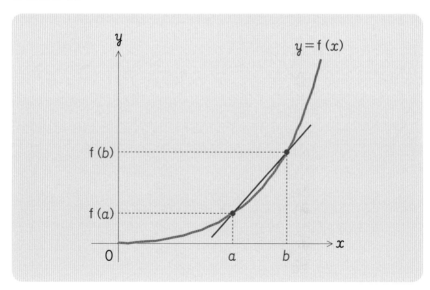

　変数 x の値が a から b に増加すると、y の値は $f(a)$ から $f(b)$ に変化します。このとき、関数 y の変化率は、

$$y\text{ の変化率}=\frac{y\text{ の増分}}{x\text{ の増分}}=\frac{f(b)-f(a)}{b-a}$$

と書けます。

この値は、グラフ上の2点 $(a, f(a))$ と $(b, f(b))$ を通る直線の傾きを表しています。

同じように、x が a から $a+h$ になるときの関数 y の変化率は、

$$y\text{ の変化率}=\frac{f(a+h)-f(a)}{h}$$

と書けます。ここで、x の増分 h の値を小さくしていくと、グラフ上の2点間の距離が小さくなります。h を限りなくゼロに近づけると、直線は $x=a$ で曲線と接する接線になります。

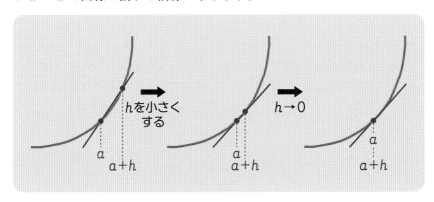

この接線の傾きを式で表してみましょう。記号「$\lim_{h\to 0}$」は、「h を限りなくゼロに近づける」という意味です。

$$f'(a)=\lim_{h\to 0}\frac{f(a+h)-f(a)}{h}$$

このとき、$f'(a)$ を関数 $f(x)$ の $x=a$ における微分係数といいます。微分係数 $f'(a)$ は、関数 $f(x)$ の $x=a$ における接線の傾きです。

例題1 物体を真上から地上に落とした
とき、t 秒後の落下距離 y [m] は、
二次関数 $y = 4.9t^2$ で表すことができ
る（空気抵抗はゼロとする）。物体が
落下してから 2 秒後の落下速度 [m/s]
を求めよ。

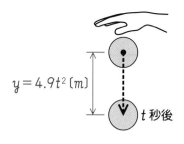

$y = 4.9t^2$ [m]

t 秒後

解 関数 $y = 4.9t^2$（$t \geqq 0$）のグラフ
は右図のようになります。たとえば、
時刻が t_1 から t_2 になるまでの間に、
落下距離が y_1 メートルから y_2 メート
ルに変化したとすれば、
この間の落下速度 v は、

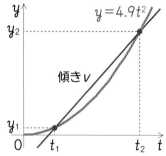

$$v = \frac{y_2 - y_1}{t_2 - t_1} \text{ [m/s]}$$

◀ 速度＝距離 $(y_2 - y_1)$ ÷ 時間 $(t_2 - t_1)$

で求めることができます。この値は、グラフ上の 2 点 (t_1, y_1), (t_2, y_2)
を通る直線の傾きです。

2 点間の距離を限りなくゼロに近づけると、直線はグラフ上の 1 点に
接する接線となります。この接線の傾きが、t 秒後における落下速度を
表します。以上から、2 秒後の落下速度は、$t = 2$ におけるグラフの接
線の傾き（微分係数）になります。

微分係数の定義より、$t = 2$ における関数 $y = f(t)$ の接線の傾きは、

$$f'(2) = \lim_{h \to 0} \frac{f(2+h) - f(2)}{h}$$

です。関数 $f(t)$ を $4.9t^2$ に置き換えると、次のようになります。

$$f'(2) = \lim_{h \to 0} \frac{4.9(2+h)^2 - 4.9 \cdot 2^2}{h}$$

◀ f $(2+h) = 4.9(2+h)^2$、
f $(2) = 4.9 \cdot 2^2$

$$= \lim_{h \to 0} \frac{4.9(4 + 4h + h^2) - 4.9 \cdot 4}{h}$$

$$= \lim_{h \to 0} \frac{4.9 \cdot 4 + 4.9 \cdot 4h + 4.9h^2 - 4.9 \cdot 4}{h}$$

$$= \lim_{h \to 0} \frac{19.6h + 4.9h^2}{h}$$ ◀ hを約分する

$$= \lim_{h \to 0} (19.6 + 4.9h)$$ ◀ hを0に近づけると、$4.9h$は0に近づく

$$= 19.6 \, [\mathrm{m/s}] \quad \cdots (答)$$

以上から、2秒後の落下速度は 19.6m/s と求められます。

導関数を求める

微分係数は、関数 $f(x)$ について、x が特定の値の場合の接線の傾きを表します。接線の傾きは x の値に応じて決まるので、$f(x)$ の接線の傾きもまた、x の関数と考えることができます。このような関数 $f'(x)$ を、導関数といいます。

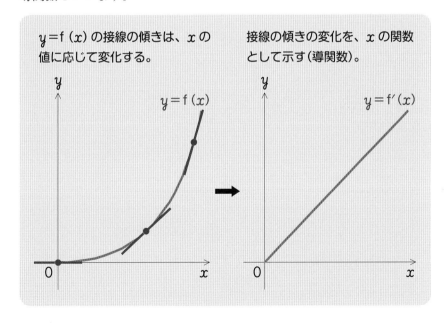

$y = f(x)$ の接線の傾きは、x の値に応じて変化する。

接線の傾きの変化を、x の関数として示す（導関数）。

導関数の定義は、$x = a$ における微分係数の式の a を、x に置き換えれば得ることができます。

重要　導関数の定義

$$f'(x) = \lim_{h \to 0} \frac{f(x+h) - f(x)}{h}$$

関数 $f(x)$ の導関数を求めることを、一般に「関数 $f(x)$ を微分する」といいます。

なお、導関数の記号は $f'(x)$ 以外にも、y' と書く場合や、$\dfrac{dy}{dx}$ と書く場合があります。また、たとえば x^n の微分を、$(x^n)'$ のように書く場合があります。

ダッシュ（'）は「プライム」と読むのが正式。また、$\dfrac{dy}{dx}$ を「ディーエックス分のディーワイ」と読まないように注意。

読み方

$f'(x)$ エフプライムエックス ◀ 関数 f(x) の微分

y' ワイプライム ◀ 関数 y の微分

$\dfrac{dy}{dx}$ ディーワイディーエックス ◀ 関数 y を x で微分

$(x^n)'$ ◀ x^n の微分

例題2 二次関数 $y = 4.9t^2$ の導関数を求めよ。

解 導関数の定義の $f(x+h)$ を $4.9(t+h)^2$ に、$f(x)$ を $4.9t^2$ に置き換えて計算します。

$$y' = \lim_{h \to 0} \frac{4.9(t+h)^2 - 4.9t^2}{h}$$ ◀ $f(t+h) = 4.9(t+h)^2$、$f(t) = 4.9t^2$

$$= \lim_{h \to 0} \frac{4.9(t^2 + 2ht + h^2) - 4.9t^2}{h}$$ ◀ $(t+h)^2$ を展開

$$= \lim_{h \to 0} \frac{4.9t^2 + 9.8ht + 4.9h^2 - 4.9t^2}{h}$$

$$= \lim_{h \to 0} (9.8t + 4.9h)$$ ◀ h を約分した

$h \to 0$ により、$4.9h$ は 0 になる

$$= 9.8t \quad \cdots （答）$$

関数 $y = 4.9t^2$ は、自由落下する物体の t 秒後の落下距離〔m〕を表します（50 ページ）。これを微分すると、t 秒後の瞬間の距離の変化率＝落下速度が得られます。つまり、導関数 $y' = 9.8t$ は、自由落下する物体の t 秒後の速度〔m/s〕を表しています。

微分計算の基本公式

　導関数を求めるには、前節の

$$f'(x) = \lim_{h \to 0} \frac{f(x+h) - f(x)}{h}$$

に関数の式を当てはめて計算すればよいのですが、いちいち計算する手間を省くために、便利な公式がいくつか用意されています。ここでは、そのうち最も基本的な 4 つの公式を説明します。

重要　微分の基本公式①

❶ x^n の微分：　　　　　　　　$(x^n)' = nx^{n-1}$

❷ 定数 k の微分：　　　　　　　$(k)' = 0$

❸ $kf(x)$ の微分（k は定数）：$\{kf(x)\}' = kf'(x)$

❹ $f(x) \pm g(x)$ の微分：　　　$\{f(x) \pm g(x)\}' = f'(x) \pm g'(x)$

❶ x^n の微分

「x の n 乗」を微分すると、「n 掛ける x^{n-1} 乗」になります。

例：$(x^3)' = 3x^2$

　このことは、前ページの導関数の定義の $f(x+h)$ を $(x+h)^3$ に、$f(x)$ を x^3 に置き換えれば、次のように確認できます。

$$
\begin{aligned}
f'(x) &= \lim_{h \to 0} \frac{(x+h)^3 - x^3}{h} \quad \blacktriangleleft \text{ f}(x+h) = (x+h)^3、\text{f}(x) = x^3 \\
&= \lim_{h \to 0} \frac{(x^3 + 3hx^2 + 3h^2x + h^3) - x^3}{h} \quad \blacktriangleleft (x+h)^3 \text{を展開}
\end{aligned}
$$

$$= \lim_{h \to 0} \frac{3hx^2 + 3h^2x + h^3}{h} \quad \blacktriangleleft x^3 が消える$$

$$= \lim_{h \to 0} (3x^2 + 3hx + h^2) \quad \blacktriangleleft h を約分$$

$\underline{}$ $\lfloor h \to 0 により、この部分は0になる$

$$= 3x^2 \quad \blacktriangleleft n-1$$

$\lfloor n$

❷定数 k の微分

定数の微分は、定数がどんな値でも0になります。このことは、$y = k$（kは定数）のグラフの傾きが常に0であることからわかります。

例：$(10)' = 0$ ◀ 定数10の微分は0

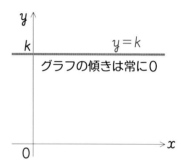

y

k ｜ $y = k$

グラフの傾きは常に0

0 ── x

❸ $k\mathrm{f}(x)$ の微分

関数 $f(x)$ の k 倍（kは定数）を微分したものは、$f'(x)$ の k 倍になります。

例：$(2x^3)' = 2(x^3)' = 2 \cdot 3x^2 = 6x^2$

$\lfloor \{kf(x)\}'$ $\lfloor k$ $\lfloor f'(x)$

この公式は、次のように確認できます。

$$\{kf(x)\}' = \lim_{h \to 0} \frac{kf(x+h) - kf(x)}{h} \quad \blacktriangleleft 導関数の定義$$

$$= \lim_{h \to 0} \left\{ k \cdot \frac{f(x+h) - f(x)}{h} \right\} \quad \blacktriangleleft 定数 k をくくる$$

$$= k \cdot \lim_{h \to 0} \frac{f(x+h) - f(x)}{h} \quad \blacktriangleleft 定数 k は h をゼロに近づけても変化しないので前に出す$$

$$= kf'(x) \qquad \lfloor f'(x)$$

❹ $\mathrm{f}(x) \pm g(x)$ の微分

関数が複数の項の和（または差）である場合は、各項ごとに微分すれ

ばよいという公式です。

例：$(\underset{①}{x^3} + \underset{②}{x^2} + \underset{③}{x} + \underset{④}{1})' = \underset{①'}{3x^2} + \underset{②'}{2x} + \underset{③'}{1} + \underset{④'}{0}$

この公式も、導関数の定義から次のように確認できます。

$$\{f(x) \pm g(x)\}' = \lim_{h \to 0} \frac{\{f(x+h) \pm g(x+h)\} - \{f(x) \pm g(x)\}}{h}$$ ◀ 導関数の定義

$$= \lim_{h \to 0} \frac{\{f(x+h) - f(x)\} \pm \{g(x+h) - g(x)\}}{h}$$ ◀ f(x)とg(x)に分ける

$$= \lim_{h \to 0} \left\{ \frac{f(x+h) - f(x)}{h} \pm \frac{g(x+h) - g(x)}{h} \right\} = f'(x) \pm g'(x)$$

└ f'(x)の定義　　　└ g'(x)の定義

例題3 $5x^3 - 3x^2 + 8x - 10$ を微分しなさい。

解　$(5x^3 - 3x^2 + 8x - 10)'$

$= (5x^3)' - (3x^2)' + (8x)' - (10)'$ ◀ $\{f(x) \pm g(x)\}' = f'(x) \pm g'(x)$

$= 5(x^3)' - 3(x^2)' + 8(x)' - (10)'$ ◀ $\{kf(x)\}' = kf'(x)$

$= 5 \cdot 3x^2 - 3 \cdot 2x + 8 \cdot 1 - 0$ ◀ $(x^n)' = nx^{n-1}$, $(k)' = 0$

$= 15x^2 - 6x + 8$ … （答）

　例題のような多項式の微分は、慣れれば次のように機械的に計算できます。

多項式の微分

5×3　　3×2　　8×1

$(5\underset{-1}{x^3}) - (3\underset{-1}{x^2}) + (8\underset{x^0=1}{x^1}) - 10$ ◀ 定数の微分はゼロ

$15x^2 - 6x + 8$

練習問題1　　　　　　　　　　　　　　　　　　（答えは92ページ）

　次の関数を微分しなさい。

(1) $y = \pi$　　(2) $y = x^4 + 2x^3 + 3x^2 + 4x + 5$　　(3) $y = (3x-1)^2$

02 微分計算の重要公式

重要 微分計算の基本公式②

1 積の微分公式： $\{f(x)\,g(x)\}' = f'(x)g(x) + f(x)g'(x)$

2 逆数の微分公式： $\left\{\dfrac{1}{f(x)}\right\}' = -\dfrac{f'(x)}{\{f(x)\}^2}$

3 商の微分公式： $\left\{\dfrac{f(x)}{g(x)}\right\}' = \dfrac{f'(x)\,g(x) - f(x)\,g'(x)}{\{g(x)\}^2}$

4 合成関数の微分公式： $\{f(g(x))\}' = f'(g(x))\,g'(x)$

5 逆関数の微分公式： $g'(x) = \dfrac{1}{f'(y)}$ ◀ $g(x)$は＝f(x)の逆関数

■ 積の微分公式

$$\{f(x)g(x)\}' = f'(x)g(x) + f(x)g'(x)$$

微分×そのまま　そのまま×微分

この公式は、次のように導くことできます。

$$\{f(x)\,g(x)\}' = \lim_{h \to 0} \frac{f(x+h)\,g(x+h) - f(x)\,g(x)}{h}$$ ◀ 導関数の定義より

┌ $f(x)g(x+h)$ を引いてからまた足す

$$= \lim_{h \to 0} \frac{f(x+h)\,g(x+h) - f(x)\,g(x+h) + f(x)\,g(x+h) - f(x)\,g(x)}{h}$$

$$= \lim_{h \to 0} \frac{\{f(x+h) - f(x)\}\,g(x+h) + f(x)\,\{g(x+h) - g(x)\}}{h}$$ ← $g(x+h)$ と $f(x)$ でくくる

$$= \lim_{h \to 0} \left\{ \frac{f(x+h) - f(x)}{h} \cdot g(x+h) + f(x) \cdot \frac{g(x+h) - g(x)}{h} \right\}$$

└ $f'(x)$ の定義　　└ 0になる　　└ $g'(x)$ の定義

$$= f'(x) \cdot g(x) + f(x) \cdot g'(x)$$

例題1 $(x+1)(x^2 - x + 1)$ を微分しなさい（式は整理しなくてよい）。

解 積の微分公式は、因数分解された式を展開せずにそのまま微分するときに便利です。

$$\{(x+1)(x^2 - x + 1)\}' = (x+1)'(x^2 - x + 1) + (x+1)(x^2 - x + 1)'$$

└$f(x)$ └$g(x)$　　　└$f'(x)$ └$g(x)$　　　└$f(x)$ └$g'(x)$

$$= 1 \cdot (x^2 - x + 1) + (x+1)(2x - 1)$$

└$(x+1)' = 1$　　　　└$(x^2 - x + 1)' = 2x - 1$

$$= (x^2 - x + 1) + (x+1)(2x - 1) \quad \cdots \text{（答）}$$

逆数の微分公式

$$\left\{ \frac{1}{f(x)} \right\}' = -\frac{f'(x)}{\{f(x)\}^2}$$

関数 $f(x)$ の逆数 $\dfrac{1}{f(x)}$ の微分について考えてみましょう。

$$\left\{ \frac{1}{f(x)} \right\}' = \lim_{h \to 0} \frac{\dfrac{1}{f(x+h)} - \dfrac{1}{f(x)}}{h}$$ ◀ 導関数の定義より

$$= \lim_{h \to 0} \left(\frac{1}{h f(x+h)} - \frac{1}{h f(x)} \right)$$ ◀ 分母と分子を h で割る

$$= \lim_{h \to 0} \frac{f(x) - f(x+h)}{h f(x+h) f(x)}$$ ◀ 通分する

$$= -\lim_{h \to 0} \frac{f(x+h) - f(x)}{h f(x+h) f(x)}$$ ◀ マイナス符号を前に出す

$$= -\lim_{h \to 0} \frac{f(x+h) - f(x)}{h} \cdot \frac{1}{f(x+h) f(x)}$$

               └$f'(x)$の定義   └$h \to 0$

$$= -\frac{f'(x)}{\{f(x)\}^2}$$

例題2 $\dfrac{1}{x^3}$ を微分しなさい。

解 $f(x) = x^3$ として逆数の微分公式を使うと、次のようになります。

$$\left(\frac{1}{x^3}\right)' = -\frac{(x^3)'}{(x^3)^2}$$ ◀ $\left\{\dfrac{1}{f(x)}\right\}' = -\dfrac{f'(x)}{\{f(x)\}^2}$

$$= -\frac{3x^2}{x^6}$$ ◀ x^2 を約分

$$= -\frac{3}{x^4} \quad \cdots \text{(答)}$$

なお、指数表記では $\dfrac{1}{x^3} = x^{-3}$、$-\dfrac{3}{x^4} = -3x^{-4}$ ですから、53 ページの基本公式

$$(x^n)' = nx^{n-1}$$

は、指数 n が負の数の場合にも成り立つことがわかります。

■ 商の微分公式

$$\left\{\frac{f(x)}{g(x)}\right\}' = \frac{f'(x) g(x) - f(x) g'(x)}{\{g(x)\}^2}$$

商の微分公式は、積の微分公式と逆数の微分公式から、次のように導けます。

$$\left\{\frac{f(x)}{g(x)}\right\}' = \left\{f(x) \cdot \frac{1}{g(x)}\right\}' = \boxed{f'(x) \cdot \frac{1}{g(x)} + f(x) \cdot \left\{\frac{1}{g(x)}\right\}'} \quad \blacktriangleleft \text{積の微分}$$
公式

$$= \frac{f'(x)}{g(x)} + f(x) \cdot \boxed{-\frac{g'(x)}{\{g(x)\}^2}} \quad \blacktriangleleft \text{逆数の微分公式}$$

$$= \frac{f'(x)\,g(x) - f(x)\,g'(x)}{\{g(x)\}^2} \quad \blacktriangleleft \{g(x)\}^2 \text{で通分}$$

例題 3 $\dfrac{x}{2x+1}$ を微分しなさい。

解

$$\left(\frac{x}{2x+1}\right)' = \frac{(x)'(2x+1) - x(2x+1)'}{(2x+1)^2} \quad \blacktriangleleft \left\{\frac{f(x)}{g(x)}\right\}' = \frac{f'(x)g(x) - f(x)g'(x)}{\{g(x)\}^2}$$

$$= \frac{1 \cdot (2x+1) - x \cdot 2}{(2x+1)^2} \quad \blacktriangleleft (x)' = 1 \text{、} (2x+1)' = 2$$

$$= \frac{2x+1-2x}{(2x+1)^2}$$

$$= \frac{1}{(2x+1)^2} \quad \cdots \text{（答）}$$

合成関数の微分

$$\{f(g(x))\}' = f'(g(x))g'(x)$$

ひとつの関数の処理が複数の段階に分けられる場合、その関数は合成関数とみなせます。

たとえば $(x^2 + 3x - 1)^3$ は、① $x^2 + 3x - 1$ を求め、②その結果を3乗します。そこで、① $g(x) = x^2 + 3x - 1$、② $f(x) = x^3$ とすれば、

$$(x^2 + 3x - 1)^3 = \{g(x)\}^3 = f(g(x))$$

のように、合成関数とみなすことができます。

合成関数の微分公式は、次のように導けます。

$$\{f(g(x))\}' = \lim_{h \to 0} \frac{f(g(x+h)) - f(g(x))}{h} \quad \blacktriangleleft \text{導関数の定義}$$

$$= \lim_{h \to 0} \frac{f(g(x+h)) - f(g(x))}{g(x+h) - g(x)} \cdot \frac{g(x+h) - g(x)}{h}$$

導関数 $g'(x)$ の定義になる

分母と分子に $g(x+h) - g(x)$ を掛ける

$$= \lim_{h \to 0} \frac{f(g(x+h)) - f(g(x))}{g(x+h) - g(x)} \cdot g'(x)$$

ここで、$g(x+h) - g(x) = k$ と置けば、$g(x+h) = g(x) + k$ です。また、$h \to 0$ のとき、k の値は $g(x) - g(x) = 0$ に近づくので、

導関数 $f'(g(x))$ の定義になる

$$= \lim_{k \to 0} \frac{f(g(x)+k) - f(g(x))}{k} \cdot g'(x)$$

$$= f'(g(x)) \cdot g'(x)$$

例題 4 $(x^2 + 3x - 1)^3$ を微分しなさい。

解 $g(x) = x^2 + 3x - 1$ とすると、$f(x) = (x^2 + 3x - 1)^3$ は

$$f(g(x)) = \{g(x)\}^3$$

と書けます。$g(x)$ をひとかたまりとみなすと、$\{g(x)\}^3$ は $\square^n$ の形なので、微分公式 $x^n = nx^{n-1}$ が使えます。

$$f'(g(x)) = (\{g(x)\}^3)' = 3\{g(x)\}^2 = 3\underline{(x^2 + 3x - 1)^2} \quad \cdots ①$$

$g(x)$ を元に戻す

次に、$g(x)$ の中身 $x^2 + 3x - 1$ を微分すると、

$$g'(x) = 2x + 3 \quad \cdots ②$$

となります。公式より、①と②の積が合成関数 $f(g(x))$ の微分になります。

$$\{f(g(x))\}' = f'(g(x))\, g'(x) = 3\underbrace{(x^2 + 3x - 1)^2}_{f'(g(x))}\, \underbrace{(2x + 3)}_{g'(x)} \quad \cdots（答）$$

合成関数の微分は、この後でよく行うことになるので、しっかりと理解しておきましょう。

合成関数の微分の考え方

$$\underbrace{\{f(g(x))\}'}_{} \qquad \underbrace{f'(g(x))}_{} \qquad \underbrace{g'(x)}_{}$$

$$\{(x^2+3x-1)^3\}' = 3(x^2+3x-1)^2 \cdot (2x+3)$$

この部分を$g(x)$とする　　$g(x)$をひとかたまりと　　$g(x)$の中身
　　　　　　　　　　　　　みなし、□³を微分　　　を微分

◆ 逆関数の微分

$$g'(x) = \frac{1}{f'(y)}$$

◀ $y=f(x)$の逆関数$y=g(x)$

　関数 $y=f(x)$ の x と y を入れ替えて、$x=f(y)$ とします。たとえば、$y=x^2$ の x と y を入れ替えると、$x=y^2$ になりますね。グラフで描くなら、x 軸と y 軸を交換するイメージです。

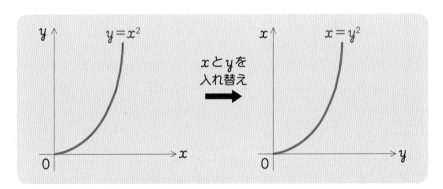

　$x=y^2$ を y について解くと、$y=\sqrt{x}$ になります（ただし $x>0$、$y>0$）。この関数を、関数 $y=x^2$ の逆関数といいます。

逆関数の作り方：関数$y=f(x)$のxとyを入れ替え、$x=f(y)$をyについて解く

先ほど x 軸と y 軸を交換したグラフを、横軸が x、縦軸が y になるように描き直せば、逆関数のグラフになります。

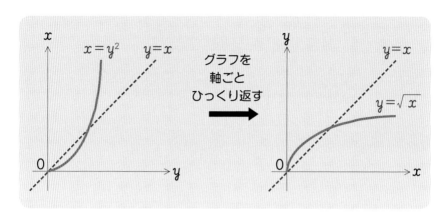

　このように、逆関数のグラフは、元の関数のグラフと直線 $y = x$ をはさんで対称になります。

　逆関数の微分について考えてみましょう。$y = f(x)$ の x と y を入れ替え、$x = f(y)$ とします。この式に、$y = f(x)$ の逆関数 $y = g(x)$ を代入すると、

$$x = f(g(x)) \quad \cdots ①$$

が成り立ちます。たとえば $y = x^2$ の x と y を入れ替えて $x = y^2$ とし、逆関数 $y = \sqrt{x}$ を代入すると、$x = (\sqrt{x})^2$ となります。

　式①の両辺を x で微分すると、左辺は 1、右辺は合成関数の微分公式（56 ページ）より $\{f(g(x))\}' = f'(g(x)) \cdot g'(x)$ なので、

$$1 = f'(g(x)) \cdot g'(x) \quad \therefore g'(x) = \frac{1}{f'(g(x))} = \frac{1}{f'(y)}$$

となり、逆関数の微分公式が導けます。この公式にしたがうと、たとえば $y = \sqrt{x}$ の微分は、

$$(\sqrt{x})' = \frac{1}{(y^2)'} = \frac{1}{2y} = \frac{1}{2\sqrt{x}}$$

$y = x^2$ の逆関数　　$y = x^2$ の x と y を入れ替え。$x = y^2$ として微分

のように計算できます。

なお、$y = \sqrt{x} = x^{\frac{1}{2}}$ とすれば、$(x^n)' = nx^{n-1}$ より、

$$y' = \frac{1}{2}x^{\frac{1}{2}-1} = \frac{1}{2}x^{-\frac{1}{2}} = \frac{1}{2\sqrt{x}}$$

となります。

例題5 $\sqrt[3]{x}$ を逆関数の微分公式で微分しなさい。

解 $y = \sqrt[3]{x}$ として両辺を3乗すると、$x = y^3$ となるので、$y = \sqrt[3]{x}$ は $y = x^3$ の逆関数とみなせます。よって、

$$(\sqrt[3]{x}\,)' = \frac{1}{(y^3)'} = \frac{1}{3y^2} = \frac{1}{3(\sqrt[3]{x}\,)^2} \quad \cdots \text{（答）}$$

$\llcorner y = x^3$ の逆関数をみなす

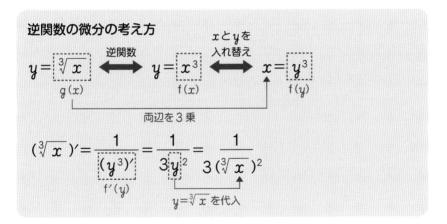

逆関数の微分の考え方

練習問題2　　　　　　　　　　　　　　　　　　　　（答えは92ページ）

次の関数を微分しなさい（式は整理しなくてよい）。

(1)　$y = (x^2 - 5x + 1)(3x + 4)$　　　(2)　$y = \dfrac{x+2}{2x+1}$

(3)　$y = (3x + 2)^4 + (x^2 - 1)^3$　　　(4)　$y = \dfrac{4}{(x-1)^3}$

(5)　$y = \sqrt{x^2 + 1}$

03 三角関数の微分

この節の概要

▶ 三角関数の微分計算はよく出てくるので、公式を覚えておいてください。

▶ 複雑な三角関数の微分は、合成関数の微分公式と組み合せて考えます。

重要 三角関数の微分①

1 $(\sin x)' = \cos x$ **2** $(\cos x)' = -\sin x$ **3** $(\tan x)' = \dfrac{1}{\cos^2 x}$

1 sin x の微分

$\sin x$ を導関数の定義にしたがって微分すると、次のようになります。

$$
\begin{aligned}
(\sin x)' &= \lim_{h \to 0} \frac{\sin(x+h) - \sin x}{h} \\
&= \lim_{h \to 0} \frac{2\cos \dfrac{(x+h)+x}{2} \sin \dfrac{(x+h)-x}{2}}{h} \\
&= \lim_{h \to 0} \frac{2\cos\left(x + \dfrac{h}{2}\right) \sin \dfrac{h}{2}}{h} \\
&= \lim_{h \to 0} \frac{\cos\left(x + \dfrac{h}{2}\right) \sin \dfrac{h}{2}}{\dfrac{h}{2}} \\
&= \lim_{h \to 0} \cos\left(x + \dfrac{h}{2}\right) \cdot \frac{\sin \dfrac{h}{2}}{\dfrac{h}{2}}
\end{aligned}
$$

和を積にする公式（33 ページ）

$\sin A - \sin B$

$= 2\cos \dfrac{A+B}{2} \sin \dfrac{A-B}{2}$

◀ 分母と分子を 2 で割る

◀ $\displaystyle\lim_{\theta \to 0} \frac{\sin \theta}{\theta} = 1$ より、□部分は 1 になる（67 ページ参照）。

$$= \lim_{h \to 0} \cos\left(x + \frac{h}{2}\right) \cdot 1 = \cos x$$

$$\underset{h \to 0}{\uparrow}$$

2 cos x の微分

cos x の微分は、sin x の微分から次のように導けます。

$$(\cos x)' = \left\{ \sin\left(\frac{\pi}{2} - x\right) \right\}' \quad \blacktriangleleft \cos\theta = \sin\left(\frac{\pi}{2} - \theta\right)$$

$$= \underbrace{\cos\left(\frac{\pi}{2} - x\right)}_{f'(g(x))} \cdot \underbrace{\left(\frac{\pi}{2} - x\right)'}_{g'(x)} \quad \blacktriangleleft \begin{array}{l} f(g(x)) = \sin(g(x))、g(x) = \dfrac{\pi}{2} - x と \\ して、合成関数 f(g(x)) の微分公式を適用 \end{array}$$

$$= \cos\left(\frac{\pi}{2} - x\right) \cdot (-1) \quad \blacktriangleleft \cos\left(\frac{\pi}{2} - \theta\right) = \sin\theta$$

$$= -\sin x$$

3 tan x の微分

tan x の微分は、sin x、cos x の微分から、次のように導けます。

$$(\tan x)' = \left(\frac{\sin x}{\cos x}\right)' \quad \blacktriangleleft \tan\theta = \frac{\sin x}{\cos x}$$

$$= \frac{(\sin x)'\cos x - \sin x(\cos x)'}{\cos^2 x} \quad \blacktriangleleft \left\{\frac{f(x)}{g(x)}\right\}' = \frac{f'(x)g(x) - f(x)g'(x)}{\{g(x)\}^2}$$

$$= \frac{\cos x\cos x - \sin x(-\sin x)}{\cos^2 x} \quad \blacktriangleleft (\sin x)' = \cos x, (\cos x)' = -\sin x$$

$$= \frac{\cos^2 x + \sin^2 x}{\cos^2 x} \quad \blacktriangleleft \sin^2\theta + \cos^2\theta = 1$$

$$= \frac{1}{\cos^2 x}$$

例題 次の関数を微分しなさい。

(1) $y = \sin(2x + 3)$

(2) $y = \cos(5x - 1)$

解 合成関数の微分公式を使って解くと、それぞれ次のようになります。

(1) $y = \sin (2x + 3)$ の微分

$y' = \underline{\cos (2x + 3)} \cdot (2x + 3)'$ ◀ $\{f(g(x))\}' = f'(g(x)) \cdot g'(x)$

└ $(\sin x)' = \cos x$

$= \cos (2x + 3) \cdot 2 = 2\cos (2x + 3) \quad \cdots$ （答）

(2) $y = \cos (5x - 3)$ の微分

$y' = \underline{- \sin (5x - 3)} \cdot (5x - 3)'$ ◀ $\{f(g(x))\}' = f'(g(x)) \cdot g'(x)$

└ $(\cos x)' = -\sin x$

$= - \sin (5x - 3) \cdot 5 = - 5\sin (5x - 3) \quad \cdots$ （答）

　例題のような形の三角関数の微分はこの後にもよく出てくるので、次のように公式として覚えてしまったほうが便利です。

重要 三角関数の微分②

$\sin(ax + b)$ の微分：$\{\sin (ax + b)\}' = a\cos (ax + b)$

$\cos(ax + b)$ の微分：$\{\cos (ax + b)\}' = - a\sin (ax + b)$

三角関数の微分②の考え方

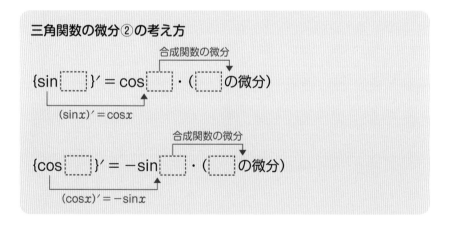

練習問題3 （答えは 93 ページ）

　次の関数を微分しなさい。

(1) $y = \cos (3x - 1)$ 　　(2) $y = \sin (2x^2 - 3x + 1)$

(3) $y = \sin2x\cos3x$ 　　(4) $y = \cos^2 (3x + 2)$

補足 $\lim\limits_{x \to 0} \dfrac{\sin x}{x} = 1$ の証明

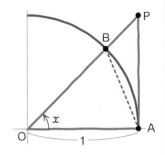

　右図のように、原点 O を中心とする半径
1 の円周上の点 A, B を考え、∠AOB を x
とします。また、線分 OB の延長と点 A に
おける円の接線との交点を P とします。

$0 < x < \dfrac{\pi}{2}$ のとき、図より

　　三角形 AOB の面積＜扇形 AOB の面積＜三角形 AOP の面積

が成り立ちます。それぞれの面積を式で表すと、

$$\underbrace{\frac{1}{2}\,\mathrm{OA} \cdot \mathrm{OB} \cdot \sin x}_{\text{底辺×高さ÷2}} < \underbrace{\mathrm{OA}^2 \cdot \pi \cdot \frac{x}{2\pi}}_{\text{半径}^2\text{×円周率×中心角÷360°}} < \frac{1}{2}\,\mathrm{OA} \cdot \mathrm{AP}$$

$\Rightarrow \dfrac{1}{2}\sin x < \dfrac{1}{2}\,x < \dfrac{1}{2}\tan x$ ◀ OA = OB = 1、$\tan x = \dfrac{\mathrm{AP}}{\mathrm{OA}} = \mathrm{AP}$

$\Rightarrow \sin x < x < \dfrac{\sin x}{\cos x}$ ◀ 各辺×2、$\tan x = \dfrac{\sin x}{\cos x}$

$\Rightarrow 1 < \dfrac{x}{\sin x} < \dfrac{1}{\cos x}$ ◀ 各辺を $\sin x$ で割る

$\Rightarrow 1 > \dfrac{\sin x}{x} > \cos x$ …① ◀ 各辺の逆数をとる（不等号が逆になる）

x を 0 に近づけると、$\cos x$ は 1 に近づくので、式①は両側が 1 に近づきます。
よって、はさみうちの原理により、$\dfrac{\sin x}{x}$ は 1 に近づきます。すなわち、

$$\lim_{x \to 0} \frac{\sin x}{x} = 1$$

なお、$x < 0$ の場合には下図のようになるだけで、あとは同様の証明により、
上の式が成り立ちます。

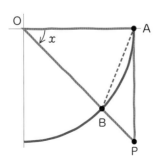

04 指数・対数関数の微分

この節の概要

▶ 対数関数を微分すると、ネイピア数が「自然に」出現します。

▶ 指数関数の微分公式は、対数関数の微分公式から導くことができます。e^x を微分しても e^x になることは非常に重要な性質です。

重要 指数・対数関数の微分①

❶ 対数関数の微分

$$(\log_a x)' = \frac{1}{x\log a}$$ ◀ 底が a の場合 ($a>0$, $a\neq1$)

$$(\log x)' = \frac{1}{x}$$ ◀ 底が e の場合（自然対数の微分）

❷ 指数関数の微分

$$(a^x)' = a^x\log a$$ ◀ 底が a の場合 ($a>0$, $a\neq1$)

$$(e^x)' = e^x$$ ◀ 底が e の場合

■ 対数関数の微分とネイピア数

対数関数の微分を先に説明します。対数関数 $y = \log_a x$ ($a>0$, $a\neq1$) を定義（52 ページ）にしたがって微分すると、次のようになります。

$$(\log_a x)' = \lim_{h\to0}\frac{\log_a(x+h)-\log_a x}{h}$$

$$\log_a\frac{M}{N} = \log_a M - \log_a N$$

$$= \lim_{h\to0}\frac{1}{h}\log_a\frac{x+h}{x}$$

$$= \lim_{h\to0}\frac{1}{h}\log_a\left(1+\frac{h}{x}\right)$$

ここで、$\dfrac{h}{x} = n$ とおけば $h = nx$ となります。また、$h \to 0$ のとき $n \to 0$ になるので、

$$= \lim_{n \to 0} \dfrac{1}{nx} \log_a (1 + n) \quad \blacktriangleleft h = nx, \ \dfrac{h}{x} = n \text{を代入}$$

$$= \lim_{n \to 0} \dfrac{1}{x} \log_a (1 + n)^{\frac{1}{n}} \quad \cdots \text{①} \quad \blacktriangleleft \log_a N^k = k \log_a N$$

　この式にでてきた $(1 + n)^{\frac{1}{n}}$ は、n の値を 0 に近づけていくと、ある特定の値に近づいていきます（右表参照）。この値をネイピア数といいます。

$$\lim_{n \to 0} (1 + n)^{\frac{1}{n}} = \underline{2.7182818\cdots}$$
ネイピア数

n	$(1+n)^{\frac{1}{n}}$
1	2
0.1	2.593742
0.01	2.704814
0.001	2.716924
0.0001	2.718146
0.00001	2.718268
$\vdots$	$\vdots$

　そこで、式①をネイピア数の記号 e を使って書き直すと、

$$(\log_a x)' = \dfrac{1}{x} \log_a e = \dfrac{1}{x} \cdot \dfrac{\log_e e}{\log_e a} = \dfrac{1}{x \log a} \quad \blacktriangleleft \text{対数の底を} e \text{に変換する}$$
底がネイピア数のときは省略する

　底をネイピア数 e とする対数を自然対数というのでした（43 ページ）。対数関数を微分すると、このようにネイピア数が「自然に」現れます。
　また、底がネイピア数の対数関数 $\log x$ の微分は、上の式の $a = e$ の場合なので、

$$(\log x)' = \dfrac{1}{x \log_e e} = \dfrac{1}{x}$$

となります。

$$(\log_a x)' = \dfrac{1}{x \log a} \qquad (\log x)' = \dfrac{1}{x}$$

　なお、$\log x$ の x には負の値は指定できませんが、絶対値をとって $\log |x|$ とすれば、負の値も指定できます。

　$x > 0$ のとき、$|x| = x$ なので、$(\log |x|)' = (\log x)' = \dfrac{1}{x}$

$x < 0$ のとき、$|x| = -x$ なので、

$$(\log|x|)' = \{\log(-x)\}'$$

$$= \frac{1}{(-x)} \cdot (-x)' \quad \blacktriangleleft 合成関数の微分$$

$$= -\frac{1}{x} \cdot (-1) = \frac{1}{x}$$

以上から、$(\log|x|)' = \dfrac{1}{x}$ となります。

例題1 $\log_2 3x$ を微分しなさい。

解 $g(x) = 3x$ として、合成関数の微分公式を使います。

$$(\log_2 3x)' = (\log_2 g(x))' \cdot g'(x) \quad \blacktriangleleft \{f(g(x))\}' = f'(g(x)) \cdot g'(x)$$

$$= \frac{1}{g(x)\log 2} \cdot g'(x) \quad \blacktriangleleft (\log_a x)' = \frac{1}{x\log a}$$

$$= \frac{1}{3x\log 2} \cdot (3x)' \quad \blacktriangleleft g(x) を元に戻す$$

$$= \frac{1}{3x\log 2} \cdot 3$$

$$= \frac{1}{x\log 2} \quad \cdots (答)$$

▄ 指数関数の微分

指数関数 $y = a^x$ の x と y を入れ替え $(x = a^y)$、これを y について解くと $y = \log_a x$ となります。すなわち、指数関数 $y = a^x$ は、対数関数 $y = \log_a x$ の逆関数です。したがって a^x は、逆関数の微分方式（56ページ）を使って、次のように微分できます。

$$(a^x)' = \frac{1}{(\log_a y)'} = \frac{1}{\dfrac{1}{y\log a}} = y\log a = a^x\log a$$

68ページ

また、$a = e$ のとき、

$$(e^x)' = e^x \log e = \underline{e^x} \quad \blacktriangleleft \ e^x\text{は微分しても}e^x$$

となります。

$$(a^x)' = a^x \log a \qquad (e^x)' = e^x$$

ネイピア数eを底とする指数関数e^xは、微分してもe^xのままです。これはとても重要な性質です。

例題2 $e^{(2x+1)}$ を微分しなさい。

解 $g(x) = 2x + 1$ として、合成関数の微分公式を使います。

$$
\begin{aligned}
\{e^{(2x+1)}\}' &= \{e^{g(x)}\}' \cdot g'(x) &&\blacktriangleleft \ \{f(g(x))\}' = f'(g(x)) \cdot g'(x) \\
&= e^{g(x)} \cdot g'(x) &&\blacktriangleleft \ \{e^x\}' = e^x \\
&= e^{(2x+1)} \cdot (2x+1)' &&\blacktriangleleft \ g(x)\text{を元に戻す} \\
&= e^{(2x+1)} \cdot 2 \\
&= 2e^{(2x+1)} \quad \cdots \text{（答）}
\end{aligned}
$$

　例題のような形の指数関数の微分は、この後にもよく出てくるので、次のような公式として覚えておくと便利です。

重要 指数関数の微分②

$$e^{ax+b}\text{の微分}: \{e^{ax+b}\}' = ae^{ax+b}$$

練習問題4 （答えは93ページ）

　次の関数を微分しなさい。

(1) $y = e^{(x^2+1)}$

(2) $y = e^{(x+1)} \sin(x+1)$

(3) $y = \log(x^2 + 2x - 1)$

05 積分とはなにか

この節の概要

▶ 積分の基本的な考え方を説明します。積分は、微分の逆演算です。このことから、積分計算の様々な公式が導けます。ここでは高校の数学で学ぶ基本的な積分公式について説明します。

■■ 積分はグラフの面積を表す

物体の移動時間 t と速度 v の関係が、次のようなグラフ $v = f(t)$ で表されるとします。

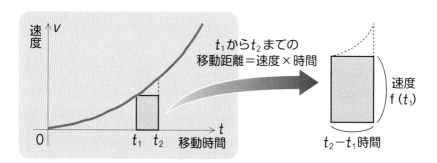

このグラフから、物体の t 秒後の移動距離を求めることを考えてみましょう。移動距離は速度×時間で求めることができます。したがって、たとえばグラフ中の時刻 t_1 から t_2 までの時間に物体が移動する距離は、上図のような長方形の面積に近似します。そこで、グラフ内に右図のよう

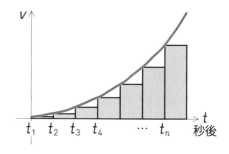

な長方形を敷き詰め、その面積をすべて合計すれば、おおまかな移動距離を求めることができるでしょう。

時刻を t_1, t_2, … t_n のように等間隔に区切り、各区間の横幅を Δt とすると、長方形の面積の合計は、

$$S = f(t_1) \cdot \Delta t + f(t_2) \cdot \Delta t + \cdots + f(t_n) \cdot \Delta t$$

となります。この長方形の面積の合計はグラフの曲線に沿った部分がギザギザしていますが、長方形の幅 Δt を小さくしていくと、よりグラフの曲線に沿った面積に近づきます。

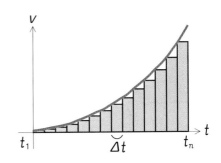

Δt を限りなくゼロに近づけると、長方形の面積の合計はグラフの曲線に沿った面積に限りなく近づきます。「限りなくゼロに近い Δt」を記号 dt と書くと、

$$S = f(t_1)\, dt + f(t_2)\, dt + \cdots + f(t_n)\, dt$$

上の式を「$f(t)\, dt$ の値を区間 t_1 から t_n まで合計した値」という意味で、次のように書きます。

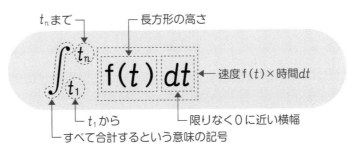

積分とは、このように面積を限りなく細分化し、それらを足し合わせることによって全体の面積を求める計算手法です。上の式のように、面積を求める区間が「t_1 から t_n まで」というように指定されている場合を定積分といい、区間の指定がない場合を不定積分といいます。

関数 $v = f(t)$ の積分は、右図の網掛け部分の面積を求めることでした。この面積は物体の t 秒後の移動距離を表すので、t の関数になるはずです。この関数を $F(t)$ とし

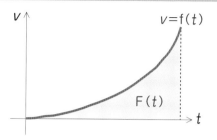

ましょう。すると、不定積分 $\int f(t)\,dt$ の計算は、関数 $F(t)$ を求めことと同じことになります。

ここで、関数 $F(t)$ の微分を考えます。52ページの定義にしたがって $F(t)$ を微分すると、次のようになります。

$$F'(t) = \lim_{\Delta t \to 0} \frac{F(t+\Delta t) - F(t)}{\Delta t}$$

この式の右辺の分子 $F(t+\Delta t) - F(t)$ は、幅 Δt、高さ $f(t)$ の長方形 1 個分の面積を表します。それを Δt で割ったものは、長方形の高さ $f(t)$ ですから、

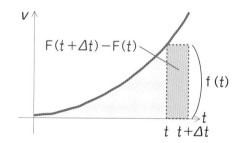

$$F'(t) = \lim_{\Delta t \to 0} \frac{F(t+\Delta t) - F(t)}{\Delta t} = \lim_{\Delta t \to 0} \frac{f(t) \cdot \Delta t}{\Delta t} = f(t)$$

以上から、関数 $F(t)$ を微分すると、関数 $f(t)$ になることがわかります。関数 $f(t)$ を積分したものが関数 $F(t)$ ですから、積分と微分は逆演算の関係にあるということです。この $F(t)$ を**原始関数**といいます。

$$F(t) \xrightleftharpoons[\text{積分}]{\text{微分}} f(t)$$

原始関数　　　　　　　　導関数

以上から、関数 $f(t)$ を積分するには、$f(t)$ の原始関数 $F(t)$ を求め

れればよい、ということがわかります。

例題 物体の t 秒後の速度 v が $v = 3t^2$ で表されるとき、経過時間 t と物体の移動距離 S との関係を表す関数 $S = F(t)$ を求めよ。ただし、$t = 0$ のとき、移動距離は 0 とする。

解 右図のグラフ $v = 3t^2$ の網掛け部分の面積が、移動距離 S になります。$3t^2$ を積分して、原始関数 $F(t)$ を求めましょう。$F(t)$ を微分すると $3t^2$ になるので、

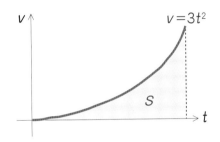

$$F(t) = \boxed{t^3} \longleftarrow (x^n)' = nx^{n-1}$$

とすれば、$F'(t) = \boxed{3t^2}$ になりますね。ただし、微分すると $3t^2$ になる関数は、このほかにも

$$F(t) = t^3 + 1, \ F(t) = t^3 - 2, \ \cdots$$

など、無数に考えられます。上の式の $+1$、-2 といった**定数項**は、微分すると消えてしまうからです。そこで、この定数項を記号 C で表します。

$$F(t) = t^3 + C \ \underset{\text{積分}}{\overset{\text{微分}}{\rightleftarrows}} \ f(t) = 3t^2$$

この記号 C を**積分定数**といいます。不定積分では、原始関数 $F(t)$ に積分定数を補い、

$$\int f(t)dt = \int F'(t)dt = F(t) + C \quad (C \text{ は積分定数})$$

のように計算します。$f(t) = 3t^2$ の場合は、

$$F(t) = \int 3t^2 dt = t^3 + C \quad (C \text{ は積分定数})$$

ただしこの例題では、$t = 0$ のとき移動距離 0 なので、$F(0) = 0^3 + C$ $= 0$、$\therefore C = 0$ となります。したがって、

$$S = F(t) = t^3 \quad \cdots \quad (答)$$

となります。

積分の基本公式

積分計算を行うための基本的な公式は次のとおりです。

重要 不定積分の基本公式

❶ 定数項の積分： $\displaystyle\int k\,dx = kx + C$ （k は定数）

❷ x^n の積分： $\displaystyle\int x^n\,dx = \dfrac{1}{n+1}x^{n+1} + C$

❸ $kf(x)$ の積分： $\displaystyle\int kf(x)\,dx = k\int f(x)\,dx$ （k は定数）

❹ 和と差の積分： $\displaystyle\int \{f(x) \pm g(x)\}\,dx = \int f(x)\,dx \pm \int g(x)\,dx$

❶ 定数項の積分

$F(x) = kx$ を微分すると、$F'(x) = k$ となります。$\displaystyle\int F'(x)\,dx = F(x) + C$ より、次の公式が成り立ちます。

$$\int k\,dx = kx + C \quad (C は積分定数)$$

（微分）

例： $\displaystyle\int 4\,dx = 4x + C$

❷ x^n の積分

$F(x) = x^{n+1}$ を微分すると、$F'(x) = (n+1)x^n$ になります。$\displaystyle\int F'(x)\,dx = F(x) + C$ より、

$$\int (n+1)x^n\,dx = x^{n+1} + C \quad (C は積分定数)$$

（微分）

両辺を $(n+1)$ で割ると、次の公式を得ます。

$$\int x^n dx = \frac{1}{n+1}x^{n+1} + C \quad (C \text{は積分定数})$$

例：$\displaystyle\int x^4 dx = \frac{1}{4+1}x^{4+1} = \frac{1}{5}x^5 + C$

3 $kf(x)$ の積分

微分公式 $\{kf(x)\}' = kf'(x)$ より、$\{kF(x)\}' = kF'(x) = kf(x)$ となります。したがって、

$$\int \boxed{kf(x)}\,dx = \boxed{kF(x)} + C \quad \cdots ① \quad (C \text{は積分定数})$$

微分

一方、$\displaystyle\int f(x)\,dx = F(x) + C$ ですから、

$$k\int f(x)\,dx = k(F(x) + C) = kF(x) + kC \quad \cdots ② \quad (C \text{は積分定数})$$

$kC = C$ とみなせば①②の右辺はどちらも $kF(x) + C$ となるので、

$$\int k\mathsf{f}(\boldsymbol{x})\,d\boldsymbol{x} = k\int \mathsf{f}(\boldsymbol{x})\,d\boldsymbol{x}$$

公式 2 と 3 をまとめて、
$$\int ax^n dx = \frac{a}{n+1}x^{n+1} + C$$
を公式として覚えてもよいでしょう。

が成り立ちます。

例：$\displaystyle\int 4x^3 dx = 4\int x^3 dx = 4 \cdot \frac{1}{3+1}x^{3+1} + C = x^4 + C$

4 和と差の積分

微分公式 $\{f(x) \pm g(x)\}' = f'(x) \pm g'(x)$ より、$\{F(x) \pm G(x)\}' = F'(x) \pm G'(x) = f(x) \pm g(x)$ となります。したがって、

$$\int \boxed{\{f(x) \pm g(x)\}}\,dx = \boxed{F(x) \pm G(x)} + C \quad \cdots ① \quad (C \text{は積分定数})$$

微分

一方、$\displaystyle\int f(x)\,dx \pm \int g(x)\,dx = \{F(x) + C_1\} \pm \{G(x) + C_2\}$

$$= F(x) \pm G(x) + C_1 \pm C_2 \quad \cdots ②$$

(C_1、C_2 は積分定数)

$C_1 \pm C_2 = C$ とみなせば①②の右辺はどちらも $F(x) \pm G(x) + C$ となるので、次のようになります。

$$\int \{f(x) \pm g(x)\}\,dx = \int f(x)\,dx \pm \int g(x)\,dx$$

例：$\displaystyle\int (2x + 4)\,dx = \int 2x\,dx + \int 4\,dx = 2\int x\,dx + \int 4\,dx$

$$= 2 \cdot \left(\boxed{\frac{1}{1+1}\,x^{1+1} + C_1} \right) + \underline{(4x + C_2)}$$

公式 2　　　　　公式 1

$$= 2 \cdot \left(\frac{1}{2}\,x^2 + C_1 \right) + (4x + C_2)$$

$$= x^2 + 4x + C \quad ◀ \quad 2C_1 と C_2 をまとめて C とする$$

■ いろいろな関数の積分

重要 いろいろな関数の積分

1 分数関数の積分：$\displaystyle\int \frac{1}{x}\,dx = \log|x| + C$

2 指数関数の積分：$\displaystyle\int e^x\,dx = e^x + C$

3 三角関数の積分：$\displaystyle\int \sin x\,dx = -\cos x + C$

$$\int \cos x\,dx = \sin x + C$$

1 分数関数の積分

関数 $\log|x|$ の微分は $\dfrac{1}{x}$ なので（70 ページ）、次のようになります。

$$\int \boxed{\frac{1}{x}}\,dx = \boxed{\log|x|} + C \quad （C は積分定数）$$

微分

例：$\displaystyle\int \frac{1}{3x}\,dx = \frac{1}{3}\int \frac{1}{x}\,dx = \frac{1}{3}\log|x| + C$　　（Cは積分定数）

2 指数関数の積分

　底をネイピア数 e とする指数関数 e^x は、微分しても e^x です（68 ページ）。したがって、e^x の積分は e^x に積分定数をつけ、$e^x + C$ とします。

$$\int e^x dx = e^x + C$$

微分

例：$\displaystyle\int 5e^x dx = 5\int e^x dx = 5e^x + C$

3 三角関数の積分

　三角関数の微分の公式（64 ページ）より、$(-\cos x)' = -(\cos x)' = -(-\sin x) = \sin x$，$(\sin x)' = \cos x$ なので、次のようになります。

$$\int \sin x\, dx = -\cos x + C、\quad \int \cos x\, dx = \sin x + C$$

微分　　　　　　　　　　微分

例：$\displaystyle\int 2\sin x dx = 2\int \sin x dx = 2\cdot(-\cos x) + C = -2\cos x + C$

練習問題 5　　　　　　　　　　　　　　　　　　（答えは 94 ページ）

　次の不定積分を計算しなさい。

(1) $\displaystyle\int (2x^3 + 3x^2 - x + 1)\,dx$　　(2) $\displaystyle\int \frac{1}{x^2}\,dx$

(3) $\displaystyle\int 2e^x dx$　　　　　　　　　(4) $\displaystyle\int 3\cos x dx$

---

06 置換積分と部分積分

この節の概要

▶ そのままでは積分が難しい関数を積分する基本テクニックと
して、置換積分と部分積分は覚えておく必要があります。

■ 置換積分の方法

置換積分は、そのままでは積分が難しい関数を、変数の置き換えに
よって積分可能な形にするテクニックです。

例として、$\int (1-x)^7 dx$ を計算することを考えてみましょう。

STEP 1 $(1-x)^7$ を展開すれば、これまでに説明した公式を使って積分
できますが、ちょっと面倒です。しかし、$1 - x = t$ と置けば、

$$(1-x)^7 = t^7$$

となり、ずっと積分しやすくなります。ただし、積分する関数を x では
なく t の関数に変えたので、記号 dx も dt に置き換えなければなりません。

STEP 2 $1-x=t$ と置いたので、この式の両辺を x で微分します。すると、

$$-1 = \frac{dt}{dx}$$ ◀ $\frac{dt}{dx}$ は、「t を x で微分する」という意味

$$\Rightarrow (-1) \cdot dx = \frac{dt}{dx} \cdot dx$$ ◀ 両辺に dx を掛ける

$$\Rightarrow -dx = dt$$ ◀ $\frac{dt}{dx}$ を分数とみなして約分する

$$\Rightarrow dx = -dt$$ ◀ 両辺に -1 を掛ける

となり、dx を $-dt$ に置き換えることができるようになります。

$$\int (1-x)^7 \, dx = \int t^7 \cdot (-dt)$$

①$1-x=t$ と置く

②$1-x=t$ を x で微分し、$-1=\dfrac{dt}{dx}$ $\Rightarrow$ $dx=-dt$

(STEP 3) 置き換えた積分を計算します。

$$\int t^7 \cdot (-dt) = -\int t^7 dt \quad \blacktriangleleft \int k\,\mathsf{f}(x)\,dx = k\int \mathsf{f}(x)\,dx$$

$$= -\frac{1}{8}\,t^8 + C \quad \blacktriangleleft \int x^n dx = \frac{1}{n+1}\,x^{n+1} + C$$

$$= -\frac{1}{8}\,(1-x)^8 + C \quad \blacktriangleleft t\ を元に戻す$$

例題1 $\displaystyle\int \sin(2x+1)\,dx$ を計算しなさい。

解 $2x+1=t$ と置き、両辺を x で微分すると、

$$2 = \frac{dt}{dx} \quad \Rightarrow \quad dx = \frac{1}{2}\,dt$$

以上から、$\displaystyle\int \sin(2x+1)\,dx$ は次のように置換積分できます。

①$2x+1=t$ と置く

$$\int \sin(2x+1)\,dx = \int \sin t \cdot \left(\frac{1}{2}\,dt\right) \quad \blacktriangleleft 置換積分$$

②$dx = \dfrac{1}{2}dt$ と置く

$$= \frac{1}{2}\int \sin t\,dt \quad \blacktriangleleft \int k\,\mathsf{f}(x)\,dx = k\int \mathsf{f}(x)\,dx$$

$$= \frac{1}{2}\cdot(-\cos t) + C \quad \blacktriangleleft \int \sin x\,dx = -\cos x + C$$

$$= -\frac{1}{2}\cos(2x+1) + C \quad \cdots（答）\quad \blacktriangleleft t\ を元に戻す$$

一般に、関数 $f(ax+b)$ の積分（a, b は定数）は、$ax+b=t$ と置いて置換積分すれば

$$a = \frac{dt}{dx} \quad \Rightarrow \quad dx = \frac{1}{a}\,dt\ より、$$

$$\int f\,\underbrace{(ax+b)}\,\underbrace{dx}=\int f\,(t)\underbrace{\frac{1}{a}\,dt}=\frac{1}{a}\,F\,(ax+b)+C$$

$ax+b=t$と置く

$dx=\dfrac{1}{a}\,dt$と置く

となります。この結果から、次の各公式が導けます。

> **重要** f(*ax*+*b*) 型の関数の積分
>
> $$\int \sin\,(ax+b)\,dx = -\frac{1}{a}\,\cos\,(ax+b)+C$$
>
> $$\int \cos\,(ax+b)\,dx = \frac{1}{a}\,\sin\,(ax+b)+C$$
>
> $$\int (e^{ax+b})\,dx = \frac{1}{a}\,e^{ax+b}+C$$
>
> $$\int \frac{1}{ax+b}\,dx = \frac{1}{a}\,\log\,|\,ax+b\,|+C$$

　この形の積分計算はよく出てきます。いちいち置換積分するのは面倒なので、上のように公式として覚えておくとよいでしょう。

部分積分

　部分積分は、2つの関数の積の積分を計算するときに使うテクニックです。積の微分公式 (56 ページ) より、

$$\{f(x)g(x)\}' = f'(x)g(x)+f(x)g'(x)$$

ですが、この式の両辺を積分すると、

$$\underline{f\,(x)\,g\,(x)} = \int f'\,(x)\,g\,(x)\,dx + \int f\,(x)\,g'\,(x)\,dx$$

└ 微分したものを積分するので、元に戻る

となり、次の公式が導けます。

> **重要** 部分積分の公式
>
> $$\int f\,(x)\,g'\,(x)\,dx = f\,(x)\,g\,(x) - \int f'\,(x)\,g\,(x)\,dx$$

例として、$\int 3xe^x dx$ を計算してみましょう。$f(x) = 3x$、$g'(x) = e^x$ とすると、

$$f'(x) = (3x)' = 3 \quad \blacktriangleleft 3x を微分 \qquad g(x) = e^x \quad \blacktriangleleft e^x を積分$$

となり、部分積分の公式を適用できます。

$$\int \underset{f(x)\,g'(x)}{\underline{3x \cdot e^x}} dx = \underset{f(x)}{\underline{3x}} \cdot \underset{g(x)}{\underline{e^x}} - \int \underset{f'(x)}{\underline{3}} \cdot \underset{g(x)}{\underline{e^x}} dx \quad \blacktriangleleft \int f(x)g'(x)\,dx$$

$$= 3xe^x - (3e^x + C) \qquad = f(x)g(x) - \int f'(x)g(x)\,dx$$

$$= 3(x-1)e^x + C$$

例題2 $\int \log x\,dx$ を計算しなさい。

解 微分すると $\log x$ になるような関数は存在しないので、$\log x$ を直接積分することはできません。しかし、この積分を $\int (\log x) \cdot 1\,dx$ と考え、$f(x) = \log x$、$g'(x) = 1$ とすると、

$$f'(x) = (\log x)' = \frac{1}{x} \quad \blacktriangleleft \log x を微分 \qquad g(x) = x \quad \blacktriangleleft 1を積分$$

となり、部分積分の公式を適用できます。

$$\int \underset{f(x)\,g'(x)}{\underline{\log x \cdot 1}}\,dx = \underset{f(x)\,g(x)}{\underline{\log x \cdot x}} - \int \underset{f'(x)\,g(x)}{\underline{\frac{1}{x} \cdot x}}\,dx = x\log x - \int 1\,dx$$

$$= x\log x - x + C$$

$$= x(\log x - 1) + C \quad \cdots（答）$$

練習問題6 （答えは94ページ）

次の不定積分を計算しなさい。

(1) $\displaystyle\int x(1-x)^5 dx$ 　　(2) $\displaystyle\int \frac{e^{2x}}{e^x - 1}\,dx$ 　　(3) $\displaystyle\int 3x\sin(x^2+1)\,dx$

(4) $\displaystyle\int 3e^{(2x+1)}\,dx$ 　　(5) $\displaystyle\int (2x+1)\cos 3x\,dx$

07 定積分

この節の概要

▶ 定積分の計算は、不定積分がわかれば難しくありません。定積分の置換積分や部分積分についても説明します。

積分は面積を求める計算ですが、不定積分は「どこからどこまで」という区間の指定がないため、そのままでは面積を計算できません。区間を指定した積分を定積分といいます。

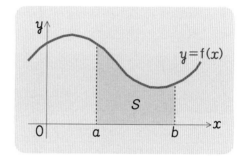

$$S=\int_a^b f(x)dx$$

◀ 関数 $f(x)$ を区間 a から b まで積分

定積分は次の手順で計算します。

① $f(x)$ を不定積分し、原始関数 $F(x)$ を求める。
② $\left[F(x)\right]_a^b = F(b) - F(a)$ を計算する。

重要 定積分

$$\int_a^b f(x)\,dx = \left[F(x)\right]_a^b = F(b)-F(a)$$

例：$\displaystyle\int_5^{10} 3x^2 dx$

STEP 1 $3x^2$ を不定積分すると、

$$\int 3x^2 dx = 3 \cdot \frac{1}{2+1} x^{2+1} + C = x^3 + C$$

となります。定積分ではこれを、

$$\int_5^{10} 3x^2 dx = \Big[\ x^3\ \Big]_5^{10}$$

のように書きます。積分定数 C は使いません。

STEP 2 $F(x) = x^3$ に $x = 10$ と $x = 5$ を代入し、$F(10) - F(5)$ を求めます。

$$\Big[\ x^3\ \Big]_5^{10} = F(10) - F(5) = 10^3 - 5^3 = 1000 - 125 = 875$$

定積分の公式

定積分の計算では、次のような公式が使えます。

重要 定積分の基本公式

1 $\displaystyle\int_a^b kf(x)\, dx = k \int_a^b f(x)\, dx$

2 $\displaystyle\int_a^b \{f(x) \pm g(x)\}\, dx = \int_a^b f(x)\, dx \pm \int_a^b g(x)\, dx$

3 $\displaystyle\int_a^b f(x)\, dx = \int_a^c f(x)\, dx + \int_c^b f(x)\, dx$

4 $\displaystyle\int_a^b f(x)\, dx = -\int_b^a f(x)\, dx$

公式 **1**〜**4** が成り立つことは、それぞれ以下のように確認できます（以下、$f(x),\ g(x)$ の不定積分を $F(x),\ G(x)$ とします）。

1 $\displaystyle\int_a^b kf(x)\, dx = \Big[\ kF(x)\ \Big]_a^b = kF(b) - kF(a)$

$$= k\{F(b) - F(a)\} = k\int_a^b f(x)\, dx$$

2 $\displaystyle\int_a^b \{f(x) \pm g(x)\}\,dx = \Big[\, F(x) \pm G(x) \,\Big]_a^b$

$$= \{F(b) \pm G(b)\} - \{F(a) \pm G(a)\}$$

$$= \{F(b) - F(a)\} \pm \{G(b) - G(a)\}$$

$$= \int_a^b f(x)\,dx \pm \int_a^b g(x)\,dx$$

3 $\displaystyle\int_a^c f(x)\,dx + \int_c^b f(x)\,dx = \Big[\, F(x) \,\Big]_a^c + \Big[\, F(x) \,\Big]_c^b$

$$= \{F(c) - F(a)\} + \{F(b) - F(c)\}$$

$$= F(b) - F(a)$$

$$= \int_a^b f(x)\,dx$$

4 $\displaystyle\int_a^b f(x)\,dx = \Big[\, F(x) \,\Big]_a^b = F(b) - F(a)$

$$= -\{F(a) - F(b)\}$$

$$= -\int_b^a f(x)\,dx$$

例題 1 $\displaystyle\int_0^2 (x^2 - 3x)\,dx - \int_4^2 (x^2 - 3x)\,dx$ を計算しなさい。

解 $\displaystyle\int_0^2 (x^2 - 3x)\,dx - \int_4^2 (x^2 - 3x)\,dx$

$$= \int_0^2 (x^2 - 3x)\,dx + \int_2^4 (x^2 - 3x)\,dx \quad \blacktriangleleft 公式\ \mathbf{4}$$

$$= \int_0^4 (x^2 - 3x)\,dx \quad \blacktriangleleft 公式\ \mathbf{3} \qquad x^n の積分\ \frac{1}{n+1}x^{n+1}$$

$$= \Big[\, \frac{1}{3}x^3 - \frac{3}{2}x^2 \,\Big]_0^4$$

$$= \Big(\frac{1}{3} \cdot 4^3 - \frac{3}{2} \cdot 4^2 \Big) - \Big(\frac{1}{3} \cdot 0^3 - \frac{3}{2} \cdot 0^2 \Big)$$

$$= \frac{64}{3} - \frac{48}{2} = \frac{128 - 144}{6} = -\frac{16}{6}$$

$$= -\frac{8}{3} \quad \cdots (答)$$

定積分の置換積分

置換積分 (80 ページ) は定積分でも使えますが、変数を置き換えると、積分の区間も変化することに注意します。

例題2 $\int_0^2 (4x-1)^3 dx$ を計算しなさい。

解 $4x - 1 = t \cdots①$　と置き、両辺を x で微分すると、

$$4 = \frac{dt}{dx} \ \Rightarrow \ dx = \frac{1}{4}\,dt$$

また、①より、$x = 0$ のとき $t = 4\cdot 0 - 1 = -1$

$x = 2$ のとき $t = 4\cdot 2 - 1 = 7$

以上から、x の積分は次のような t の積分に置き換えられます。

$$\int_0^2 (4x-1)^3 dx = \int_{-1}^7 t^3 \cdot \frac{1}{4}\,dt$$

x	$0 \longrightarrow 2$
t	$-1 \longrightarrow 7$

$$= \frac{1}{4}\left[\frac{1}{4}t^4\right]_{-1}^7$$

$$= \frac{1}{4}\cdot\frac{1}{4}\{7^4 - (-1)^4\} = \frac{1}{16}(2401-1)$$

$$= \frac{2400}{16} = 150 \ \cdots (答)$$

定積分の部分積分

定積分の部分積分は、次の公式にしたがって行います。

重要 定積分の部分積分

$$\int_a^b f(x)g'(x)\,dx = \Big[f(x)g(x)\Big]_a^b - \int_a^b f'(x)g(x)\,dx$$

例題3 $\displaystyle\int_0^2 xe^x dx$ を計算しなさい。

解 $f(x) = x$、$g'(x) = e^x$ とすると、

$$f'(x) = 1 \quad \blacktriangleleft x を微分 \qquad g(x) = e^x \quad \blacktriangleleft e^x を積分$$

となり、部分積分の公式を適用できます。

$$\underset{\mathsf{f}(x)g'(x)}{\int_0^2 \boxed{xe^x} dx} = \underset{\mathsf{f}(x)g(x)}{\left[\boxed{xe^x}\right]_0^2} - \underset{\mathsf{f}'(x)g(x)}{\int_0^2 \boxed{1 \cdot e^x} dx}$$

$$= (2 \cdot e^2 - 0 \cdot e^0) - \left[e^x\right]_0^2$$

$$= (2e^2 - 0) - (e^2 - e^0) \quad \blacktriangleleft e^0 = 1$$

$$= 2e^2 - (e^2 - 1)$$

$$= e^2 + 1 \quad \cdots \text{（答）}$$

練習問題 7 （答えは 95 ページ）

　次の定積分の値を求めなさい。

(1) $\displaystyle\int_0^\pi \cos\left(\theta - \frac{\pi}{2}\right) d\theta$

(2) $\displaystyle\int_1^2 e^{x-1} dx$

(3) $\displaystyle\int_0^2 (x^2 - 3x)\,dx + \int_2^4 (x^2 - 3x)\,dx$

(4) $\displaystyle\int_0^1 (x^2 - 1)e^{-x} dx$

(5) $\displaystyle\int_1^2 x\sqrt{x-1}\,dx$

08 少し高度な積分

この節の概要

▶ 物理数学では三角関数や指数関数をよく扱うので、これらの微分・積分に慣れておく必要があります。ここでは、少し高度なテクニックを要する積分について説明します。

三角関数 × 三角関数の積分

$\sin \times \cos$、$\cos \times \cos$ といった、三角関数同士の積の積分は、部分積分ではうまく解けないので、「積を和にする公式」や「半角の公式」を利用して、三角関数同士の足し算に直して積分します。

例題1 $\int \sin 2x \cos 3x\, dx$ を計算しなさい。

解 「積を和にする公式」（33ページ）を使います。

$$\sin \alpha \cos \beta = \frac{\sin(\alpha+\beta)+\sin(\alpha-\beta)}{2}$$ ◀積を和にする公式

問題の式に公式を当てはめて計算すると、次のようになります。

$$\int \sin 2x \cos 3x\, dx = \int \frac{\sin(2x+3x)+\sin(2x-3x)}{2}\, dx$$ ◀

積を和にする公式を適用

$$= \frac{1}{2}\left(\int \sin 5x\, dx + \int \sin(-x)\, dx\right)$$ ◀ $\frac{1}{2}$ を外に出す

$$= \frac{1}{2}\left(\int \sin 5x\, dx - \int \sin x\, dx\right)$$ ◀ $\sin(-\theta)=-\sin\theta$

$$= \frac{1}{2}\left(-\frac{1}{5}\cos 5x + \cos x\right) + C$$ ◀ $\int \sin nx\, dx = -\frac{1}{n}\cos nx$

$$= -\frac{1}{10}\cos 5x + \frac{1}{2}\cos x + C \quad \cdots \text{（答）}$$

例題2 $\int \cos^2 x\,dx$ を計算しなさい。

解 $\sin^2$ や $\cos^2$ の積分には「半角の公式」（32ページ）を使います。

$$\sin^2\frac{a}{2} = \frac{1-\cos a}{2}, \quad \cos^2\frac{a}{2} = \frac{1+\cos a}{2} \quad \blacktriangleleft \text{半角の公式}$$

問題の式に公式を当てはめて計算すると、次のようになります。

$$\int \cos^2 x\,dx = \int \frac{1+\cos 2x}{2}\,dx \quad \blacktriangleleft \text{半角の公式を適用}$$

$$= \frac{1}{2}\int (1+\cos 2x)\,dx \quad \blacktriangleleft \frac{1}{2} \text{を外に出す}$$

$$= \frac{1}{2}\left(\int 1\,dx + \int \cos 2x\,dx\right) \quad \blacktriangleleft \int \cos nx\,dx = \frac{1}{n}\sin nx$$

$$= \frac{1}{2}\left(x + \frac{1}{2}\sin 2x\,dx\right) + C$$

$$= \frac{1}{2}x + \frac{1}{4}\sin 2x\,dx + C \quad \cdots \text{（答）}$$

■ 指数関数 × 三角関数の積分

$\int e^x\sin x\,dx$、$\int e^x\cos x\,dx$ といった、指数関数と三角関数の積の積分は、次のようなテクニックを使って計算します。

例題3 $\int e^x\sin x\,dx$ を計算しなさい。

解 まず、$I = \int e^x\sin x\,dx$ と置き、右辺を部分積分します。部分積分の公式は、

$$\int f(x)\,g'(x)\,dx = f(x)\,g(x) - \int f'(x)\,g(x)\,dx$$

でした。そこで $f(x) = e^x$，$g'(x) = \sin x$ と置くと、

$f(x) = e^x$ より、$f'(x) = e^x$ ◀ e^xを微分

$g'(x) = \sin x$ より、$g(x) = -\cos x$ ◀ $\sin x$を積分

以上から、

$$I = \int e^x \sin x\, dx = e^x(-\cos x) - \int e^x(-\cos x)\, dx$$

微分

積分

となります。 の部分に、また指数関数 × 三角関数の積分ができるので、この部分をもう一度部分積分します。

今度は $f(x) = e^x$，$g'(x) = -\cos x$ と置くと、

$f(x) = e^x$ より、$f'(x) = e^x$ ◀ e^xを微分

$g'(x) = -\cos x$ より、$g(x) = -\sin x$ ◀ $-\cos x$を積分

以上から、

$$I = e^x(-\cos x) - \left\{ e^x(-\sin x) - \int e^x(-\sin x)\, dx \right\}$$

$$= -e^x\cos x + e^x\sin x - \int e^x\sin x\, dx$$

となります。 の部分はまたまた指数関数 × 三角関数の積分ですが、これは $I = \int e^x \sin x\, dx$ と同じなので、I と置きます。すると、

$$I = -e^x\cos x + e^x\sin x - I$$

$$2I = e^x\sin x - e^x\cos x + C$$

$$\therefore\ I = \frac{1}{2}e^x(\sin x - \cos x) + C \quad \cdots（答）$$

Iの中身は積分定数を含んでいるので、Iを左辺にまとめたときに、バランスをとるため右辺にも積分定数をつけます。

となります。

第2章　練習問題の解答

練習問題1 ≫ 55 ページ

(1) $y = \pi$ の微分

$\qquad y' = 0$　◀ π は定数なので、微分すると 0 になる

(2) $y = x^4 + 2x^3 + 3x^2 + 4x + 5$ の微分

$\qquad y' = 4x^3 + 6x^2 + 6x + 4$

(3) $y = (3x - 1)^2$ の微分

$\qquad y = (3x - 1)^2 = 9x^2 - 6x + 1$ より、

$\qquad y' = 18x - 6$

練習問題2 ≫ 63 ページ

(1) $y = (x^2 - 5x + 1)(3x + 4)$ の微分

$\qquad y' = \underline{\underline{(x^2 - 5x + 1)'}}\,(3x + 4) + (x^2 - 5x + 1)\,\underline{(3x + 4)'}$　◀積の微分

$\qquad = (2x - 5)(3x + 4) + 3(x^2 - 5x + 1)$

(2) $y = \dfrac{x + 2}{2x + 1}$ の微分

$\qquad y' = \dfrac{(x + 2)'(2x + 1) - (x + 2)(2x + 1)'}{(2x + 1)^2}$　◀商の微分

$\qquad = \dfrac{1 \cdot (2x + 1) - (x + 2) \cdot 2}{(2x + 1)^2} = \dfrac{2x + 1 - 2x - 4}{(2x + 1)^2} = -\dfrac{3}{(2x + 1)^2}$

(3) $y = (3x + 2)^4 + (x^2 - 1)^3$ の微分

$\qquad y' = 4(3x + 2)^3 \cdot 3 + 3(x^2 - 1)^2 \cdot 2x$　◀合成関数の微分

$\qquad = 12(3x + 2)^3 + 6x(x^2 - 1)^2$

(4) $y = \dfrac{4}{(x - 1)^3}$ の微分

$\qquad y = \dfrac{4}{(x - 1)^3} = 4(x - 1)^{-3}$ とすれば、

$\qquad y' = 4 \cdot (-3)(x - 1)^{-3 - 1}$

$\qquad = -12(x - 1)^{-4}$

$\qquad = -\dfrac{12}{(x - 1)^4}$

(5) $y = \sqrt{x^2 + 1}$

$\qquad y = \sqrt{x^2 + 1} = (x^2 + 1)^{\frac{1}{2}}$ とすれば、

> 積の微分：
> $\{f(x)\,g(x)\}' = f'(x)\,g(x) + f(x)\,g'(x)$
>
> 商の微分：
> $\left\{\dfrac{f(x)}{g(x)}\right\}' = \dfrac{f'(x)\,g(x) - f(x)\,g'(x)}{\{g(x)\}^2}$
>
> 合成関数の微分：
> $\{f(g(x))\}' = f'(g(x))\,g'(x)$

$$y' = \frac{1}{2}(x^2+1)^{\frac{1}{2}-1} \cdot 2x \quad \blacktriangleleft \text{合成関数の微分}$$

$$= x(x^2+1)^{-\frac{1}{2}} = \frac{x}{\sqrt{x^2+1}}$$

練習問題3 ≫66 ページ

(1) $y = \cos(3x-1)$ の微分

$$y' = -3\sin(3x-1) \quad \blacktriangleleft \{\cos(ax+b)\}' = -a\sin(ax+b)$$

(2) $y = \sin(2x^2-3x+1)$ の微分

$$y' = \cos(2x^2-3x+1) \cdot (2x^2-3x+1)' \quad \blacktriangleleft \text{合成関数の微分}$$

$$= (4x-3)\cos(2x^2-3x+1) \quad \blacktriangleleft (2x^2-3x+1)' = 4x-3$$

(3) $y = \sin2x\cos3x$ の微分

$$y = \sin2x\cos3x = \frac{\sin(2x+3x) + \sin(2x-3x)}{2} \quad \blacktriangleleft \text{積を和にする公式}$$
$$\text{（33 ページ）}$$

$$= \frac{\sin5x - \sin x}{2}$$

$$\therefore y' = \frac{5\cos5x - \cos x}{2} \quad \blacktriangleleft \{\sin(ax+b)\}' = a\cos(ax+b)$$

(4) $y = \cos^2(3x+2)$ の微分

$$y = \cos^2(3x+2) = \frac{1+\cos(6x+4)}{2} \quad \blacktriangleleft \text{半角の公式（32 ページ）}$$

$$\therefore y' = \frac{0 - 6\sin(6x+4)}{2} \quad \blacktriangleleft \{\cos(ax+b)\}' = -a\sin(ax+b)$$

$$= -3\sin(6x+4)$$

練習問題4 ≫71 ページ

(1) $y = e^{(x^2+1)}$ の微分

$$y' = e^{(x^2+1)} \cdot (x^2+1)' \quad \blacktriangleleft \text{合成関数の微分}$$

$$= 2xe^{(x^2+1)}$$

(2) $y = e^{(x+1)}\sin(x+1)$ の微分

$$y' = \{e^{(x+1)}\}'\sin(x+1) + e^{(x+1)}\{\sin(x+1)\}' \quad \blacktriangleleft \text{積の微分}$$

$$= e^{(x+1)}\sin(x+1) + e^{(x+1)}\cos(x+1)$$

(3) $y = \log(x^2+2x-1)$ の微分

$g(x) = x^2+2x-1$ とすれば、

$$y' = \{\log(g(x))\}' \cdot g'(x) \quad \blacktriangleleft \text{合成関数の微分}$$

$$= \frac{1}{g(x)} \cdot g'(x) \qquad \blacktriangleleft \ (\log x)' = \frac{1}{x}$$

$$= \frac{(x^2 + 2x - 1)'}{x^2 + 2x - 1} = \frac{2x + 2}{x^2 + 2x - 1}$$

練習問題5 ≫79ページ

(1) $\displaystyle\int (2x^3 + 3x^2 - x + 1)\,dx$

$$= \frac{2}{4}\,x^4 + \frac{3}{3}\,x^3 - \frac{1}{2}\,x^2 + x + C \qquad \blacktriangleleft \int ax^n dx = \frac{a}{n+1}\,x^{n+1} + C$$

$$= \frac{1}{2}\,x^4 + x^3 - \frac{1}{2}\,x^2 + x + C$$

(2) $\displaystyle\int \frac{1}{x^2}\,dx = \int x^{-2}dx = \frac{1}{-2+1}\,x^{-2+1} + C$

$$= -x^{-1} + C = -\frac{1}{x} + C$$

(3) $\displaystyle\int 2e^x dx = 2e^x + C \qquad \blacktriangleleft \int e^x dx = e^x + C$

(4) $\displaystyle\int 3\cos x\,dx = 3\sin x + C \qquad \blacktriangleleft \int \cos x dx = \sin x + C$

練習問題6 ≫83ページ

(1) $\displaystyle\int x(1-x)^5 dx$

$1 - x = t$ と置くと、$x = 1 - t$ となります。両辺をxで微分すると、

$$1 = -\frac{dt}{dx} \quad \Rightarrow \quad dx = -dt$$

したがって、

$$\int x(1-x)^5 dx = \int (1-t)\,t^5\,(-dt) \qquad \blacktriangleleft t に置換$$

$$= \int (t^6 - t^5)\,dt = \frac{1}{7}\,t^7 - \frac{1}{6}\,t^6 + C$$

$$= t^6 \left(\frac{1}{7}\,t - \frac{1}{6} \right) + C = (1-x)^6 \left(-\frac{1}{7}\,x - \frac{1}{42} \right) + C \blacktriangleleft t を元に戻す$$

(2) $\displaystyle\int \frac{e^{2x}}{e^x - 1}\,dx$

$e^x - 1 = t$ と置き、両辺をxで微分すると、

$$e^x = \frac{dt}{dx} \quad \Rightarrow \quad e^x dx = dt$$

したがって、

$$\int \frac{e^{2x}}{e^x-1}\,dx = \int \frac{e^x \cdot e^x}{e^x-1}\,dx = \int \frac{t+1}{t}\,dt = \int \left(1+\frac{1}{t}\right)dt$$

$$= t + \log|t| + C \quad \blacktriangleleft \int \frac{1}{x}\,dx = \log|x| + C$$

$$= e^x - 1 + \log|e^x-1| + C = e^x + \log|e^x-1| + C \quad \blacktriangleleft 定数項は C に \\ まとめる$$

(3) $\displaystyle\int 3x\sin(x^2+1)\,dx$

$x^2 + 1 = t$ と置き、両辺を x で微分すると、

$$2x = \frac{dt}{dx} \;\Rightarrow\; x\,dx = \frac{1}{2}\,dt$$

したがって、

$$\int 3x\sin(x^2+1)\,dx = \int 3\sin t \cdot \frac{1}{2}\,dt = -\frac{3}{2}\cos t + C$$

$$= -\frac{3}{2}\cos(x^2+1) + C \quad \blacktriangleleft t を元に戻す$$

(4) $\displaystyle\int 3e^{(2x+1)}\,dx$

$$= \frac{3}{2}e^{(2x+1)} + C \quad \blacktriangleleft \int e^{ax+b}\,dx = \frac{1}{a}e^{ax+b} + C$$

(5) $\displaystyle\int (2x+1)\cos 3x\,dx$

$f(x) = 2x+1,\ g'(x) = \cos 3x$ とすると、

$$f'(x) = 2,\ g(x) = \frac{1}{3}\sin 3x$$

したがって、部分積分の公式より

$$\int \sin ax\,dx = -\frac{1}{a}\cos ax + C$$

$$\int (2x+1)\cos 3x\,dx = (2x+1)\cdot\frac{1}{3}\sin 3x - \int 2\cdot\frac{1}{3}\sin 3x\,dx$$

$$= \frac{1}{3}(2x+1)\sin 3x + \boxed{\frac{2}{9}\cos 3x} + C$$

練習問題7 ≫88 ページ

(1) $\displaystyle\int_0^{\pi} \cos\left(\theta - \frac{\pi}{2}\right)d\theta$

$$= \left[\sin\left(\theta - \frac{\pi}{2}\right)\right]_0^{\pi} \quad \blacktriangleleft \int \cos(ax+b)\,dx = \frac{1}{a}\sin(ax+b) + C$$

$$= \sin\left(\pi - \frac{\pi}{2}\right) - \sin\left(0 - \frac{\pi}{2}\right) = \sin\frac{\pi}{2} - \boxed{\sin\left(-\frac{\pi}{2}\right)} = 1 - (-1) = 2$$

$$\boxed{\quad} \sin(-90°) = -1$$

(2) $\displaystyle\int_1^2 e^{x-1}\,dx$

$$= \left[e^{x-1}\right]_1^2 \quad \blacktriangleleft \int (e^{ax+b})\,dx = \frac{1}{a}e^{ax+b} + C$$

$$= e^{2-1} - e^{1-1} = e - 1$$

(3) $\displaystyle\int_0^2 (x^2-3x)\,dx + \int_2^4 (x^2-3x)\,dx$

$\displaystyle = \int_0^4 (x^2-3x)\,dx = \left[\frac{1}{3}x^3 - \frac{3}{2}x^2\right]_0^4$ ◀85ページ **3**

$\displaystyle = \left(\frac{1}{3}\cdot 4^3 - \frac{3}{2}\cdot 4^2\right) - \left(\frac{1}{3}\cdot 0^3 - \frac{3}{2}\cdot 0^2\right) = \frac{64}{3} - \frac{48}{2} = \frac{128}{6} - \frac{144}{6} = -\frac{16}{6} = -\frac{8}{3}$

(4) $\displaystyle\int_0^1 (x^2-1)e^{-x}\,dx$

$f(x) = x^2 - 1$、$g'(x) = e^{-x}$ と置くと、$f'(x) = 2x$, $g(x) = -e^{-x}$ より、

$\displaystyle\int_0^1 (x^2-1)e^{-x}\,dx$

$\displaystyle = \left[\underset{f(x)}{(x^2-1)}\underset{g(x)}{(-e^{-x})}\right]_0^1 - \int_0^1 \underset{f'(x)}{2x}\underset{g(x)}{(-e^{-x})}\,dx$

$\displaystyle = \underset{0}{(1^2-1)}(-e^{-1}) - (0^2-1)(-\underset{1}{e^0}) + \int_0^1 2xe^{-x}\,dx = \int_0^1 2xe^{-x}\,dx - 1$

$f(x) = 2x$、$g'(x) = e^{-x}$ と置き、上の式をもう一度部分積分します。$f'(x) = 2$, $g(x) = -e^{-x}$ より、

$\displaystyle\int_0^1 2xe^{-x}\,dx - 1$

$\displaystyle = \left[2x(-e^{-x})\right]_0^1 - \int_0^1 2(-e^{-x})\,dx - 1 = 2\cdot 1(-e^{-1}) - 2\cdot 0(-e^0) + \left[2e^{-x}\right]_0^1 - 1$

$\displaystyle = -2e^{-1} + 0 + (2e^{-1} - 2e^0) - 1 = -2e^{-1} + 2e^{-1} - 2 - 1 = -2 - 1 = -3$

(5) $\displaystyle\int_1^2 x\sqrt{x-1}\,dx$

$\sqrt{x-1} = t$ と置くと、$x - 1 = t^2$ より、$x = t^2 + 1$

また、積分区間は次のようになります。

x	1	$\longrightarrow$	2
t	0	$\longrightarrow$	1

$x = t^2 + 1$ の両辺を t で微分すると、

$\dfrac{dx}{dt} = 2t \quad\Rightarrow\quad dx = 2t\,dt$

以上から、

$\displaystyle\int_1^2 x\sqrt{x-1}\,dx = \int_0^1 (t^2+1)t\cdot 2t\,dt$

$\displaystyle = \int_0^1 (2t^4 + 2t^2)\,dt = 2\left[\frac{1}{5}t^5 + \frac{1}{3}t^3\right]_0^1$

$\displaystyle = 2\left(\frac{1}{5}\cdot 1^5 + \frac{1}{3}\cdot 1^3\right) - 2\left(\frac{1}{5}\cdot 0^5 + \frac{1}{3}\cdot 0^3\right) = 2\left(\frac{1}{5} + \frac{1}{3}\right) = \frac{16}{15}$

第3章

行列とベクトル

行列とベクトルは、数学では線形代数学という分野ですが、本書ではこれらのうち、最低限必要な項目だけを説明します。また、この章では、複素数とオイラーの公式についても説明します。

01 行列とはなにか

この節の概要

▶ 行列は、数字や文字を横と縦に配列したものを並べたものです。行列の計算は物理数学のいたるところに出てくるので、基本的な計算方法を理解しておきましょう。

行列とは

右のように数や文字をヨコとタテに並べ、両側をカッコで囲んだものを行列といいます。

ヨコの並びが行、タテの並びが列です。右のように、行の数が2、列の数が3の行列は「2行3列の行列」または「2×3行列」といいます。

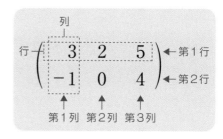

なお、「2行2列」や「3行3列」のように、行と列の数が同じ行列をとくに正方行列と呼んでいます。

例：
$$\begin{array}{c}\text{2行3列}\\\begin{pmatrix}1 & 4 & 2\\3 & 0 & -1\end{pmatrix}\end{array} \quad \begin{array}{c}\text{3行1列}\\\begin{pmatrix}0\\4\\2\end{pmatrix}\end{array} \quad \begin{array}{c}\text{2行2列}\\\begin{pmatrix}3 & 5\\4 & 2\end{pmatrix}\end{array}$$
↳正方行列

行列を構成する個々の数字を**要素**または**成分**といい、i 行目 j 列目の要素を「$(i,\ j)$ 要素」「$(i,\ j)$ 成分」といいます。

例：
$$\begin{pmatrix}3 & 2 & 1\\4 & 0 & \boxed{-1}\\2 & 6 & 3\end{pmatrix}$$
▶ $(2,\ 3)$ 要素 $= -1$
2行目↱　↳3列目

■■ 行列の計算

行列の和・差・実数倍は、次のように計算します。

① 行列の和・差

2つの行列の和と差は、2つの行列の同じ要素同士をそれぞれ足し算・引き算します。そのため、行列の和と差は、2つの行列が同じ型でなければ計算できません。

例：$\begin{pmatrix} 5 & 2 \\ 4 & 3 \end{pmatrix} + \begin{pmatrix} 2 & -1 \\ 3 & 0 \end{pmatrix} = \begin{pmatrix} 5+2 & 2-1 \\ 4+3 & 3+0 \end{pmatrix} = \begin{pmatrix} 7 & 1 \\ 7 & 3 \end{pmatrix}$

② 行列の実数倍

ある行列に実数 k を掛けると、その行列のすべての要素に k を掛けた行列になります。

例：$3\begin{pmatrix} 2 & -3 \\ 0 & 1 \end{pmatrix} = \begin{pmatrix} 3 \cdot 2 & 3 \cdot (-3) \\ 3 \cdot 0 & 3 \cdot 1 \end{pmatrix} = \begin{pmatrix} 6 & -9 \\ 0 & 3 \end{pmatrix}$

③ 行列同士の積

たとえば、1×2 行列と 2×1 行列の掛け算は、次のように計算します。

$$(a \quad b)\begin{pmatrix} c \\ d \end{pmatrix} = ac + bd$$

これが行列同士の積の基本形になります。一般に、行列 $A \times$ 行列 B の i 行 j 列目は、行列 A の i 行目と行列 B の j 列目を次のように先頭から順に掛け合わせます。

$\boxed{1}$ ×2 行列と 2× $\boxed{1}$ 行列の積が、1×1 行列になっていることに注意しましょう。一般に、$n \times m$ 行列と $m \times s$ 行列の積は、$n \times s$ 行列となります。また、左側が m 列の行列のとき、右側は m 行の行列でなければ、積を求めることができません。

n 行と s 列の行列の積は $n \times s$ 行列になる

$$(n \times m \text{ 行列}) \times (m \times s \text{ 行列}) = (n \times s \text{ 行列})$$

この数が同じでないと、積を求められない

いくつか具体例で説明しましょう。

（1×2 行列）×（2×2 行列）＝（1×2 行列）の場合

$\boxed{1}$×2　2×$\boxed{2}$

$$(a \quad b)\begin{pmatrix} c & d \\ e & f \end{pmatrix} = (ac+be \quad ad+bf) \quad \blacktriangleleft 1 \times 2 \text{ 行列}$$

$(a \ b)\begin{pmatrix} c & d \\ e & f \end{pmatrix}$　$(a \ b)\begin{pmatrix} c & d \\ e & f \end{pmatrix}$

例： $(1 \quad 2)\begin{pmatrix} 5 & -1 \\ 0 & 3 \end{pmatrix} = (1 \cdot 5 + 2 \cdot 0 \quad 1 \cdot (-1) + 2 \cdot 3) = (5 \quad 5)$

（2×2 行列）×（2×1 行列）＝（2×1 行列）の場合

$\begin{pmatrix} a & b \\ c & d \end{pmatrix}\begin{pmatrix} e \\ f \end{pmatrix}$

$\boxed{2}$×2　2×$\boxed{1}$

$$\begin{pmatrix} a & b \\ c & d \end{pmatrix}\begin{pmatrix} e \\ f \end{pmatrix} = \begin{pmatrix} ae+bf \\ ce+df \end{pmatrix} \quad \blacktriangleleft 2 \times 1 \text{ 行列}$$

$\begin{pmatrix} a & b \\ c & d \end{pmatrix}\begin{pmatrix} e \\ f \end{pmatrix}$

例： $\begin{pmatrix} 1 & 2 \\ -4 & 3 \end{pmatrix}\begin{pmatrix} 0 \\ 5 \end{pmatrix} = \begin{pmatrix} 1 \cdot 0 + 2 \cdot 5 \\ (-4) \cdot 0 + 3 \cdot 5 \end{pmatrix} = \begin{pmatrix} 10 \\ 15 \end{pmatrix}$

―（2×2 行列）×（2×2 行列）＝（2×2 行列）の場合―

$$\begin{pmatrix} a & b \\ c & d \end{pmatrix}\begin{pmatrix} e & f \\ g & h \end{pmatrix} \qquad \begin{pmatrix} a & b \\ c & d \end{pmatrix}\begin{pmatrix} e & f \\ g & h \end{pmatrix}$$

2×2　　2×2

$$\begin{pmatrix} a & b \\ c & d \end{pmatrix}\begin{pmatrix} e & f \\ g & h \end{pmatrix} = \begin{pmatrix} ae+bg & af+bh \\ ce+dg & cf+dh \end{pmatrix} \quad \blacktriangleleft 2×2 行列$$

$$\begin{pmatrix} a & b \\ c & d \end{pmatrix}\begin{pmatrix} e & f \\ g & h \end{pmatrix} \qquad \begin{pmatrix} a & b \\ c & d \end{pmatrix}\begin{pmatrix} e & f \\ g & h \end{pmatrix}$$

$$\begin{pmatrix} 1 & 2 \\ 3 & 1 \end{pmatrix}\begin{pmatrix} 2 & 4 \\ 1 & 0 \end{pmatrix} \qquad \begin{pmatrix} 1 & 2 \\ 3 & 1 \end{pmatrix}\begin{pmatrix} 2 & 4 \\ 1 & 0 \end{pmatrix}$$

例：$\begin{pmatrix} 1 & 2 \\ 3 & 1 \end{pmatrix}\begin{pmatrix} 2 & 4 \\ 1 & 0 \end{pmatrix} = \begin{pmatrix} 1\cdot2+2\cdot1 & 1\cdot4+2\cdot0 \\ 3\cdot2+1\cdot1 & 3\cdot4+1\cdot0 \end{pmatrix} = \begin{pmatrix} 4 & 4 \\ 7 & 12 \end{pmatrix}$

$$\begin{pmatrix} 1 & 2 \\ 3 & 1 \end{pmatrix}\begin{pmatrix} 2 & 4 \\ 1 & 0 \end{pmatrix} \qquad \begin{pmatrix} 1 & 2 \\ 3 & 1 \end{pmatrix}\begin{pmatrix} 2 & 4 \\ 1 & 0 \end{pmatrix}$$

練習問題 1　　　　　　　　　　　　　　　　　　　（答えは 146 ページ）

次の計算をしなさい。

(1) $\begin{pmatrix} 2 \\ 1 \end{pmatrix}(3 \quad -1)$ 　(2) $\begin{pmatrix} 3 & 2 \\ 1 & 4 \end{pmatrix}\begin{pmatrix} 1 & 0 \\ 5 & -2 \end{pmatrix}$ 　(3) $\begin{pmatrix} 1 & 4 & 6 \\ 2 & 3 & 5 \end{pmatrix}\begin{pmatrix} 2 \\ 1 \\ 0 \end{pmatrix}$

■ 行列計算の性質

行列の計算には、次のような性質があります。

┌─**重要** 行列計算の性質 ─────────────

1 $AB \neq BA$ 　◀ 交換法則は成立しない

2 $k(AB) = (kA)B = A(kB)$ 　　　※k は実数

3 $A(BC) = (AB)C$ 　◀ 結合法則は成り立つ

4 $A(B+C) = AB+AC$、$(A+B)C = AC+BC$ 　◀ 分配法則は
　　　　　　　　　　　　　　　　　　　　　　　　　成り立つ

とくに、$AB \neq BA$ は行列の重要な性質です。

例：$A = \begin{pmatrix} 1 & 3 \\ 2 & 1 \end{pmatrix}$、$B = \begin{pmatrix} 2 & 0 \\ 1 & 3 \end{pmatrix}$ のとき

$$AB = \begin{pmatrix} 1 & 3 \\ 2 & 1 \end{pmatrix}\begin{pmatrix} 2 & 0 \\ 1 & 3 \end{pmatrix} = \begin{pmatrix} 1\cdot2+3\cdot1 & 1\cdot0+3\cdot3 \\ 2\cdot2+1\cdot1 & 2\cdot0+1\cdot3 \end{pmatrix} = \begin{pmatrix} 5 & 9 \\ 5 & 3 \end{pmatrix}$$

$$BA = \begin{pmatrix} 2 & 0 \\ 1 & 3 \end{pmatrix}\begin{pmatrix} 1 & 3 \\ 2 & 1 \end{pmatrix} = \begin{pmatrix} 2\cdot1+0\cdot2 & 2\cdot3+0\cdot1 \\ 1\cdot1+3\cdot2 & 1\cdot3+3\cdot1 \end{pmatrix} = \begin{pmatrix} 2 & 6 \\ 7 & 6 \end{pmatrix}$$

上の例のように、行列同士の掛け算では、一般に交換法則が成り立ちません。ただし、次のような場合は、例外として交換法則が成り立ちます。

①単位行列との掛け算

対角要素が1で、その他の要素がすべて0の正方行列（行と列が等しい行列）を、単位行列といいます。

(1, 1), (2, 2), (3, 3)…

例：$\begin{pmatrix} 1 & 0 \\ 0 & 1 \end{pmatrix}$、$\begin{pmatrix} 1 & 0 & 0 \\ 0 & 1 & 0 \\ 0 & 0 & 1 \end{pmatrix}$ ◀対角要素が1、その他の要素が0の正方行列

行列 A に単位行列 E を掛けても、結果は行列 A のままです。すなわち、

$$AE = EA = A$$

例：$\begin{pmatrix} 1 & 2 \\ 3 & 4 \end{pmatrix}\begin{pmatrix} 1 & 0 \\ 0 & 1 \end{pmatrix} = \begin{pmatrix} 1 & 0 \\ 0 & 1 \end{pmatrix}\begin{pmatrix} 1 & 2 \\ 3 & 4 \end{pmatrix} = \begin{pmatrix} 1 & 2 \\ 3 & 4 \end{pmatrix}$

②零行列との掛け算

すべての要素が0の行列を零行列といいます。零行列 O との積は、零行列になります。すなわち、

$$AO = OA = O$$

例：$\begin{pmatrix} 1 & 2 \\ 3 & 4 \end{pmatrix}\begin{pmatrix} 0 & 0 \\ 0 & 0 \end{pmatrix} = \begin{pmatrix} 0 & 0 \\ 0 & 0 \end{pmatrix}\begin{pmatrix} 1 & 2 \\ 3 & 4 \end{pmatrix} = \begin{pmatrix} 0 & 0 \\ 0 & 0 \end{pmatrix}$

02 逆行列と行列式

▶ 元の行列に掛けると単位行列になる行列を逆行列といいます。逆行列の求め方を理解しましょう。

▶ 行列式は、逆行列を求めるときに必要な行列の計算式です。行列式は逆行列の計算以外でもよく使います。

■ 逆行列

正方行列 A、単位行列 E において、$AX = E$ となるような行列 X を、A の逆行列といいます。A の逆行列を A^{-1} と書きます。すなわち、

$$AA^{-1} = A^{-1}A = E$$

A が2行2列の場合で考えてみましょう。$A = \begin{pmatrix} a & b \\ c & d \end{pmatrix}$、$A^{-1} = \begin{pmatrix} x & y \\ z & w \end{pmatrix}$ と置くと、

$$AA^{-1} = \begin{pmatrix} a & b \\ c & d \end{pmatrix}\begin{pmatrix} x & y \\ z & w \end{pmatrix} = \begin{pmatrix} 1 & 0 \\ 0 & 1 \end{pmatrix} より、$$

$$ax + bz = 1 \quad \cdots① , \qquad ay + bw = 0 \quad \cdots②$$
$$cx + dz = 0 \quad \cdots③ , \qquad cy + dw = 1 \quad \cdots④$$

が成り立ちます。式①〜④を4元連立方程式として、x, y, z, w を求めます。

①×d−③×b：
$$\begin{array}{r} adx + bdz = d \\ -)\ bcx + bdz = 0 \\ \hline (ad - bc)\,x = d \end{array} \qquad \therefore x = \frac{d}{ad - bc}$$

103

②×d−④×b:
$$\begin{array}{r} ady + bdw = 0 \\ -)\ bcy + bdw = b \\ \hline (ad - bc)y = -b \end{array} \qquad \therefore y = \frac{-b}{ad - bc}$$

①×c−③×a:
$$\begin{array}{r} acx + bcz = c \\ -)\ acx + adz = 0 \\ \hline (bc - ad)z = c \end{array} \qquad \therefore z = \frac{c}{bc - ad} = \frac{-c}{ad - bc}$$

②×c−④×a:
$$\begin{array}{r} acy + bcw = 0 \\ -)\ acy + adw = a \\ \hline (bc - ad)w = -a \end{array} \qquad \therefore w = \frac{-a}{bc - ad} = \frac{a}{ad - bc}$$

以上から、$A^{-1} = \begin{pmatrix} \dfrac{d}{ad-bc} & \dfrac{-b}{ad-bc} \\ \dfrac{-c}{ad-bc} & \dfrac{a}{ad-bc} \end{pmatrix} = \dfrac{1}{ad-bc}\begin{pmatrix} d & -b \\ -c & a \end{pmatrix}$

となります。ただし、上の式からわかるように、$ad - bc = 0$ のとき、逆行列は存在しません。逆行列が存在する行列を**正則行列**といいます。

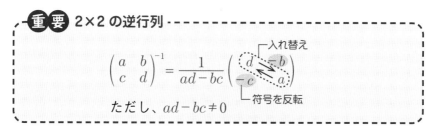

重要 2×2 の逆行列

入れ替え
$$\begin{pmatrix} a & b \\ c & d \end{pmatrix}^{-1} = \frac{1}{ad - bc}\begin{pmatrix} d & -b \\ -c & a \end{pmatrix}$$
符号を反転

ただし、$ad - bc \neq 0$

determinantの略

また、$ad - bc$ を行列 A の**行列式**といい、$\det A$ または $|A|$ と書きます。

$$\det A = \begin{vmatrix} a & b \\ c & d \end{vmatrix} = ad - bc$$
行列式

行列の要素の前後を| |ではさむ

$\begin{pmatrix} a & b \\ c & d \end{pmatrix}$ の行列式を $\begin{vmatrix} a & b \\ c & d \end{vmatrix}$ のように書きます。

例題1 $A = \begin{pmatrix} 2 & 0 \\ 1 & 3 \end{pmatrix}$ の逆行列 A^{-1} を求め、$AA^{-1} = E$ となることを確認しなさい。

解 前ページの公式に当てはめて、逆行列を求めます。

$$A^{-1} = \frac{1}{2 \cdot 3 - 0 \cdot 1} \begin{pmatrix} 3 & -0 \\ -1 & 2 \end{pmatrix} = \frac{1}{6} \begin{pmatrix} 3 & 0 \\ -1 & 2 \end{pmatrix} = \begin{pmatrix} \dfrac{1}{2} & 0 \\ -\dfrac{1}{6} & \dfrac{1}{3} \end{pmatrix} \quad \cdots （答）$$

次に $AA^{-1} = E$ となることを確認します。 ◀ 行列同士の掛け算については 99 ページを参照。

$$AA^{-1} = \begin{pmatrix} 2 & 0 \\ 1 & 3 \end{pmatrix} \begin{pmatrix} \dfrac{1}{2} & 0 \\ -\dfrac{1}{6} & \dfrac{1}{3} \end{pmatrix} = \begin{pmatrix} 2 \cdot \dfrac{1}{2} - 0 \cdot \dfrac{1}{6} & 2 \cdot 0 + 0 \cdot \dfrac{1}{3} \\ 1 \cdot \dfrac{1}{2} - 3 \cdot \dfrac{1}{6} & 1 \cdot 0 + 3 \cdot \dfrac{1}{3} \end{pmatrix}$$

$$= \begin{pmatrix} 1 & 0 \\ 0 & 1 \end{pmatrix} ◀ 単位行列 E$$

■ 3 次の逆行列

次に、3 行 3 列の正方行列（これを 3 次の正方行列といいます）の逆行列の作り方を説明しましょう。

3 行 3 列の正方行列を $A = \begin{pmatrix} a_{11} & a_{12} & a_{13} \\ a_{21} & a_{22} & a_{23} \\ a_{31} & a_{32} & a_{33} \end{pmatrix}$ とすると、逆行列 A^{-1} は
次の式で求められます。 ━━ 3 行 3 列目

$$A^{-1} = \frac{1}{\det A} \begin{pmatrix} +\begin{vmatrix} a_{22} & a_{23} \\ a_{32} & a_{33} \end{vmatrix} & -\begin{vmatrix} a_{21} & a_{23} \\ a_{31} & a_{33} \end{vmatrix} & +\begin{vmatrix} a_{21} & a_{22} \\ a_{31} & a_{32} \end{vmatrix} \\ -\begin{vmatrix} a_{12} & a_{13} \\ a_{32} & a_{33} \end{vmatrix} & +\begin{vmatrix} a_{11} & a_{13} \\ a_{31} & a_{33} \end{vmatrix} & -\begin{vmatrix} a_{11} & a_{12} \\ a_{31} & a_{32} \end{vmatrix} \\ +\begin{vmatrix} a_{12} & a_{13} \\ a_{22} & a_{23} \end{vmatrix} & -\begin{vmatrix} a_{11} & a_{13} \\ a_{21} & a_{23} \end{vmatrix} & +\begin{vmatrix} a_{11} & a_{12} \\ a_{21} & a_{22} \end{vmatrix} \end{pmatrix}^T$$

ここで、det A は行列 A の行列式です。3 行 3 列の行列式については後ほど説明するので、まずはこの逆行列の成り立ちを理解しましょう。順を追って説明します。

(STEP 1) 小行列式を求める

まず、上の A^{-1} の行列の 1 行 1 列目の行列式 $\begin{vmatrix} a_{22} & a_{23} \\ a_{32} & a_{33} \end{vmatrix}$ を見てくださ

い。この行列式は、行列 A の中から、1 行目と 1 列目を取り除くことで得られます。

```
        ┌─1 行目と 1 列目を取り除く
```

$$M_{11} = \begin{vmatrix} a_{11} & a_{12} & a_{13} \\ a_{21} & a_{22} & a_{23} \\ a_{31} & a_{32} & a_{33} \end{vmatrix} = \begin{vmatrix} a_{22} & a_{23} \\ a_{32} & a_{33} \end{vmatrix} = a_{22}a_{33} - a_{23}a_{32}$$

1 行 1 列目

$$\begin{vmatrix} a & b \\ c & d \end{vmatrix} = ad - bc$$

1 行 2 列目の行列式 $\begin{vmatrix} a_{21} & a_{23} \\ a_{31} & a_{33} \end{vmatrix}$ も同様に、行列 A の中から 1 行目と 2 列目を取り除いたものです（符号については後述します）。

```
        ┌─1 行目と 2 列目を取り除く
```

$$M_{12} = \begin{vmatrix} a_{11} & a_{12} & a_{13} \\ a_{21} & a_{22} & a_{23} \\ a_{31} & a_{32} & a_{33} \end{vmatrix} = \begin{vmatrix} a_{21} & a_{23} \\ a_{31} & a_{33} \end{vmatrix} = a_{21}a_{33} - a_{23}a_{31}$$

1 行 2 列目

このような行列式を**小行列式**といいます。一般に、n 行 n 列の正方行列の要素 a_{ij} の小行列式を M_{ij} と書き、

$$M_{ij} = \begin{vmatrix} a_{11} & a_{12} & \cdots & a_{1j} & \cdots & a_{1n} \\ a_{21} & a_{22} & \cdots & a_{2j} & \cdots & a_{2n} \\ \vdots & \vdots & \cdots & \vdots & \cdots & \vdots \\ a_{i1} & a_{i2} & \cdots & a_{ij} & \cdots & a_{in} \\ \vdots & \vdots & \cdots & \vdots & \cdots & \vdots \\ a_{n1} & a_{n2} & \cdots & a_{nj} & \cdots & a_{nn} \end{vmatrix}$$

i 行 j 列目の
小行列式

i 行目を取り除く

j 列目を取り除く

のように求めます。3 行 3 列の各小行列式は、次のようになります。これらが前ページの式に対応していることを確認してください。

$$M_{11} = \begin{vmatrix} a_{22} & a_{23} \\ a_{32} & a_{33} \end{vmatrix} \quad M_{12} = \begin{vmatrix} a_{21} & a_{23} \\ a_{31} & a_{33} \end{vmatrix} \quad M_{13} = \begin{vmatrix} a_{21} & a_{22} \\ a_{31} & a_{32} \end{vmatrix}$$

$$M_{21} = \begin{vmatrix} a_{12} & a_{13} \\ a_{32} & a_{33} \end{vmatrix} \quad M_{22} = \begin{vmatrix} a_{11} & a_{13} \\ a_{31} & a_{33} \end{vmatrix} \quad M_{23} = \begin{vmatrix} a_{11} & a_{12} \\ a_{31} & a_{32} \end{vmatrix}$$

$$M_{31} = \begin{vmatrix} a_{12} & a_{13} \\ a_{22} & a_{23} \end{vmatrix} \quad M_{32} = \begin{vmatrix} a_{11} & a_{13} \\ a_{21} & a_{23} \end{vmatrix} \quad M_{33} = \begin{vmatrix} a_{11} & a_{12} \\ a_{21} & a_{22} \end{vmatrix}$$

STEP 2 余因子を求める

小行列式 M_{ij} に $(-1)^{i+j}$ を掛けたものを a_{ij} の**余因子**といい、C_{ij} と書きます。

$$C_{ij} = (-1)^{i+j} M_{ij}$$

余因子 ↗ ↖ 小行列式

$(-1)^{i+j}$ は、$i+j$ が偶数なら（＋1）、奇数なら（−1）になるので、行列では正負の符号が格子状に並びます。3行3列の場合は次のようになります。

$$C_{11} = (-1)^2 M_{11} = +M_{11}, \quad C_{12} = (-1)^3 M_{12} = -M_{12}, \quad C_{13} = (-1)^4 M_{13} = +M_{13}$$
$$C_{21} = (-1)^3 M_{21} = -M_{21}, \quad C_{22} = (-1)^4 M_{22} = +M_{22}, \quad C_{23} = (-1)^5 M_{23} = -M_{23}$$
$$C_{31} = (-1)^4 M_{31} = +M_{31}, \quad C_{32} = (-1)^5 M_{32} = -M_{32}, \quad C_{33} = (-1)^6 M_{33} = +M_{33}$$

したがって105ページの逆行列 A^{-1} の式は、余因子の記号 C_{ij} を使うと次のように書けます。

$$A^{-1} = \frac{1}{\det A} \begin{pmatrix} +M_{11} & -M_{12} & +M_{13} \\ -M_{21} & +M_{22} & -M_{23} \\ +M_{31} & -M_{32} & +M_{33} \end{pmatrix}^T = \frac{1}{\det A} \begin{pmatrix} C_{11} & C_{12} & C_{13} \\ C_{21} & C_{22} & C_{23} \\ C_{31} & C_{32} & C_{33} \end{pmatrix}^T$$

STEP 3 余因子行列を求める

105ページの式の右辺の行列の右上隅に、記号 T がついていることに注意してください。A^T は、行列 A の行と列を入れ替えた行列で、A の**転置行列**といいます。

$$A = \begin{pmatrix} a_{11} & a_{12} & a_{13} \\ a_{21} & a_{22} & a_{23} \\ a_{31} & a_{32} & a_{33} \end{pmatrix} \xrightarrow{\text{行と列を入れ替え}} A^T = \begin{pmatrix} a_{11} & a_{21} & a_{31} \\ a_{12} & a_{22} & a_{32} \\ a_{13} & a_{23} & a_{33} \end{pmatrix}$$

右辺の行列の行と列を入れ替えると、逆行列 A^{-1} の式は次のように書けます。

$$A^{-1} = \frac{1}{\det A} \begin{pmatrix} C_{11} & C_{21} & C_{31} \\ C_{12} & C_{22} & C_{32} \\ C_{13} & C_{23} & C_{33} \end{pmatrix}$$

↖ 余因子行列

このように、行列 A の要素 a_{ij} の余因子 C_{ij} の行と列を入れ替え、C_{ji} とした行列を、**余因子行列**といいます。以上から、A の逆行列 A^{-1} は、「A の余因子行列に $\dfrac{1}{\det A}$ を掛けたもの」とまとめることができます。

(STEP 4) **行列式を求める**

3 行 3 列の行列式 $\det A$ は、次のように求めます。

$$\det A = a_{i1}C_{i1} + a_{i2}C_{i2} + a_{i3}C_{i3}$$

または

$$\det A = a_{1j}C_{1j} + a_{2j}C_{2j} + a_{3j}C_{3j}$$

i と j は、1, 2, 3 の中からいずれかの数を選びます。どれを選んでも結果は同じになります。たとえば $i = 1$ を選んだ場合は次のようになります。

$C_{ij} = (-1)^{i+j}M_{ij}$

$$
\begin{aligned}
\det A &= a_{11}C_{11} + a_{12}C_{12} + a_{13}C_{13} \\
&= a_{11} \cdot (-1)^2 M_{11} + a_{12} \cdot (-1)^3 M_{12} + a_{13} \cdot (-1)^4 M_{13} \\
&= a_{11}\begin{vmatrix} a_{22} & a_{23} \\ a_{32} & a_{33} \end{vmatrix} - a_{12}\begin{vmatrix} a_{21} & a_{23} \\ a_{31} & a_{33} \end{vmatrix} + a_{13}\begin{vmatrix} a_{21} & a_{22} \\ a_{31} & a_{32} \end{vmatrix} \\
&= a_{11}(a_{22}a_{33} - a_{23}a_{32}) - a_{12}(a_{21}a_{33} - a_{23}a_{31}) + a_{13}(a_{21}a_{32} - a_{22}a_{31}) \\
&= a_{11}a_{22}a_{33} - a_{11}a_{23}a_{32} - a_{12}a_{21}a_{33} + a_{12}a_{23}a_{31} + a_{13}a_{21}a_{32} - a_{13}a_{22}a_{31} \\
&= a_{11}a_{22}a_{33} + a_{12}a_{23}a_{31} + a_{13}a_{21}a_{32} - a_{13}a_{22}a_{31} - a_{11}a_{23}a_{32} - a_{12}a_{21}a_{33}
\end{aligned}
$$

　上の式の　　　　の部分は、＋の項が3つ、－の項が3つで構成されています。この式には次のような覚え方があるので、ぜひマスターしてください。まず、行列の要素の1列目と2列目を右側にコピーします。

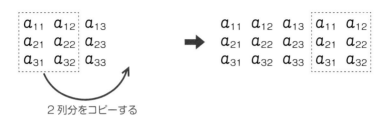

2列分をコピーする

　この3行5列の行列の要素を、たすきがけのように斜めにたどって項をつくります。右斜めにたどった項を＋、左斜めにたどった項を－とすると、3行3列の行列式の計算式（前ページの　　　　を参照）になります。

$$
\begin{array}{ccccc}
+ & + & + & - & - & - \\
a_{11} & a_{12} & a_{13} & a_{11} & a_{12} \\
a_{21} & a_{22} & a_{23} & a_{21} & a_{22} \\
a_{31} & a_{32} & a_{33} & a_{31} & a_{32}
\end{array}
$$

例題2 次の行列 A の逆行列 A^{-1} を求め、$AA^{-1} = E$ となることを確認しなさい。

$$
A = \begin{pmatrix} 1 & -1 & 2 \\ 0 & 1 & -1 \\ 2 & 0 & 1 \end{pmatrix}
$$

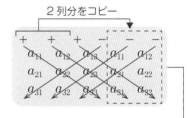

2列分をコピー

解 まず、行列式 $\det A$ を求めます。

$$
\begin{aligned}
\det A &= a_{11}a_{22}a_{33} + a_{12}a_{23}a_{31} + a_{13}a_{21}a_{32} - a_{13}a_{22}a_{31} - a_{11}a_{23}a_{32} - a_{12}a_{21}a_{33} \\
&= 1 \cdot 1 \cdot 1 + (-1) \cdot (-1) \cdot 2 + 2 \cdot 0 \cdot 0 \\
&\quad - 2 \cdot 1 \cdot 2 - 1 \cdot (-1) \cdot 0 - (-1) \cdot 0 \cdot 1 \\
&= 1 + 2 + 0 - 4 - 0 - 0 = -1
\end{aligned}
$$

次に、各要素の余因子を求めます。

$$C_{11} = (-1)^2 \begin{vmatrix} 1 & -1 \\ 0 & 1 \end{vmatrix} = 1, \; C_{12} = (-1)^3 \begin{vmatrix} 0 & -1 \\ 2 & 1 \end{vmatrix} = -2, \; C_{13} = (-1)^4 \begin{vmatrix} 0 & 1 \\ 2 & 0 \end{vmatrix} = -2$$

$$C_{21} = (-1)^3 \begin{vmatrix} -1 & 2 \\ 0 & 1 \end{vmatrix} = 1, \; C_{22} = (-1)^4 \begin{vmatrix} 1 & 2 \\ 2 & 1 \end{vmatrix} = -3, \; C_{23} = (-1)^5 \begin{vmatrix} 1 & -1 \\ 2 & 0 \end{vmatrix} = -2$$

$$C_{31} = (-1)^4 \begin{vmatrix} -1 & 2 \\ 1 & -1 \end{vmatrix} = -1, \; C_{32} = (-1)^5 \begin{vmatrix} 1 & 2 \\ 0 & -1 \end{vmatrix} = 1, \; C_{33} = (-1)^6 \begin{vmatrix} 1 & -1 \\ 0 & 1 \end{vmatrix} = 1$$

$$A^{-1} = \frac{1}{\det A} \begin{pmatrix} C_{11} & C_{21} & C_{31} \\ C_{12} & C_{22} & C_{32} \\ C_{13} & C_{23} & C_{33} \end{pmatrix}$$

$$= \frac{1}{-1} \begin{pmatrix} 1 & 1 & -1 \\ -2 & -3 & 1 \\ -2 & -2 & 1 \end{pmatrix} = \begin{pmatrix} -1 & -1 & 1 \\ 2 & 3 & -1 \\ 2 & 2 & -1 \end{pmatrix} \quad \cdots \text{（答）}$$

次に、$AA^{-1} = E$ となることを確認しましょう。

$$AA^{-1} = \begin{pmatrix} 1 & -1 & 2 \\ 0 & 1 & -1 \\ 2 & 0 & 1 \end{pmatrix} \begin{pmatrix} -1 & -1 & 1 \\ 2 & 3 & -1 \\ 2 & 2 & -1 \end{pmatrix}$$

$$= \begin{pmatrix} 1 \cdot (-1) + (-1) \cdot 2 + 2 \cdot 2 & 1 \cdot (-1) + (-1) \cdot 3 + 2 \cdot 2 & 1 \cdot 1 + (-1)(-1) + 2 \cdot (-1) \\ 0 \cdot (-1) + 1 \cdot 2 + (-1) \cdot 2 & 0 \cdot (-1) + 1 \cdot 3 + (-1) \cdot 2 & 0 \cdot 1 + 1 \cdot (-1) + (-1)(-1) \\ 2 \cdot (-1) + 0 \cdot 2 + 1 \cdot 2 & 2 \cdot (-1) + 0 \cdot 3 + 1 \cdot 2 & 2 \cdot 1 + 0 \cdot (-1) + 1 \cdot (-1) \end{pmatrix}$$

$$= \begin{pmatrix} 1 & 0 & 0 \\ 0 & 1 & 0 \\ 0 & 0 & 1 \end{pmatrix} \quad \leftarrow \text{単位行列になった}$$

■ 行列式の性質

これまで、逆行列を求める過程で、2行2列の行列式と3行3列の行列式について説明しました。一般に、n 行 n 列の行列式を n 次の行列式といいます。

$$\det A = \det \begin{pmatrix} a_{11} & a_{12} & \cdots & a_{1n} \\ a_{21} & a_{22} & \cdots & a_{2n} \\ \vdots & \vdots & \vdots & \vdots \\ a_{n1} & a_{n2} & \cdots & a_{nn} \end{pmatrix} = \begin{vmatrix} a_{11} & a_{12} & \cdots & a_{1n} \\ a_{21} & a_{22} & \cdots & a_{2n} \\ \vdots & \vdots & \vdots & \vdots \\ a_{n1} & a_{n2} & \cdots & a_{nn} \end{vmatrix}$$

n 次の行列式は、次のように定義されます。

 n 次の行列式

$$\det A = a_{i1}C_{i1} + a_{i2}C_{i2} + \cdots + a_{in}C_{in} \quad (i = 1, 2, \cdots, n)$$
$$= a_{1j}C_{1j} + a_{2j}C_{2j} + \cdots + a_{nj}C_{nj} \quad (j = 1, 2, \cdots, n)$$

ここで C_{ij} は要素 a_{ij} の余因子（107 ページ）で、

$$C_{ij} = (-1)^{i+j} M_{ij}$$

のように求めます。たとえば 2 次の行列式は、

$$\begin{vmatrix} a_{11} & a_{12} \\ a_{21} & a_{22} \end{vmatrix} = a_{11}C_{11} + a_{12}C_{12} = a_{11}(-1)^{1+1}M_{11} + a_{12}(-1)^{1+2}M_{12}$$

となります。ここで、小行列式 $M_{11} = a_{22}$、$M_{12} = a_{21}$ なので、

$$\begin{vmatrix} a_{11} & a_{12} \\ a_{21} & a_{22} \end{vmatrix} = a_{11}a_{22} - a_{12}a_{21}$$

と計算できます。

行列式の基本的な性質をいくつか紹介しておきましょう。

① 行列式の行と列を交換しても、値は変わらない（$\det A = \det A^T$）。

例：$\begin{vmatrix} 3 & 4 \\ 1 & 2 \end{vmatrix} = \begin{vmatrix} 3 & 1 \\ 4 & 2 \end{vmatrix} = 3 \cdot 2 - 4 \cdot 1 = 2$

② 1 行（または 1 列）の要素がすべて 0 なら、行列式の値も 0 になる。

例：$\begin{vmatrix} 1 & 4 & 3 \\ 2 & 5 & 1 \\ 0 & 0 & 0 \end{vmatrix} = 0$, $\begin{vmatrix} 3 & -1 & 0 \\ 2 & 4 & 0 \\ 5 & 1 & 0 \end{vmatrix} = 0$

③ 行列式の 1 行（または 1 列）の要素すべてを k 倍して得られる行列式の値は、元の行列式の k 倍になる。

例： $\begin{vmatrix} 2 & 1 \\ 3 & 4 \end{vmatrix} = 2 \cdot 4 - 1 \cdot 3 = 5$, $\begin{vmatrix} 8 & 4 \\ 3 & 4 \end{vmatrix} = 8 \cdot 4 - 4 \cdot 3 = 20$

4倍

4倍

④ 行列式の任意の2行（または2列）を入れ替えると、元の行列式の
値の符号だけが変わる。

例： $\begin{vmatrix} 2 & 1 \\ 3 & 4 \end{vmatrix} = 2 \cdot 4 - 1 \cdot 3 = 5$, $\begin{vmatrix} 3 & 4 \\ 2 & 1 \end{vmatrix} = 3 \cdot 1 - 4 \cdot 2 = -5$

⑤ ある行（または列）の要素すべてを k 倍し、これをほかの行（または
列）の対応する要素に加えても、行列式の値は変わらない。

例： $\begin{vmatrix} 1 & -1 & 2 \\ 0 & 1 & -1 \\ 2 & 0 & 1 \end{vmatrix} = \begin{vmatrix} 1+2\cdot2 & -1+0\cdot2 & 2+1\cdot2 \\ 0 & 1 & -1 \\ 2 & 0 & 1 \end{vmatrix}$ ← 第3行×2を
第1行目に足す

$= \begin{vmatrix} 5 & -1 & 4 \\ 0 & 1 & -1 \\ 2 & 0 & 1 \end{vmatrix}$

$= 5 \cdot 1 \cdot 1 + (-1) \cdot (-1) \cdot 2 + 4 \cdot 0 \cdot 0 - 4 \cdot 1 \cdot 2 - 5 \cdot (-1) \cdot 0$
$- (-1) \cdot 0 \cdot 1 = -1$ ← 109ページの例題2と同じ値

　行列式はこのあとの微分方程式やベクトル解析などでも使うので、よ
く覚えておきましょう。

練習問題2　（答えは146ページ）

　次の行列が正則行列かどうかを調べ、正則ならば逆行列を求めなさい。

(1) $\begin{pmatrix} 3 & 1 \\ 6 & 2 \end{pmatrix}$ (2) $\begin{pmatrix} \sin\theta & -\cos\theta \\ \cos\theta & \sin\theta \end{pmatrix}$ (3) $\begin{pmatrix} 2 & 2 & 1 \\ -1 & -1 & -1 \\ 2 & 3 & -1 \end{pmatrix}$

03 連立一次方程式を行列で解く

この節の概要

▶ 行列計算の応用として、連立一次方程式を行列を使って解く方法を解説します。

▶ ここでは逆行列による方法、掃き出し法、クラメルの公式を使う方法の 3 つを紹介します。

逆行列による解き方

たとえば、次のような行列の掛け算を考えます。

$$\begin{pmatrix} 2 & 3 \\ 3 & 4 \end{pmatrix} \begin{pmatrix} x \\ y \end{pmatrix} = \begin{pmatrix} 1 \\ 2 \end{pmatrix}$$

この式の左辺を計算すると、次のような連立一次方程式になりますね。

$$\begin{pmatrix} 2x + 3y \\ 3x + 4y \end{pmatrix} = \begin{pmatrix} 1 \\ 2 \end{pmatrix} \quad \blacktriangleright \quad \begin{cases} 2x + 3y = 1 \\ 3x + 4y = 2 \end{cases}$$

この行列の式を利用して、連立一次方程式を解いてみましょう。$\begin{pmatrix} 2 & 3 \\ 3 & 4 \end{pmatrix}$ を A、$\begin{pmatrix} x \\ y \end{pmatrix}$ を X、$\begin{pmatrix} 1 \\ 2 \end{pmatrix}$ を B とすれば、

$$AX = B$$

両辺に A^{-1} を掛けると

$$\overset{\displaystyle EX = X}{A^{-1}AX = A^{-1}B \ \Rightarrow \ EX = A^{-1}B \ \Rightarrow \ X = A^{-1}B}$$

$$A^{-1}A = E$$

となります。ここで A の逆行列 A^{-1} は

$$A^{-1} = \frac{1}{ad - bc} \begin{pmatrix} d & -b \\ -c & a \end{pmatrix} = \frac{1}{2 \cdot 4 - 3 \cdot 3} \begin{pmatrix} 4 & -3 \\ -3 & 2 \end{pmatrix} = \begin{pmatrix} -4 & 3 \\ 3 & -2 \end{pmatrix}$$

ですから、$X = A^{-1}B$ より、

$$\overset{X}{\begin{pmatrix} x \\ y \end{pmatrix}} = \overset{A^{-1}}{\begin{pmatrix} -4 & 3 \\ 3 & -2 \end{pmatrix}} \overset{B}{\begin{pmatrix} 1 \\ 2 \end{pmatrix}} = \begin{pmatrix} -4 \cdot 1 + 3 \cdot 2 \\ 3 \cdot 1 + (-2) \cdot 2 \end{pmatrix} = \begin{pmatrix} 2 \\ -1 \end{pmatrix}$$

となり、連立方程式の解 $x = 2$，$y = -1$ が求められます。

例題 次の連立一次方程式の解を求めなさい。

$$\begin{cases} x - y - z = 2 \\ 2x + y + 3z = 1 \\ x + y + 2z = 0 \end{cases}$$

解 上の連立方程式から係数を取り出し、行列の掛け算の式に直すと、次のようになります。

$$\begin{pmatrix} 1 & -1 & -1 \\ 2 & 1 & 3 \\ 1 & 1 & 2 \end{pmatrix} \begin{pmatrix} x \\ y \\ z \end{pmatrix} = \begin{pmatrix} 2 \\ 1 \\ 0 \end{pmatrix}$$

２列分をコピー

$$A = \begin{pmatrix} 1 & -1 & -1 \\ 2 & 1 & 3 \\ 1 & 1 & 2 \end{pmatrix} \text{として、逆行列 } A^{-1} \text{ を求めます。}$$

行列式の計算方法は109ページを参照

$$\det A = 1 \cdot 1 \cdot 2 + (-1) \cdot 3 \cdot 1 + (-1) \cdot 2 \cdot 1$$
$$- (-1) \cdot 1 \cdot 1 - 1 \cdot 3 \cdot 1 - (-1) \cdot 2 \cdot 2$$
$$= 2 - 3 - 2 + 1 - 3 + 4 = -1$$

各要素の符号に注意

$$A^{-1} = \frac{1}{\det A} \begin{pmatrix} C_{11} & C_{21} & C_{31} \\ C_{12} & C_{22} & C_{32} \\ C_{13} & C_{23} & C_{33} \end{pmatrix} = \frac{1}{-1} \begin{pmatrix} +\begin{vmatrix} 1 & 3 \\ 1 & 2 \end{vmatrix} & -\begin{vmatrix} -1 & -1 \\ 1 & 2 \end{vmatrix} & +\begin{vmatrix} -1 & -1 \\ 1 & 3 \end{vmatrix} \\ -\begin{vmatrix} 2 & 3 \\ 1 & 2 \end{vmatrix} & +\begin{vmatrix} 1 & -1 \\ 1 & 2 \end{vmatrix} & -\begin{vmatrix} 1 & -1 \\ 2 & 3 \end{vmatrix} \\ +\begin{vmatrix} 2 & 1 \\ 1 & 1 \end{vmatrix} & -\begin{vmatrix} 1 & -1 \\ 1 & 1 \end{vmatrix} & +\begin{vmatrix} 1 & -1 \\ 2 & 1 \end{vmatrix} \end{pmatrix}$$

余因子 C_{ij} の配置に注意

$$= -\begin{pmatrix} 1\cdot2-3\cdot1 & -(-1)\cdot2+(-1)\cdot1 & (-1)\cdot3-(-1)\cdot1 \\ -2\cdot2+3\cdot1 & 1\cdot2-(-1)\cdot1 & -1\cdot3+(-1)\cdot2 \\ 2\cdot1-1\cdot1 & -1\cdot1+(-1)\cdot1 & 1\cdot1-(-1)\cdot2 \end{pmatrix} = -\begin{pmatrix} -1 & 1 & -2 \\ -1 & 3 & -5 \\ 1 & -2 & 3 \end{pmatrix}$$

$$= \begin{pmatrix} 1 & -1 & 2 \\ 1 & -3 & 5 \\ -1 & 2 & -3 \end{pmatrix}$$

よって、連立方程式の解は次のようになります。

$$\begin{pmatrix} x \\ y \\ z \end{pmatrix} = \begin{pmatrix} 1 & -1 & 2 \\ 1 & -3 & 5 \\ -1 & 2 & -3 \end{pmatrix}\begin{pmatrix} 2 \\ 1 \\ 0 \end{pmatrix} \implies \begin{cases} x = 1\cdot2+(-1)\cdot1+2\cdot0 = 1 \\ y = 1\cdot2+(-3)\cdot1+5\cdot0 = -1 \\ z = (-1)\cdot2+2\cdot1+(-3)\cdot0 = 0 \end{cases}$$

掃き出し法による解き方

連立方程式を解くもう1つの方法は、掃き出し法と呼ばれます。前ページの例題と同じ連立方程式を使って説明しましょう。

$$\begin{cases} x - y - z = 2 \\ 2x + y + 3z = 1 \\ x + y + 2z = 0 \end{cases}$$

上の連立方程式から係数だけを抜き出し、次のように左右に分かれた行列を作ります（このような行列を拡大係数行列といいます）。

$$\begin{pmatrix} 1 & -1 & -1 & : & 2 \\ 2 & 1 & 3 & : & 1 \\ 1 & 1 & 2 & : & 0 \end{pmatrix}$$

└─ 連立方程式の右辺を並べる

掃き出し法は、この行列に**行基本変形**と呼ばれる操作を繰り返し、左側の正方行列を単位行列に変形します。変形が終わると、右側の行列が連立方程式の解になっているというものです。

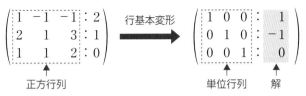

$$\begin{pmatrix} 1 & -1 & -1 & : & 2 \\ 2 & 1 & 3 & : & 1 \\ 1 & 1 & 2 & : & 0 \end{pmatrix} \xrightarrow{\text{行基本変形}} \begin{pmatrix} 1 & 0 & 0 & : & 1 \\ 0 & 1 & 0 & : & -1 \\ 0 & 0 & 1 & : & 0 \end{pmatrix}$$

正方行列   単位行列   解

　なお、行基本変形には次の3つの操作があります（連立方程式の解を求める場合は、①と②だけを使います）。

行基本変形
①ある行をk倍する
②ある行をk倍し、別の行に加える
③2つの行を入れ替える

　では、具体的な手順を説明しましょう。単位行列への変形は、まず1列目を$\begin{pmatrix} 1 \\ 0 \\ 0 \end{pmatrix}$に変形し、次に2列目を$\begin{pmatrix} 0 \\ 1 \\ 0 \end{pmatrix}$に、3列目を$\begin{pmatrix} 0 \\ 0 \\ 1 \end{pmatrix}$にのように、列ごとにすすめていきます。この列では、1列目の1行目ははじめから1になっているので、1列目の2行目を0に変形するところからはじめます。

STEP 1 1行目の2倍を2行目から引く

$$\begin{pmatrix} 1 & -1 & -1 & : & 2 \\ 2-1\cdot2 & 1-(-1)\cdot2 & 3-(-1)\cdot2 & : & 1-2\cdot2 \\ 1 & 1 & 2 & : & 0 \end{pmatrix} \Rightarrow \begin{pmatrix} 1 & -1 & -1 & : & 2 \\ 0 & 3 & 5 & : & -3 \\ 1 & 1 & 2 & : & 0 \end{pmatrix}$$

STEP 2 1行目の1倍を3行目から引く

$$\begin{pmatrix} 1 & -1 & -1 & : & 2 \\ 0 & 3 & 5 & : & -3 \\ 1-1 & 1-(-1) & 2-(-1) & : & 0-2 \end{pmatrix} \Rightarrow \begin{pmatrix} 1 & -1 & -1 & : & 2 \\ 0 & 3 & 5 & : & -3 \\ 0 & 2 & 3 & : & -2 \end{pmatrix}$$

　これで1列目が完成しました。次に、2列目の2行目を1にします。

116

STEP 3 3行目の1倍を2行目から引く

$$\begin{pmatrix} 1 & -1 & -1 & : & 2 \\ 0-0 & 3-2 & 5-3 & : & -3-(-2) \\ 0 & 2 & 3 & : & -2 \end{pmatrix} \Rightarrow \begin{pmatrix} 1 & -1 & -1 & : & 2 \\ 0 & 1 & 2 & : & -1 \\ 0 & 2 & 3 & : & -2 \end{pmatrix}$$

STEP 4 2行目の1倍を1行目に加える

$$\begin{pmatrix} 1+0 & -1+1 & -1+2 & : & 2-1 \\ 0 & 1 & 2 & : & -1 \\ 0 & 2 & 3 & : & -2 \end{pmatrix} \Rightarrow \begin{pmatrix} 1 & 0 & 1 & : & 1 \\ 0 & 1 & 2 & : & -1 \\ 0 & 2 & 3 & : & -2 \end{pmatrix}$$

STEP 5 2行目の2倍を3行目から引く

$$\begin{pmatrix} 1 & 0 & 1 & : & 1 \\ 0 & 1 & 2 & : & -1 \\ 0-0\cdot2 & 2-1\cdot2 & 3-2\cdot2 & : & -2-(-1)\cdot2 \end{pmatrix} \Rightarrow \begin{pmatrix} 1 & 0 & 1 & : & 1 \\ 0 & 1 & 2 & : & -1 \\ 0 & 0 & -1 & : & 0 \end{pmatrix}$$

これで2列目が完成しました。次に、3列目の3行目を1にします。

STEP 6 3行目に−1を掛ける

$$\begin{pmatrix} 1 & 0 & 1 & : & 1 \\ 0 & 1 & 2 & : & -1 \\ 0 & 0 & 1 & : & 0 \end{pmatrix}$$

STEP 7 3行目の1倍を1行目から引く

$$\begin{pmatrix} 1-0 & 0-0 & 1-1 & : & 1-0 \\ 0 & 1 & 2 & : & -1 \\ 0 & 0 & 1 & : & 0 \end{pmatrix} \Rightarrow \begin{pmatrix} 1 & 0 & 0 & : & 1 \\ 0 & 1 & 2 & : & -1 \\ 0 & 0 & 1 & : & 0 \end{pmatrix}$$

STEP 8 3行目の2倍を2行目から引く

解
↓

$$\begin{pmatrix} 1 & 0 & 0 & : & 1 \\ 0-0\cdot2 & 1-0\cdot2 & 2-1\cdot2 & : & -1-0\cdot2 \\ 0 & 0 & 1 & : & 0 \end{pmatrix} \Rightarrow \begin{pmatrix} 1 & 0 & 0 & : & 1 \\ 0 & 1 & 0 & : & -1 \\ 0 & 0 & 1 & : & 0 \end{pmatrix}$$

以上で変形は完了です。行列の4列目が、連立方程式の解になっていることを確認してください。

　掃き出し法は、手順をひとつひとつ追うと手間がかかるように見えますが、4行4列、5行5列といった大きな行列では、いちばん手数の少ない方法です。

▪️ クラメルの公式で解く

　連立方程式を解く3つ目の方法として、クラメルの公式を紹介しておきましょう。次のような3元連立一次方程式を考えます。

$$\begin{cases} a_{11}x + a_{12}y + a_{13}z = b_1 \\ a_{21}x + a_{22}y + a_{23}z = b_2 \\ a_{31}x + a_{32}y + a_{33}z = b_3 \end{cases}$$

　上記の連立方程式から、次のような4つの行列式を考えます。

$$\det A = \begin{vmatrix} a_{11} & a_{12} & a_{13} \\ a_{21} & a_{22} & a_{23} \\ a_{31} & a_{32} & a_{33} \end{vmatrix}$$

$$D_x = \begin{vmatrix} b_1 & a_{12} & a_{13} \\ b_2 & a_{22} & a_{23} \\ b_3 & a_{32} & a_{33} \end{vmatrix}, \quad D_y = \begin{vmatrix} a_{11} & b_1 & a_{13} \\ a_{21} & b_2 & a_{23} \\ a_{31} & b_3 & a_{33} \end{vmatrix}, \quad D_z = \begin{vmatrix} a_{11} & a_{12} & b_1 \\ a_{21} & a_{22} & b_2 \\ a_{31} & a_{32} & b_3 \end{vmatrix}$$

　ここで行列式 D_x は、$\det A$ の1列目を b_1、b_2、b_3 に置き換えたものです。同様に行列式 D_y は $\det A$ の2列目を、行列式 D_z は $\det A$ の3列目を b_1、b_2、b_3 に置き換えたものです。

　すると、連立方程式の解は次のように求めることができます。

重要 クラメルの公式

$$x = \frac{D_x}{\det A}, \quad y = \frac{D_y}{\det A}, \quad z = \frac{D_z}{\det A}$$

　例として、114ページの例題の連立方程式をクラメルの公式を使って解いてみましょう。

$$\begin{cases} x - y - z = 2 \\ 2x + y + 3z = 1 \\ x + y + 2z = 0 \end{cases}$$

$\det A$ は 114 ページですでに求めたとおり、$\det A = -1$ です。また、D_x、D_y、D_z はそれぞれ次のようになります。

$$D_x = \begin{vmatrix} 2 & -1 & -1 \\ 1 & 1 & 3 \\ 0 & 1 & 2 \end{vmatrix} = 2 \cdot 1 \cdot 2 + (-1) \cdot 3 \cdot 0 + (-1) \cdot 1 \cdot 1 - (-1) \cdot 1 \cdot 0 - 2 \cdot 3 \cdot 1 - (-1) \cdot 1 \cdot 2$$
$$= 4 + 0 - 1 - 0 - 6 + 2 = -1$$

$$D_y = \begin{vmatrix} 1 & 2 & -1 \\ 2 & 1 & 3 \\ 1 & 0 & 2 \end{vmatrix} = 1 \cdot 1 \cdot 2 + 2 \cdot 3 \cdot 1 + (-1) \cdot 2 \cdot 0 - (-1) \cdot 1 \cdot 1 - 1 \cdot 3 \cdot 0 - 2 \cdot 2 \cdot 2$$
$$= 2 + 6 + 0 + 1 - 0 - 8 = 1$$

$$D_z = \begin{vmatrix} 1 & -1 & 2 \\ 2 & 1 & 1 \\ 1 & 1 & 0 \end{vmatrix} = 1 \cdot 1 \cdot 0 + (-1) \cdot 1 \cdot 1 + 2 \cdot 2 \cdot 1 - 2 \cdot 1 \cdot 1 - 1 \cdot 1 \cdot 1 - (-1) \cdot 2 \cdot 0$$
$$= 0 - 1 + 4 - 2 - 1 - 0 = 0$$

クラメルの公式より、連立方程式の解は次のように求められます。

$$x = \frac{-1}{-1} = 1, \quad y = \frac{1}{-1} = -1, \quad z = \frac{0}{-1} = 0$$

練習問題 3 （答えは 147 ページ）

次の連立一次方程式を解きなさい。

(1) $\begin{cases} 5x + 3y = 3 \\ 3x + 2y = 4 \end{cases}$ (2) $\begin{cases} 2x + 3y + 5z = 5 \\ 3x - 2y - 3z = 7 \\ x + y + 2z = 4 \end{cases}$

04 ベクトルとはなにか

この節の概要

▶ ベクトルとは、大きさと方向をもつ量のことです。

▶ ベクトルの足し算や引き算、成分表示といった基本的な性質について説明します。

■■ ベクトルとは

　物理学で扱う量は、スカラーとベクトルの2種類に大きく分かれます。スカラーとは「大きさだけをもつ量」で、ベクトルとは「大きさと方向の両方をもつ量」です。たとえば長さ、質量、時間などは、大きさだけで方向がないのでスカラーです。一方、速度、加速度、力、磁場などは、大きさと方向があるベクトルになります。

　ベクトルは、下図のような矢印で表します。矢印の長さがベクトルの大きさ、矢印の向きがベクトルの方向を表します。

　文字式などでベクトルを表すときは、$\vec{A}$、$\vec{B}$、$\vec{C}$ のように英字の上に矢印をつけたり、$\dot{A}$、$\dot{B}$、$\dot{C}$ のようにドットをつけてスカラーと区別します。また、本によっては A、B、C のような太字の英字でベクトルを表す場合があります。

　ベクトルの大きさのみを表す場合は、A、B、C のように英字のみにするか、$|\vec{A}|$、$|\vec{B}|$、$|\vec{C}|$ のように絶対値の記号をつけます。

$$\text{ベクトルの記号：} \quad \vec{A}、\vec{B}、\vec{C} \qquad \dot{A}、\dot{B}、\dot{C} \qquad \boldsymbol{A、B、C}$$
$$\text{ベクトルの大きさ：} A、B、C \qquad |\vec{A}|、|\vec{B}|、|\vec{C}|$$

ベクトルの基本性質

①等しいベクトル

　ベクトル $\vec{A}$、$\vec{B}$ が、同じ大きさと方向をもつとき、2つのベクトルは「等しい」といいます（位置は違っていてもよい）。

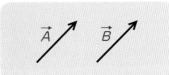

②マイナスのベクトル

　ベクトル $\vec{A}$ と大きさが同じで方向が反対のベクトルを、$-\vec{A}$ とします。

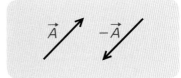

③ベクトルの和

　2つのベクトルの和 $\vec{A} + \vec{B}$ は、ベクトル $\vec{A}$ の終点にベクトル $\vec{B}$ の始点をつなぎ、$\vec{A}$ の始点と $\vec{B}$ の終点を結びます。ベクトル $\vec{A} + \vec{B}$ は、$\vec{A}$ と $\vec{B}$ を2辺とする平行四辺形の対角線に相当します。

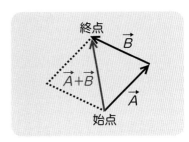

④ベクトルの差

　2つのベクトルの差 $\vec{A} - \vec{B}$ は、ベクトル $\vec{A}$ とベクトル $-\vec{B}$ との和になります。

$$\vec{A} - \vec{B} = \vec{A} + (-\vec{B})$$

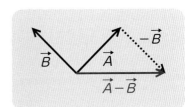

⑤ベクトルのスカラー倍

　ベクトル$\vec{A}$とスカラーaとの積$a\vec{A}$は、大きさがベクトル$\vec{A}$の$|a|$倍のベクトルとします。$a\vec{A}$の方向は、$a>0$ならベクトル$\vec{A}$と同じ、$a<0$ならベクトル$\vec{A}$の逆向きです。なお、$0 \cdot \vec{A}=\vec{0}$（大きさ0、方向なしのベクトル）とします。

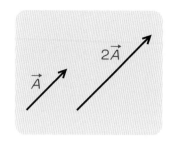

　ベクトル演算では、次の演算法則が成り立ちます。

重要　ベクトル演算

交換法則：$\vec{A}+\vec{B}=\vec{B}+\vec{A}$

結合法則：$(\vec{A}+\vec{B})+\vec{C}=\vec{A}+(\vec{B}+\vec{C})$

分配法則：$(a+b)\vec{A}=a\vec{A}+b\vec{A}$、$a(\vec{A}+\vec{B})=a\vec{A}+a\vec{B}$

■ 位置ベクトルと成分表示

　xy平面上に点$P(x, y)$があるとき、原点Oを始点、点Pを終点とするベクトル$\vec{p}=\overrightarrow{OP}$を、点Pの位置ベクトルといいます。

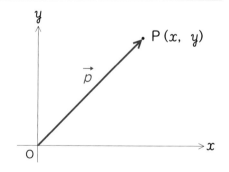

　平面上の任意の点に対し、対応する位置ベクトルを1つだけ定めることができます。逆に、どのようなベクトルも、始点を原点に移動することで、終点の座標が1つ決まります。

　ベクトル$\vec{a}$の始点を原点に固定したときの終点の座標が(a_1, a_2)であるとき、この座標(a_1, a_2)をベクトル$\vec{a}$の成分表示といい、

$$\vec{a} = (a_1, \ a_2)$$

で表します。また、a_1 を $\vec{a}$ の x 成分、a_2 を $\vec{a}$ の y 成分といいます。

ベクトルを成分表示で表すと、ベクトル演算は次のように簡単になります。

$\vec{a} = (a_1, \ a_2)$、$\vec{b} = (b_1, \ b_2)$ のとき、$\vec{a} \pm \vec{b} = (a_1 \pm b_1, \ a_2 \pm b_2)$

$$k\vec{a} = (ka_1, \ ka_2)$$

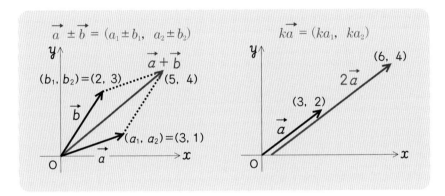

また、始点が点 P (x_1, y_1)、終点が点 Q (x_2, y_2) にあるベクトル $\overrightarrow{PQ}$ の成分表示は、点 P の位置ベクトルを $\vec{p}$、点 Q の位置ベクトルを $\vec{q}$ とすれば、

$$\vec{q} - \vec{p} = (x_2 - x_1, y_2 - y_1)$$

で求めることができます。

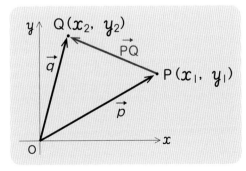

単位ベクトル

　大きさ1のベクトルを単位ベクトルといいます。ベクトル $\vec{A}$ と方向が同じ単位ベクトルを $\vec{e}$ とすると、

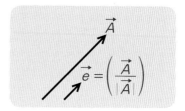

$$\vec{e} = \frac{\vec{A}}{|\vec{A}|}$$

が成り立ちます。

　x 軸方向の単位ベクトルを $\vec{i}$、y 軸方向の単位ベクトルを $\vec{j}$ とします。すると任意のベクトル $\vec{A} = (a_1,\ a_2)$ は、

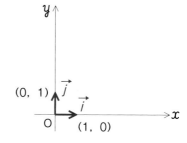

$$\vec{A} = a_1\vec{i} + a_2\vec{j}$$

と表すことができます。また、$\vec{A}$ の大きさ $|\vec{A}|$ は、三平方の定理より、

$$|\vec{A}| = \sqrt{a_1{}^2 + a_2{}^2}$$

となります。

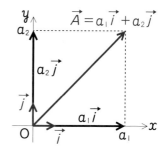

　以上は2次元の場合ですが、3次元でも同じように考えることができます。次のような xyz 座標において、ベクトル $\vec{A}$ の始点を原点Oに置き、終点の座標を $(a_1,\ a_2,\ a_3)$ とすると、

$$\vec{A} = (a_1, a_2, a_3)$$ ◀ a_1 を x 成分、a_2 を y 成分、a_3 を z 成分という

また、x軸、y軸、z軸方向の
単位ベクトルをそれぞれ$\vec{i}$、$\vec{j}$、
$\vec{k}$とすれば、

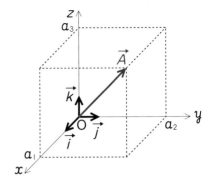

$$\vec{A} = a_1\vec{i} + a_2\vec{j} + a_3\vec{k}$$
$$|\vec{A}| = \sqrt{a_1{}^2 + a_2{}^2 + a_3{}^2}$$

となります。

■ 線形結合と線形独立

互いに平行でないベクトル$\vec{x}$、$\vec{y}$を用意し、次のように足し算します。

$$a\vec{x} + b\vec{y} \quad （a、bはスカラー量）$$

a、bさえ適切に選べば、平面上のどんなベクトルでも、この形式の
足し算で表すことができます。また、1つのベクトルを表すaとbの組
合せは1つしかありません。このような足し算を**線形結合**（1次結合）
といいます。

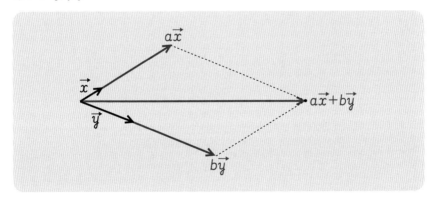

ここでベクトル$\vec{x}$と$\vec{y}$は「互いに平行でない」ことが条件です。こ
のことをもう少し数学的に考えてみましょう。

互いに平行でないベクトル$\vec{x}$と$\vec{y}$があるとき、大きさが0のベクト
ル（零ベクトル）を$a\vec{x} + b\vec{y}$の形式で表すにはどうすればよいでしょ

うか？　$a\vec{x} + b\vec{y} = 0$ となるのは、$a = b = 0$ の場合に限られます。以上から

$$\vec{ax} + \vec{by} = 0 \quad ならば \quad a = b = 0$$

が成り立つなら、x と y は「互いに平行でない」と考えられます。このような条件をみたすベクトル $\vec{x}$ と $\vec{y}$ を、互いに線形独立（1 次独立）であるといいます。

　また、a、b の一方または両方が 0 でなくても $a\vec{x} + b\vec{y} = 0$ が成り立つ場合、$\vec{x}$ と $\vec{y}$ は線形従属（1 次従属）であるといいます。

　いま定義した用語を使うと、先ほどの説明は次のように言い換えることができます。

互いに平行でない

平面上の任意のベクトルは、互いに線形独立な 2 本の
ベクトルの線形結合によって表すことができる。

　単位ベクトル $\vec{i}$ と $\vec{j}$ は互いに線形独立なので、xy 平面上の任意のベクトルは $a\vec{i} + b\vec{j}$ で表すことができます。

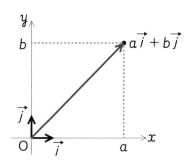

05 内積と外積

この節の概要

▶ ベクトル同士の掛け算には、内積（スカラー積）と外積（ベクトル積）の2種類があります。

▶ 内積と外積の計算は、この後の解説にもよく出てくるので、しっかり理解してください。

■ 内積（スカラー積）

　図のように、2つのベクトルの始点を重ね、そのなす角を θ とします。ベクトル $\vec{B}$ の真上から、ベクトル $\vec{A}$ に垂直な光を当てると、$\vec{A}$ の上に $\vec{B}$ の影が重なります。

　このとき、「$\vec{A}$ の長さと、$\vec{B}$ の影の長さの積」を内積（スカラー積）といい、記号 $\vec{A} \cdot \vec{B}$ で表します。

> この演算記号「・」は省略できません。

$\vec{B}$ の影の長さは $|\vec{B}| \cos\theta$ と表せるので、次の式が成り立ちます。

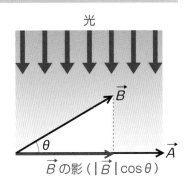

光

$\vec{B}$ の影（$|\vec{B}| \cos\theta$）

$$\vec{A} \cdot \vec{B} = |\vec{A}||\vec{B}| \cos\theta$$

内積の結果は、ベクトルではなくスカラー量になることに注意。

例：右図のベクトル $\vec{A}\cdot\vec{B}$ について、

$$\vec{A}\cdot\vec{B}=4\cdot3\cdot\boxed{\cos\frac{\pi}{3}}=4\cdot3\cdot\frac{1}{2}=6$$

$$\cos60°=\frac{1}{2}$$

内積については、次のような性質が成り立ちます。

重要 内積の性質

1 交換法則：$\vec{A}\cdot\vec{B}=\vec{B}\cdot\vec{A}$

2 分配法則：$\vec{A}\cdot(\vec{B}+\vec{C})=\vec{A}\cdot\vec{B}+\vec{A}\cdot\vec{C}$

3 a がスカラーのとき、$a(\vec{A}\cdot\vec{B})=a\vec{A}\cdot\vec{B}=\vec{A}\cdot a\vec{B}$

4 $\vec{A}$、$\vec{B}$ が直交するとき $(\theta=\frac{\pi}{2})$、$\vec{A}\cdot\vec{B}=0$

5 $\vec{A}\cdot\vec{A}=|\vec{A}|^2$

上記の性質から、$\vec{A}=(a_1,\ a_2)$、$\vec{B}=(b_1,\ b_2)$ のとき、

$$\vec{A}\cdot\vec{B}=(a_1\vec{i}+a_2\vec{j})\cdot(b_1\vec{i}+b_2\vec{j})\qquad◀単位ベクトルに分解$$

5より、$\vec{i}\cdot\vec{i}=|\vec{i}|^2$、$\vec{j}\cdot\vec{j}=|\vec{j}|^2$

$$=a_1b_1\vec{i}\cdot\vec{i}+a_1b_2\vec{i}\cdot\vec{j}+a_2b_1\vec{j}\cdot\vec{i}+a_2b_2\vec{j}\cdot\vec{j}\qquad◀\textbf{2}分配法則$$

単位ベクトル $\vec{i}$、$\vec{j}$ は互いに直交するので、**4**より、$\vec{i}\cdot\vec{j}=\vec{j}\cdot\vec{i}=0$

$$=a_1b_1|\vec{i}|^2+a_2b_2|\vec{j}|^2\qquad◀単位ベクトル|\vec{i}|=1、|\vec{j}|=1$$

$$=a_1b_1+a_2b_2$$

以上は2次元の場合ですが、3次元の場合も同様に計算すると、

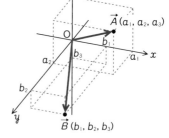

$$\vec{A}\cdot\vec{B}=a_1b_1+a_2b_2+a_3b_3$$

となります。

例題1 $\vec{A} = (3,\ 2,\ 0)$、$\vec{B} = (1,\ 5,\ 3)$ のとき、$\vec{A} \cdot \vec{B}$ を求めよ。

解 $\vec{A} \cdot \vec{B} = a_1 b_1 + a_2 b_2 + a_3 b_3$ より、

$$\vec{A} \cdot \vec{B} = 3 \cdot 1 + 2 \cdot 5 + 0 \cdot 3 = 3 + 10 + 0 = 13 \quad \cdots（答）$$

内積と仕事

　物体を押したり引っ張ったりして力を加えると、その物体が移動します。物体に作用した力 × 移動した距離を仕事といいます。

$$仕事 \quad W = \vec{F}s \quad ※\vec{F}：物体に作用した力　s：移動距離$$

　さて、下図のような直線のレール上の列車に、斜め方向の力 $\vec{F}$ を加えたところ、列車はレール上を x〔m〕移動したとします。

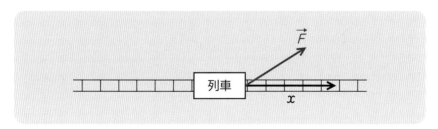

　列車はレールの方向にしか移動しないため、加えられた力のうち、実際に作用したのはレールと同じ方向の成分だけです。この力の大きさは、右図より $|\vec{F}|\cos\theta$ と表すことができます。したがって、列車に対してなされた仕事 W は、

$$W = |\vec{F}|\,|\vec{x}|\cos\theta$$

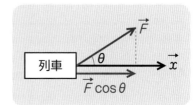

となり、ベクトル $\vec{F}$ と $\vec{x}$ の内積（スカラー積）になります。

このように、ベクトルの内積は仕事を表すときによく使います。

■ 外積（ベクトル積）

ベクトル同士のもうひとつの掛け算が**外積**（ベクトル積）です。内積 $\vec{A} \cdot \vec{B}$ はスカラー量ですが、外積は、大きさと方向をもつベクトル量になります。「×」記号を使うのでクロス積ともいう

ベクトル $\vec{A}$、$\vec{B}$ の外積（ベクトル積）を $\vec{A} \times \vec{B}$ と表します。$\vec{A}$、$\vec{B}$ の始点を重ね、そのなす角を θ とすると、外積 $\vec{A} \times \vec{B}$ の方向は、右ねじを $\vec{A}$ かつ $\vec{B}$ の方向に回したとき、ねじの進む方向になります。このため、外積は3次元ベクトルでしか表せません。

また、$\vec{A} \times \vec{B}$ の大きさは、$\vec{A}$、$\vec{B}$ を2辺とする平行四辺形の面積になります。この平行四辺形の底辺を $|\vec{A}|$ とすると、高さは $|\vec{B}| \sin\theta$ と書けるので、ベクトル $\vec{A} \times \vec{B}$ の大きさ＝平行四辺形の面積は、次のように表せます。

$$|\vec{A} \times \vec{B}| = \underset{\text{底辺}}{|\vec{A}|}\ \underset{\text{高さ}}{|\vec{B}| \sin\theta}$$

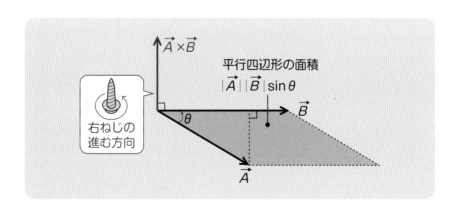

外積については、次のような性質が成り立ちます。

重要 外積の性質

1 $\vec{A} \times \vec{B} = -\vec{B} \times \vec{A}$ ◀ 交換法則は成り立たない

2 $\vec{A} \times (\vec{B} + \vec{C}) = \vec{A} \times \vec{B} + \vec{A} \times \vec{C}$、
$(\vec{A} + \vec{B}) \times \vec{C} = \vec{A} \times \vec{C} + \vec{B} \times \vec{C}$

3 a がスカラーのとき、$a(\vec{A} \times \vec{B}) = a\vec{A} \times \vec{B} = \vec{A} \times a\vec{B}$

4 $\vec{i} \times \vec{i} = \vec{j} \times \vec{j} = \vec{k} \times \vec{k} = 0$、$\vec{i} \times \vec{j} = \vec{k}$、$\vec{j} \times \vec{k} = \vec{i}$、$\vec{k} \times \vec{i} = \vec{j}$

また、$\vec{A} = (a_1, a_2, a_3)$、$\vec{B} = (b_1, b_2, b_3)$ とすると、外積 $\vec{A} \times \vec{B}$ は、次のように求めることができます。

$$
\begin{aligned}
\vec{A} \times \vec{B} &= (a_1 \vec{i} + a_2 \vec{j} + a_3 \vec{k}) \times \vec{B} \\
&= a_1 \vec{i} \times \vec{B} + a_2 \vec{j} \times \vec{B} + a_3 \vec{k} \times \vec{B} \\
&= a_1 \vec{i} \times b_1 \vec{i} + a_1 \vec{i} \times b_2 \vec{j} + a_1 \vec{i} \times b_3 \vec{k} \\
&\quad + a_2 \vec{j} \times b_1 \vec{i} + a_2 \vec{j} \times b_2 \vec{j} + a_2 \vec{j} \times b_3 \vec{k} \\
&\quad + a_3 \vec{k} \times b_1 \vec{i} + a_3 \vec{k} \times b_2 \vec{j} + a_3 \vec{k} \times b_3 \vec{k} \\
&= a_1 b_1 (\vec{i} \times \vec{i}) + a_1 b_2 (\vec{i} \times \vec{j}) + a_1 b_3 (\vec{i} \times \vec{k}) \\
&\quad + a_2 b_1 (\vec{j} \times \vec{i}) + a_2 b_2 (\vec{j} \times \vec{j}) + a_2 b_3 (\vec{j} \times \vec{k}) \\
&\quad + a_3 b_1 (\vec{k} \times \vec{i}) + a_3 b_2 (\vec{k} \times \vec{j}) + a_3 b_3 (\vec{k} \times \vec{k}) \\
&= a_1 b_2 \vec{k} + a_1 b_3 (-\vec{j}) + a_2 b_1 (-\vec{k}) + a_2 b_3 \vec{i} + a_3 b_1 \vec{j} + a_3 b_2 (-\vec{i}) \\
&= (a_2 b_3 - a_3 b_2) \vec{i} + (a_3 b_1 - a_1 b_3) \vec{j} + (a_1 b_2 - a_2 b_1) \vec{k}
\end{aligned}
$$

4 より

$\vec{i} \times \vec{k} = -\vec{j}$

この式は、110 ページで説明した行列式を使えば、次のように簡潔に書けます。

重要 外積の計算

$$
\vec{A} \times \vec{B} = \begin{vmatrix} a_2 & a_3 \\ b_2 & b_3 \end{vmatrix} \vec{i} + \begin{vmatrix} a_3 & a_1 \\ b_3 & b_1 \end{vmatrix} \vec{j} + \begin{vmatrix} a_1 & a_2 \\ b_1 & b_2 \end{vmatrix} \vec{k}
$$

$$
\begin{array}{ccc}
\begin{pmatrix} a_1 & a_2 & a_3 \\ b_1 & b_2 & b_3 \end{pmatrix} & \begin{pmatrix} a_1 & a_2 & a_3 \\ b_1 & b_2 & b_3 \end{pmatrix} & \begin{pmatrix} a_1 & a_2 & a_3 \\ b_1 & b_2 & b_3 \end{pmatrix} \\
a_2 b_3 - a_3 b_2 & a_3 b_1 - a_1 b_3 & a_1 b_2 - a_2 b_1
\end{array}
$$

例題2 $\vec{A} = (5, 0, 0)$、$\vec{B}$ $(2, 3, 0)$ のとき、$\vec{A} \times \vec{B}$ を求めよ。

解 $\vec{A} \times \vec{B} = (0 \cdot 0 - 0 \cdot 3)\vec{i} + (0 \cdot 2 - 5 \cdot 0)\vec{j} + (5 \cdot 3 - 0 \cdot 2)\vec{k}$

$= 0\vec{i} - 0\vec{j} + 15\vec{k}$

$= (0, 0, 15)$ … (答)

$\vec{A} = (5, 0, 0) = (a_1, a_2, a_3)$
$\vec{B} = (2, 3, 0) = (b_1, b_2, b_3)$
行列式の計算により、
$a_2 b_3 - a_3 b_2 = 0$
$a_3 b_1 - a_1 b_3 = 0$
$a_1 b_2 - a_2 b_1 = 15$

■ ベクトルのなす角

2つのベクトル $\vec{A}$、$\vec{B}$ があり、そのなす角を θ とすると、内積の公式
$\vec{A} \cdot \vec{B} = |\vec{A}| |\vec{B}| \cos\theta$ より、

$$\cos\theta = \frac{\vec{A} \cdot \vec{B}}{|\vec{A}||\vec{B}|}$$

が成り立ちます。

① 2次元ベクトルの場合

$\vec{A} = (a_1, a_2)$、$\vec{B} = (b_1, b_2)$ とすると、$\vec{A} \cdot \vec{B} = a_1 b_1 + a_2 b_2$、$|\vec{A}| = \sqrt{a_1^2 + a_2^2}$ 、$|\vec{B}| = \sqrt{b_1^2 + b_2^2}$ ですから、

$$\cos\theta = \frac{a_1 b_1 + a_2 b_2}{\sqrt{a_1^2 + a_2^2}\sqrt{b_1^2 + b_2^2}}$$

② 3次元ベクトルの場合

$\vec{A} = (a_1, a_2, a_3)$、$\vec{B} = (b_1, b_2, b_3)$ とすると、

$$\cos\theta = \frac{a_1b_1 + a_2b_2 + a_3b_3}{\sqrt{a_1{}^2 + a_2{}^2 + a_3{}^2}\ \sqrt{b_1{}^2 + b_2{}^2 + b_3{}^2}}$$

となります。

例題3 $\vec{A} = (3,\ 2\sqrt{3},\ 2)$、$\vec{B}\ (3\sqrt{3},\ 3,\ 0)$ のとき、2つのベクトルのなす角 θ を求めよ。

解

$$\cos\theta = \frac{\vec{A}\cdot\vec{B}}{|\vec{A}||\vec{B}|} = \frac{3\cdot 3\sqrt{3} + 2\sqrt{3}\cdot 3 + 2\cdot 0}{\sqrt{3^2 + (2\sqrt{3})^2 + 2^2}\ \sqrt{(3\sqrt{3})^2 + 3^2 + 0^2}}$$

$$= \frac{9\sqrt{3} + 6\sqrt{3} + 0}{\sqrt{9 + 12 + 4}\ \sqrt{27 + 9 + 0}} = \frac{15\sqrt{3}}{\sqrt{25}\ \sqrt{36}} = \frac{15\sqrt{3}}{5\cdot 6} = \frac{\sqrt{3}}{2}$$

$$\therefore \theta = \frac{\pi}{6}\quad \cdots\text{（答）}$$

練習問題4 （答えは 148 ページ）

xyz 空間において、下図のような平行四辺形 ABCD を考える。点 A, B, D の座標がそれぞれ

　A $(1, 2, 2)$　　B $(3, 5, 4)$　　D $(-1, 5, 6)$

であるとき、(1) 点 C の座標、(2) 平行四辺形 ABCD の面積を求めなさい。

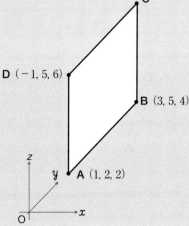

06 複素数とはなにか

この節の概要

▶ 実数と虚数を組み合わせた数を複素数といいます。複素数の基本的な計算を理解しましょう。

▶ 複素数を極形式で表す方法について説明します。

■ 複素数とは

実数は、2乗するとかならず正の数になります。2乗すると負になる実数は存在しません。したがって、「負の数の平方根」も存在しません。

$$\left(\sqrt{-a}\right)^2 = -a$$

負の数の平方根（2乗すると負の数になる）

しかし、たとえ実数としては存在しなくても、そのような数を想像することはできます。「2乗すると負の数になる数」を虚数といいます。とくに「2乗すると−1になる数」を虚数単位といい、記号 i で表します。

imaginary number（虚数）より

$i = \sqrt{-1}$ ◀ 虚数単位

$i^2 = -1$ ◀ 虚数単位を2乗すると−1になる

$\sqrt{-1}$ 以外の虚数は、虚数単位 i に実数を掛け、次のように表します。

例： $\sqrt{-3} = \sqrt{-1} \cdot \sqrt{3} = i\sqrt{3}$ ◀ 2乗すると−3になる

$\sqrt{-4} = \sqrt{-1} \cdot \sqrt{4} = i2$ ◀ 2乗すると−4になる

さらに、実数と虚数を組み合せて、

$$3 + i2$$

のような数を考えることもできます。このような数を複素数といいます。

第3章 行列とベクトル

$$a + ib \quad (a, b は実数)$$

実部　虚部

複素数 $z = a + ib$ の a を実部、b を虚部といい、それぞれ

$$a = Re\,z, \quad b = Im\,z$$

のように表します。

複素数の計算

複素数の足し算・引き算は、実部同士と虚部同士を計算します。

和：$(a + ib) + (c + id) = (a + c) + i\,(b + d)$
差：$(a + ib) - (c + id) = (a - c) + i\,(b - d)$

また、複素数の掛け算・割り算では、途中に i^2 が出てくるので、これを -1 に置き換えます。

積：$(a + ib)\,(c + id) = ac + iad + ibc + i^2bd$
　　$= (ac - bd) + i\,(ad + bc)$

商：$\dfrac{a + ib}{c + id} = \dfrac{(a + ib)\,(c - id)}{(c + id)\,(c - id)}$　◀ 分母と分子に $(c - id)$ を掛ける

　　$= \dfrac{ac - iad + ibc - i^2bd}{c^2 - i^2d^2} = \dfrac{(ac + bd) + i\,(bc - ad)}{c^2 + d^2}$

135

複素数を極形式で表す

複素数 $z = a + ib$ は、実部 a を x 座標、虚部 b を y 座標とすれば、xy 平面上の点 (a, b) に対応させることができます。この平面を**複素平面**（ガウス平面）といいます。複素平面の x 軸を**実軸**、y 軸を**虚軸**といいます。

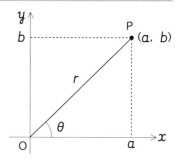

また、原点 O と点 P との距離を r、直線 OP と x 軸のなす角を θ とすると、点 P の座標 (a, b) はそれぞれ

$$a = r\cos\theta, \ b = r\sin\theta$$

と表せます。したがって複素数 $z = a + ib$ は、

$$\cos\theta = \frac{a}{r} \ \rightarrow \ a = r\cos\theta$$
$$\sin\theta = \frac{b}{r} \ \rightarrow \ b = r\sin\theta$$

$$z = r\cos\theta + ir\sin\theta = r\,(\cos\theta + i\sin\theta)$$

と書けます。この表記法を**極形式**といい、r を z の**絶対値**、θ を**偏角**（$\arg z$）といいます。

r の大きさは、三平方の定理より

$$r = \sqrt{a^2 + b^2}$$

で求められます。また、偏角 θ は、$\tan\theta = \dfrac{b}{a}$ より、

$$\arg z = \theta = \tan^{-1}\frac{b}{a}$$

$\tan^{-1}x$
$\tan\theta$ の値が x となるような角度 θ を表す。

と書きます。

重要 極形式

$$z = r\,(\cos\theta + i\sin\theta)$$
$$|z| = r = \sqrt{a^2 + b^2} \ , \ \ \theta = \tan^{-1}\frac{b}{a}$$

例題 複素数 $z = 2\sqrt{3} + i2$ を極形式で表しなさい。

解 複素数を極形式で表すには、絶対値と偏角を求める必要があります。

絶対値 $|z|$ は、三平方の定理より、

$$|z| = \sqrt{(2\sqrt{3})^2 + 2^2} = \sqrt{16} = 4$$

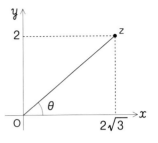

また、偏角 θ は、$\tan\theta = 1/\sqrt{3}$ となるような θ を求めます。図より、$\theta = 30° = \pi/6$ のとき、$\tan\theta = 1/\sqrt{3}$ になります。

また、θ は 1 回転させると元に戻るので、$\pi/6 + 2\pi$ や $\pi/6 + 4\pi$、…などでも、$\tan\theta = 1/\sqrt{3}$ が成り立ちます。これらをまとめると、偏角 θ は、

$$\theta = \frac{\pi}{6} + 2n\pi \quad (n = 0,\ \pm 1,\ \pm 2,\ \cdots)$$

以上から、$z = 2\sqrt{3} + i2$ の極形式は、

$$z = 4\ \left(\cos\left(\frac{\pi}{6} + 2n\pi\right) + i\sin\left(\frac{\pi}{6} + 2n\pi\right)\right) \quad \cdots \text{(答)}$$

となります。

■■ ド・モアブルの定理

絶対値が 1 の複素数 $z = \cos\theta + i\sin\theta$ を考え、これを 2 乗すると、

$$z^2 = (\cos\theta + i\sin\theta)^2$$
$$= \underline{\cos^2\theta} + i2\sin\theta\cos\theta - \sin^2\theta \quad \blacktriangleleft \cos^2\theta = 1 - \sin^2\theta$$
$$= \boxed{1 - \sin^2\theta} + i2\sin\theta\cos\theta - \sin^2\theta$$
$$= (1 - 2\sin^2\theta) + i\underline{2\sin\theta\cos\theta} \quad \blacktriangleleft \text{倍角の公式}$$
$$= \cos 2\theta + i\sin 2\theta$$

となります。また、

倍角の公式（32 ページ）

$\cos 2\theta = 1 - 2\sin^2\theta$

$\sin 2\theta = 2\sin\theta\cos\theta$

$$z^3 = (\cos\theta + i\sin\theta)^2 \, (\cos\theta + i\sin\theta) = (\cos2\theta + i\sin2\theta)\,(\cos\theta + i\sin\theta)$$

$$= (\cos2\theta\cos\theta - \sin2\theta\sin\theta) + i\,(\sin2\theta\cos\theta + \cos2\theta\sin\theta)$$

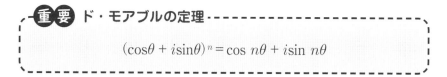

$$= \frac{\cos3\theta + \cos\theta}{2} - \frac{\cos\theta - \cos3\theta}{2} + i\left(\frac{\sin3\theta + \sin\theta}{2} + \frac{\sin3\theta - \sin\theta}{2}\right)$$

積を和にする公式（33ページ）

$$= \cos3\theta + i\sin3\theta$$

以下同様に、

$$(\cos\theta + i\sin\theta)^n = \cos n\theta + i\sin n\theta$$

が成り立ちます。この公式をド・モアブルの定理といいます。

重要 ド・モアブルの定理

$$(\cos\theta + i\sin\theta)^n = \cos n\theta + i\sin n\theta$$

共役複素数

複素数 $z = a + ib$ に対し、虚部の符号を反転した $a - ib$ を z の共役複素数といいます。また、z の共役複素数を z^* と書きます。

$$z = a + ib$$
$$z^* = a - ib$$

右図のように、z と z^* とは、複素平面上で実軸に対して対称となります。

極形式で表す場合、$z = r\,(\cos\theta + i\sin\theta)$ の共役複素数は、

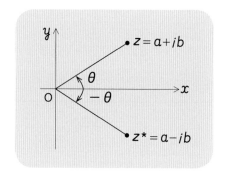

$$z^* = r\,(\cos(-\theta) + i\sin(-\theta)) = r\,(\cos\theta - i\sin\theta)$$

また、z と z^* との積は、

$$zz^* = (a + ib)(a - ib) = a^2 - i^2 b = a^2 + b^2 = |z|^2$$

のように、z の絶対値の 2 乗に等しくなります。この性質は、z の絶対値を表すときに役立ちます。

$$|z| = \sqrt{zz^*}$$

複素関数

複素数 z を変数にとる関数を、複素関数といいます。

例：$\sin z$，$\cos z$　◀三角関数の複素関数

　　e^z　◀指数関数の複素関数

　　$\log z$　◀対数関数の複素関数

　一般に、複素関数 $w = f(z)$ では、入力（独立変数）に対する出力（従属変数）w も複素数です。$z = x + iy$ とすれば、複素関数 $f(z)$ の出力は、

$$w = f(z) = \underset{\text{実部}}{\underline{u(x, y)}} + \underset{\text{虚部}}{\underline{iv(x, y)}}$$

のような 2 つの 2 変数関数の組合せになります。

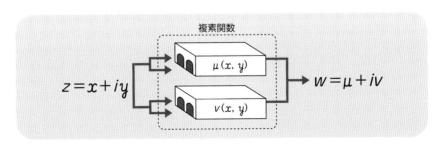

　複素関数の性質や、複素関数の微分・積分については、複素関数論と呼ばれる分野で扱います。

07 オイラーの公式

この節の概要

▶ オイラーの公式については何種類かの証明方法がありますが、ここではもっとも一般的なべき級数を使った証明を紹介します。

▶ 公式を暗記するだけでもよいのですが、なぜ成り立つのか理解することも大切です。

■ 複素数を指数形式で表す

ここで、重要な公式を導入しましょう。次のような公式です。

$$e^{i\theta} = \cos\theta + i\sin\theta$$

└─ ネイピア数eの $i\theta$ 乗

この公式をオイラーの公式といいます。証明は後ほど行うので、しばらくはこの公式が成り立つものとして話をすすめます。

極形式の複素数 $z = r(\cos\theta + i\sin\theta)$ は、オイラーの公式を使うと次のように簡潔に表せます。

$$z = r(\cos\theta + i\sin\theta) = re^{i\theta}$$

複素数をこの形式で表すと、いくつかの計算が非常に簡単になります。たとえば、2つの複素数 $z_1 = r_1(\cos\theta_1 + i\sin\theta_1)$ と $z_2 = r_2(\cos\theta_2 + i\sin\theta_2)$ の掛け算・割り算は、次のようになります。

積： $z_1z_2 = r_1e^{i\theta_1} \cdot r_2e^{i\theta_2} = r_1r_2e^{i(\theta_1+\theta_2)}$ ◀ 指数法則

$= r_1r_2(\cos(\theta_1+\theta_2) + i\sin(\theta_1+\theta_2))$ ◀ 極形式に戻す

商： $\dfrac{z_1}{z_2} = \dfrac{r_1e^{i\theta_1}}{r_2e^{\theta_2}} = \dfrac{r_1}{r_2}e^{i(\theta_1-\theta_2)}$ ◀ 指数法則

$$= \frac{r_1}{r_2} (\cos(\theta_1 - \theta_2) + i\sin(\theta_1 - \theta_2))$$ ◀ 極形式に戻す

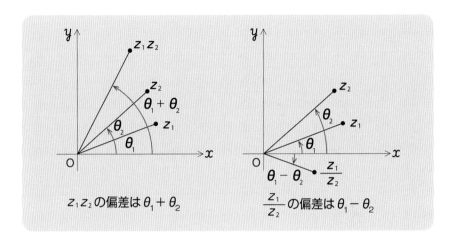

$z_1 z_2$ の偏差は $\theta_1 + \theta_2$

$\dfrac{z_1}{z_2}$ の偏差は $\theta_1 - \theta_2$

▪️ 関数をべき級数で表す

オイラーの公式の証明を示します。

まず、ある関数 $f(x)$ を、$a_0 + a_1 x + a_2 x^2 + a_3 x^3 + \cdots$ のような、無限個の $a_n x^n$ の和（べき級数）で表すことを考えます。

$$f(x) = a_0 + a_1 x + a_2 x^2 + a_3 x^3 + a_4 x^4 + a_5 x^5 + \cdots \quad \cdots①$$

式①が成り立つと仮定して、右辺の係数 a_0, a_1, a_2, a_3, $\cdots$ を求めてみましょう。

STEP 1 式①に $x = 0$ を代入すると、右辺は a_0 以外の項がすべて消え、$f(0) = a_0$ となります。したがって、

$$a_0 = f(0)$$

STEP 2 式①の両辺を x で微分すると、次のようになります。

$$f'(x) \ = \ a_1 + 2a_2x + 3a_3x^2 + 4a_4x^3 + 5a_5x^4 + \cdots \quad \cdots ②$$

式②に $x = 0$ を代入すると、右辺は a_1 以外の項がすべて消えるので、

$$f'(0) \ = \ a_1 \ \Rightarrow \ a_1 = f'(0)$$

(STEP 3) 式②の両辺をさらに x で微分すると、次のようになります。

$$f''(x) \ = \ 2 \cdot 1 a_2 + 3 \cdot 2 a_3 x + 4 \cdot 3 a_4 x^2 + 5 \cdot 4 a_5 x^3 + \cdots \quad \cdots ③$$

式③に $x = 0$ を代入すると、

$$f''(0) \ = \ 2 \cdot 1 a_2 \ \Rightarrow \ a_2 = \frac{f''(0)}{2 \cdot 1}$$

(STEP 4) 式③の両辺をさらに x で微分すると、次のようになります。

$$f'''(x) \ = \ 3 \cdot 2 \cdot 1 a_3 + 4 \cdot 3 \cdot 2 a_4 x + 5 \cdot 4 \cdot 3 a_5 x^2 + \cdots \quad \cdots ④$$

式④に $x = 0$ を代入すると、

$$f'''(0) \ = \ 3 \cdot 2 \cdot 1 a_3 \ \Rightarrow \ a_3 = \frac{f'''(0)}{3 \cdot 2 \cdot 1}$$

以下、これを無限に繰り返していくと、

$$a_4 = \frac{f''''(0)}{4 \cdot 3 \cdot 2 \cdot 1}, \ a_5 = \frac{f'''''(0)}{5 \cdot 4 \cdot 3 \cdot 2 \cdot 1}, \ \cdots$$

のように各係数を求めることができます。$f(x)$ を n 回微分したものを $f^{(n)}(x)$ と表すと、一般に係数 a_n は、

$$a_n = \frac{f^{(n)}(0)}{n!}$$

と書けます。以上から、関数 $f(x)$ は、無限に微分可能であれば次のようなべき級数で表せます。

$$f(x) = f(0) + \frac{f^{(1)}(0)}{1!}x + \frac{f^{(2)}(0)}{2!}x^2 + \frac{f^{(3)}(0)}{3!}x^3 + \cdots + \frac{f^{(n)}(0)}{n!}x^n + \cdots \cdots ⑤$$

関数をこのようなべき級数で表すことを、マクローリン展開といいます。

■ $\sin x$ と $\cos x$ をマクローリン展開する

上のべき級数の式に、$f(x) = \sin x$ を当てはめてみましょう。$\sin x$ を複数回微分すると（66 ページ）、

$$f(x) = \boxed{\sin x} \quad \xrightarrow{\text{微分}} \quad f^{(1)}(x) = \boxed{\cos x}$$

$$\xuparrow{\text{微分}} \qquad\qquad\qquad \xdownarrow{\text{微分}}$$

$$f^{(3)}(x) = \boxed{-\cos x} \quad \xleftarrow{\text{微分}} \quad f^{(2)}(x) = \boxed{-\sin x}$$

のような繰り返しとなり、無限に微分が可能です。これらに $x = 0$ を代入すると、

$$\begin{aligned}
f(0) &= \sin 0 = 0 \\
f^{(1)}(0) &= \cos 0 = 1 \\
f^{(2)}(0) &= -\sin 0 = 0 \\
f^{(3)}(0) &= -\cos 0 = -1 \\
&\quad\vdots
\end{aligned}$$

のように、0，1，0，−1，…のサイクルになります。これらを式⑤に代入すると、次のようになります。

$$f(0) = \sin 0 = 0$$

$$\sin x = 0 + \frac{1}{1!}x + \frac{0}{2!}x^2 + \frac{-1}{3!}x^3 + \frac{0}{4!}x^4 + \frac{1}{5!}x^5 + \frac{0}{6!}x^6 + \frac{-1}{7!}x^7 + \cdots$$

$$= \frac{1}{1!}x - \frac{1}{3!}x^3 + \frac{1}{5!}x^5 - \frac{1}{7!}x^7 + \cdots$$

同様に、$\cos x$ を複数回微分すると、

$$f(x) = \boxed{\cos x} \quad \xrightarrow{\text{微分}} \quad f^{(1)}(x) = \boxed{-\sin x}$$

$$\Big\uparrow \text{微分} \qquad\qquad\qquad\qquad\qquad\quad \Big\downarrow \text{微分}$$

$$f^{(3)}(x) = \boxed{\sin x} \quad \xleftarrow{\text{微分}} \quad f^{(2)}(x) = \boxed{-\cos x}$$

の繰り返しとなります。これらに $x = 0$ を代入すると、

$$
\begin{aligned}
f(0) &= \cos 0 = 1 \\
f^{(1)}(0) &= -\sin 0 = 0 \\
f^{(2)}(0) &= -\cos 0 = -1 \\
f^{(3)}(0) &= \sin 0 = 0 \\
&\quad\vdots
\end{aligned}
$$

のように、1, 0, − 1, 0, …のサイクルになります。これらを式⑤に代入すると、

f(0)＝cos0＝1

$$\cos x = \boxed{1} + \frac{0}{1!}x + \frac{-1}{2!}x^2 + \frac{0}{3!}x^3 + \frac{1}{4!}x^4 + \frac{0}{5!}x^5 + \frac{-1}{6!}x^6 + \cdots$$

$$= 1 - \frac{1}{2!}x^2 + \frac{1}{4!}x^4 - \frac{1}{6!}x^6 + \cdots$$

■ オイラーの公式を導く

次に、指数関数 $f(x) = e^x$ のマクローリン展開を考えます。e^x は何回微分しても e^x なので、$f^{(n)}(0) = e^0 = 1$ です。したがって関数 e^x はべき級数で

$$e^x = \frac{1}{1!}x + \frac{1}{2!}x^2 + \frac{1}{3!}x^3 + \frac{1}{4!}x^4 + \frac{1}{5!}x^5 + \frac{1}{6!}x^6 + \frac{1}{7!}x^7 + \cdots$$

と書けます。上の式の x の部分を ix に置き換えると、

$$e^{ix} = \frac{1}{1!}(ix) + \frac{1}{2!}(ix)^2 + \frac{1}{3!}(ix)^3 + \frac{1}{4!}(ix)^4 + \frac{1}{5!}(ix)^5 + \frac{1}{6!}(ix)^6 + \cdots$$

$$= 1 + ix - \frac{1}{2!}x^2 - i\frac{1}{3!}x^3 + \frac{1}{4!}x^4 + i\frac{1}{5!}x^5 - \frac{1}{6!}x^6 - i\frac{1}{7!}x^7 + \cdots$$

$$= \underbrace{\left(1 - \frac{1}{2!}x^2 + \frac{1}{4!}x^4 - \frac{1}{6!}x^6 + \cdots\right)}_{\cos x} + i\underbrace{\left(x - \frac{1}{3!}x^3 + \frac{1}{5!}x^5 - \frac{1}{7!}x^7 + \cdots\right)}_{\sin x}$$

$$= \cos x + i\sin x$$

となり、オイラーの公式が導けます。

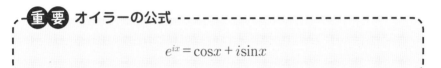

重要 オイラーの公式

$$e^{ix} = \cos x + i\sin x$$

なお、オイラーの公式に $x = \pi$ を代入すると、

$$e^{i\pi} = \cos\pi + i\sin\pi = -1$$
$$\therefore e^{i\pi} + 1 = 0$$

となり、有名なオイラーの等式となります。

$$e^{i\pi} + 1 = 0 \quad \blacktriangleleft \text{オイラーの等式}$$

　この等式は、ネイピア数 e と円周率 π、虚数単位 i、もっとも基本的な数である 0 と 1 でシンプルに構成され、「数学におけるもっとも美しい定理」とも呼ばれます。

練習問題 5 　　　　　　　　　　　　　　　　（答えは 148 ページ）

　オイラーの公式を用いて、ド・モアブルの定理を証明しなさい。

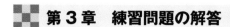

練習問題1 ≫ 101 ページ

（2×1行列）×（1×2行列）

(1) $\begin{pmatrix} 2 \\ 1 \end{pmatrix} (3 \quad -1) = \begin{pmatrix} 2 \cdot 3 & 2 \cdot (-1) \\ 1 \cdot 3 & 1 \cdot (-1) \end{pmatrix} = \begin{pmatrix} 6 & -2 \\ 3 & -1 \end{pmatrix}$ ◀ $\begin{pmatrix} a \\ b \end{pmatrix} (c \quad d) = \begin{pmatrix} ac & ad \\ bc & bd \end{pmatrix}$

(2) $\begin{pmatrix} 3 & 2 \\ 1 & 4 \end{pmatrix} \begin{pmatrix} 1 & 0 \\ 5 & -2 \end{pmatrix} = \begin{pmatrix} 3 \cdot 1 + 2 \cdot 5 & 3 \cdot 0 + 2 \cdot (-2) \\ 1 \cdot 1 + 4 \cdot 5 & 1 \cdot 0 + 4 \cdot (-2) \end{pmatrix}$

$\qquad = \begin{pmatrix} 13 & -4 \\ 21 & -8 \end{pmatrix}$

(3) $\begin{pmatrix} 1 & 4 & 6 \\ 2 & 3 & 5 \end{pmatrix} \begin{pmatrix} 2 \\ 1 \\ 0 \end{pmatrix} = \begin{pmatrix} 1 \cdot 2 + 4 \cdot 1 + 6 \cdot 0 \\ 2 \cdot 2 + 3 \cdot 1 + 5 \cdot 0 \end{pmatrix} = \begin{pmatrix} 6 \\ 7 \end{pmatrix}$

練習問題2 ≫ 112 ページ

(1) $\det A = \begin{vmatrix} 3 & 1 \\ 6 & 2 \end{vmatrix} = 3 \cdot 2 - 1 \cdot 6 = 0$ より、正則行列ではない（104 ページ）。

(2) $\det A = \begin{vmatrix} \sin\theta & -\cos\theta \\ \cos\theta & \sin\theta \end{vmatrix} = \sin^2\theta + \cos^2\theta = 1 \ (\neq 0)$

$\qquad A^{-1} = \dfrac{1}{\det A} \begin{pmatrix} \sin\theta & \cos\theta \\ -\cos\theta & \sin\theta \end{pmatrix} = \begin{pmatrix} \sin\theta & \cos\theta \\ -\cos\theta & \sin\theta \end{pmatrix}$

(3) $\det A = \begin{vmatrix} 2 & 2 & 1 \\ -1 & -1 & -1 \\ 2 & 3 & -1 \end{vmatrix} = 2 \cdot (-1) \cdot (-1) + 2 \cdot (-1) \cdot 2 + 1 \cdot (-1) \cdot 3$

$\qquad\qquad\qquad\qquad\qquad\qquad -1 \cdot (-1) \cdot 2 - 2 \cdot (-1) \cdot 3 - 2 \cdot (-1) \cdot (-1)$

$\qquad\qquad\qquad = 2 - 4 - 3 + 2 + 6 - 2 = 1 \ (\neq 0)$

$i + j$ が偶数なら＋1、奇数なら－1

$C_{11} = \begin{vmatrix} -1 & -1 \\ 3 & -1 \end{vmatrix} = 4$, $C_{12} = -\begin{vmatrix} -1 & -1 \\ 2 & -1 \end{vmatrix} = -3$, $C_{13} = \begin{vmatrix} -1 & -1 \\ 2 & 3 \end{vmatrix} = -1$

$C_{21} = -\begin{vmatrix} 2 & 1 \\ 3 & -1 \end{vmatrix} = 5$, $C_{22} = \begin{vmatrix} 2 & 1 \\ 2 & -1 \end{vmatrix} = -4$, $C_{23} = -\begin{vmatrix} 2 & 2 \\ 2 & 3 \end{vmatrix} = -2$

$C_{31} = \begin{vmatrix} 2 & 1 \\ -1 & -1 \end{vmatrix} = -1$, $C_{32} = -\begin{vmatrix} 2 & 1 \\ -1 & -1 \end{vmatrix} = 1$, $C_{33} = \begin{vmatrix} 2 & 2 \\ -1 & -1 \end{vmatrix} = 0$

$A^{-1} = \begin{pmatrix} 2 & 2 & 1 \\ -1 & -1 & -1 \\ 2 & 3 & -1 \end{pmatrix}^{-1} = \dfrac{1}{\det A} \begin{pmatrix} C_{11} & C_{21} & C_{31} \\ C_{12} & C_{22} & C_{32} \\ C_{13} & C_{23} & C_{33} \end{pmatrix}$

$\qquad\qquad = \begin{pmatrix} 4 & 5 & -1 \\ -3 & -4 & 1 \\ -1 & -2 & 0 \end{pmatrix}$

練習問題3 ≫ 119ページ

(1) $\begin{pmatrix} 5 & 3 \\ 3 & 2 \end{pmatrix} \begin{pmatrix} x \\ y \end{pmatrix} = \begin{pmatrix} 3 \\ 4 \end{pmatrix}$ として、逆行列による解法 (113ページ) を示します。

$$\begin{pmatrix} 5 & 3 \\ 3 & 2 \end{pmatrix}^{-1} = \frac{1}{10-9} \begin{pmatrix} 2 & -3 \\ -3 & 5 \end{pmatrix} = \begin{pmatrix} 2 & -3 \\ -3 & 5 \end{pmatrix}$$

$$\therefore \begin{pmatrix} x \\ y \end{pmatrix} = \begin{pmatrix} 2 & -3 \\ -3 & 5 \end{pmatrix} \begin{pmatrix} 3 \\ 4 \end{pmatrix} = \begin{pmatrix} 2 \cdot 3 + (-3) \cdot 4 \\ -3 \cdot 3 + 5 \cdot 4 \end{pmatrix} = \begin{pmatrix} -6 \\ 11 \end{pmatrix}$$

$\Rightarrow \ x = -6, \ y = 11 \ \cdots$ (答)

(2) $\begin{pmatrix} 2 & 3 & 5 \\ 3 & -2 & -3 \\ 1 & 1 & 2 \end{pmatrix} \begin{pmatrix} x \\ y \\ z \end{pmatrix} = \begin{pmatrix} 5 \\ 7 \\ 4 \end{pmatrix}$ として、クラメルの公式による解法 (118ページ)

を示します。

$$\begin{aligned}
\det A = \begin{vmatrix} 2 & 3 & 5 \\ 3 & -2 & -3 \\ 1 & 1 & 2 \end{vmatrix} &= 2 \cdot (-2) \cdot 2 + 3 \cdot (-3) \cdot 1 + 5 \cdot 3 \cdot 1 \\
& \quad -5 \cdot (-2) \cdot 1 - 2 \cdot (-3) \cdot 1 - 3 \cdot 3 \cdot 2 \\
&= -8 - 9 + 15 + 10 + 6 - 18 \\
&= -4
\end{aligned}$$

$$\begin{aligned}
D_x = \begin{vmatrix} 5 & 3 & 5 \\ 7 & -2 & -3 \\ 4 & 1 & 2 \end{vmatrix} &= 5 \cdot (-2) \cdot 2 + 3 \cdot (-3) \cdot 4 + 5 \cdot 7 \cdot 1 \\
& \quad -5 \cdot (-2) \cdot 4 - 5 \cdot (-3) \cdot 1 - 3 \cdot 7 \cdot 2 \\
&= -20 - 36 + 35 + 40 + 15 - 42 \\
&= -8
\end{aligned}$$

$$\begin{aligned}
D_y = \begin{vmatrix} 2 & 5 & 5 \\ 3 & 7 & -3 \\ 1 & 4 & 2 \end{vmatrix} &= 2 \cdot 7 \cdot 2 + 5 \cdot (-3) \cdot 1 + 5 \cdot 3 \cdot 4 \\
& \quad -5 \cdot 7 \cdot 1 - 2 \cdot (-3) \cdot 4 - 5 \cdot 3 \cdot 2 \\
&= 28 - 15 + 60 - 35 + 24 - 30 \\
&= 32
\end{aligned}$$

$$\begin{aligned}
D_z = \begin{vmatrix} 2 & 3 & 5 \\ 3 & -2 & 7 \\ 1 & 1 & 4 \end{vmatrix} &= 2 \cdot (-2) \cdot 4 + 3 \cdot 7 \cdot 1 + 5 \cdot 3 \cdot 1 \\
& \quad -5 \cdot (-2) \cdot 1 - 2 \cdot 7 \cdot 1 - 3 \cdot 3 \cdot 4 \\
&= -16 + 21 + 15 + 10 - 14 - 36 \\
&= -20
\end{aligned}$$

クラメルの公式より、

$$x = \frac{D_x}{\det A} = \frac{-8}{-4} = 2, \ y = \frac{D_y}{\det A} = \frac{32}{-4} = -8, \ z = \frac{D_z}{\det A} = \frac{-20}{-4} = 5$$

練習問題4　≫ 133 ページ

(1) AB 間のベクトルを $\vec{b}$、AD 間のベクトルを $\vec{d}$、
　　AC 間のベクトルを $\vec{c}$ とすると、

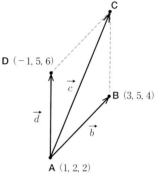

$$\vec{b} = (3 - 1,\ 5 - 2,\ 4 - 2) = (2,\ 3,\ 2)$$
$$\vec{d} = (- 1 - 1,\ 5 - 2,\ 6 - 2) = (- 2,\ 3,\ 4)$$
$$\vec{c} = \vec{b} + \vec{d} = (2 - 2,\ 3 + 3,\ 2 + 4)$$
$$= (0,\ 6,\ 6)$$

したがって点 C の座標は、

$$(0 + 1,\ 6 + 2,\ 6 + 2) = (1,\ 8,\ 8) \quad \cdots \text{(答)}$$

(2) 平行四辺形 ABCD の面積は $|\vec{b} \times \vec{d}|$ で表すことができます。$\vec{b} = (2,\ 3,\ 2)$、
　　$\vec{d} = (- 2,\ 3,\ 4)$ より、行列式を使った外積の計算を行います (131 ページ)。

$$\vec{b} \times \vec{d} = (3 \cdot 4 - 2 \cdot 3)\vec{i} + (2 \cdot (- 2) - 2 \cdot 4)\vec{j} + (2 \cdot 3 - 3 \cdot (- 2))\vec{k}$$
$$= 6\vec{i} - 12\vec{j} + 12\vec{k}$$

したがって、

$$|\vec{b} \times \vec{d}| = \sqrt{6^2 + 12^2 + 12^2} = \sqrt{324} = 18 \quad \cdots \text{(答)}$$

練習問題5　≫ 145 ページ

$$(\cos\theta + i\sin\theta)^n = (e^{i\theta})^n = e^{in\theta} = \cos n\theta + i\sin n\theta$$

第4章

微分方程式

微分方程式は、物体の運動、熱力学、電気回路など、さまざまな物理学的な現象を解明するのになくてはならない重要なツールです。この章では基本的な微分方程式の解法を学習し、微分方程式が物理学でどのように使われているかについて紹介します。

01 微分方程式とはなにか

この節の概要

▶ 微分方程式とは、未知の関数を微分した導関数を含んでいる
方程式です。与えられた微分方程式から未知の関数を求める
ことを、「微分方程式を解く」といいます。

■ 微分方程式とは

　未知の関数 $y = f(x)$ があるとき、これを微分した導関数 $\dfrac{dy}{dx}$ を含む
方程式を**微分方程式**といいます。簡単な例で考えてみましょう。

$$\frac{dy}{dx} = 2$$

は、導関数を含むので微分方程式です。この式は「関数 $y = f(x)$ を微
分したものは、定数 2 に等しい」ということを意味しています。この微
分方程式は、次のように両辺を積分すれば解くことができます。

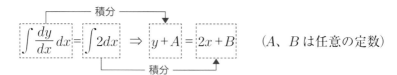

$$\int \frac{dy}{dx}\,dx = \int 2dx \;\Rightarrow\; y + A = 2x + B \qquad (A、B は任意の定数)$$

定数を右辺に集めて $C = B - A$ とすれば、

$$y = 2x + C \quad (C は任意の定数)$$

　上の式が、微分方程式 $\dfrac{dy}{dx} = 2$ の「一般解」となります。$y = 2x + C$ を
微分するとたしかに定数 2 になるので、この解が正しいことがわかります。

　中学や高校で学んだ方程式の「解」は変数の値でしたが、微分方程式
では未知の関数が「解」になります。

運動方程式と微分方程式

　微分方程式が物理でどのように使われるのか、ひとつ例をあげておきましょう。

　物体に力を加えると、その物体が移動します。物体の質量が大きいほど、動かすのに大きな力が必要です。また、加える力が大きいほど、物体は勢いよく動きます。ニュートンの**運動方程式**は、このことを次のような数式で表します。

$$F = ma \quad ※F：物体に加える力 \quad m：物体の質量 \quad a：加速度$$

　上の式に含まれる**加速度**とは、単位時間当たりの速度の増分のことです。時刻 t における物体の速度を $v(t)$、その Δt 秒後の速度を $v(t+\Delta t)$ とすれば、Δt 秒間の平均加速度は、

$$a = \frac{v(t+\Delta t) - v(t)}{\Delta t}$$

で求められます。Δt を 0 近づければ、速度 v の微分になります。

$$a = \lim_{\Delta t \to 0} \frac{v(t+\Delta t) - v(t)}{\Delta t} = \frac{dv}{dt} \quad ◀ 速度を時間で微分$$

これを運動方程式に代入すると、次のような微分方程式になります。

$$F = m\frac{dv}{dt}$$

　また、速度とは単位時間当たりの移動距離の増分ですから、時刻 t における物体の移動距離を $y(t)$ とすれば、

$$v = \lim_{\Delta t \to 0} \frac{y(t+\Delta t) - y(t)}{\Delta t} = \frac{dy}{dt} \quad ◀ 移動距離を時間で微分$$

これを先ほどの式に代入すると、次のようになります。

$$F = m\frac{d}{dt}\left(\frac{dy}{dt}\right) = m\frac{d^2y}{dt^2}$$

　この微分方程式は 2 階（次数が 2 次）の導関数を含んでいるので、2

階微分方程式といいます。

このように、物体の様々な運動を考えるときには、微分方程式が大いに役に立ちます。

◆ 一般解と特殊解

質量 m の物体が自由落下するときに物体に作用する力は、重力加速度を g とすると、

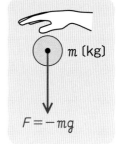

$$F = - mg$$

と表せます（地面に向かう力をマイナスとする）。この式を先ほどの運動方程式に代入すると、

$$m \frac{dv}{dt} = - mg$$

のような微分方程式になります。この方程式を解いてみましょう。

両辺を m で割り、t で積分すると

$$\int \frac{dv}{dt} dt = - \int g dt \ \Rightarrow \ v + A = - gt + B \quad （A、B は任意の定数）$$

定数を右辺に集めて $C = B - A$ とすれば、

$$v = - gt + C \quad （C は任意の定数）$$

を得ます。このように、任意定数が含まれている「解」を一般解といいます。

一般解には任意定数が含まれているため、関数の形としてはまだ不完全です。完全な形にするには、C の値を特定しなければなりません。

たとえば「$t = 0$ のときの速度を 0 とする」のような初期条件が与えられていれば、上の式に $t = 0$、$v = 0$ を代入して、

$$0 = - g \cdot 0 + C \quad \therefore C = 0$$

となり、C の値を特定できます。一般解に $C = 0$ を代入すると、

$$v = - gt$$

152

を得ます。このように、与えられた初期条件をみたす微分方程式の解を、**特殊解**といいます。

例題 物体を高さ y_0 から自由落下させたときの t 秒後の速度を $v = -gt$ で表すとき、t 秒後の物体の高さを求めよ。ただし、空気抵抗は無視できるものとする。

解 速度 v は移動距離 y を時刻 t で微分したものですから、

$$v = \frac{dy}{dt}$$

と表せます。これを $v = -gt$ に代入すると、次の微分方程式を得ます。

$$\frac{dy}{dt} = -gt$$

両辺を積分すると

$$\int \frac{dy}{dt}\,dt = -\int gt\,dt \;\Rightarrow\; y + A = -\frac{1}{2}gt^2 + B \quad (A、Bは任意の定数)$$

任意定数を右辺に集めて $C = B - A$ とすれば、

$$y = -\frac{1}{2}gt^2 + C \quad (Cは任意の定数)$$

を得ます（一般解）。初期条件より、$t = 0$ の物体の高さ $y = y_0$ なので、

$$y_0 = -\frac{1}{2}g \cdot 0 + C \quad \therefore C = y_0$$

以上から、t 秒後の物体の高さ（特殊解）は、

$$y = -\frac{1}{2}gt^2 + y_0 \quad \cdots （答）$$

となります。

　自由落下する物体の高さを求めるこの式は、高校物理では公式として学びます。この公式が、じつは微分方程式から導出されることがおわかりいただけたと思います。

02 変数分離法で解く

この節の概要

▶ 前節では簡単な例で微分方程式の仕組みを説明しましたが、
ここではもう少し複雑な微分方程式の解き方を説明します。

■ 変数分離形の微分方程式

次のような形の微分方程式を変数分離形といいます。

$$\frac{dy}{dx} = f(x)g(y) \quad \blacktriangleleft 変数分離形$$

上の微分方程式は、両辺に $\dfrac{dx}{g(y)}$ を掛けると、

$$\frac{1}{g(y)}\,dy = f(x)\,dx$$

となり、左辺が y、右辺が x だけの式になります。

この式の両辺に積分記号を付けると、次のようになります。

$$\int \frac{1}{g(y)}\,dy = \int f(x)\,dx + C \quad (Cは任意定数)$$

変数分離形の微分方程式は、この式から一般解を求められます。

式の両辺に変数を振り分けるのがポイントです。

例題 微分方程式 $\dfrac{dy}{dx} = xy$ を解きなさい。

解 方程式の両辺に $\dfrac{dx}{y}$ を掛ければ、

$$\frac{dy}{dx} \cdot \frac{dx}{y} = xy \cdot \frac{dx}{y} \ \Rightarrow \ \frac{1}{y}dy = xdx$$

となり、左辺が変数 y、右辺が変数 x に分かれます。両辺に積分記号を付けると、左辺は

$$\int \frac{1}{y}dy = \log|y| + A \quad （Aは任意定数）$$

右辺は

$$\int xdx = \frac{1}{2}x^2 + B \quad （Bは任意定数）$$

まとめると、

$$\log|y| = \frac{1}{2}x^2 + C \quad （Cは任意定数）$$

> 分数関数の積分
> $$\int \frac{1}{x}dx = \log|x| + C$$

となります。ここで、自然対数 $\log M = N$ は、「ネイピア数 e を N 乗すると M になる」という意味ですから、

$$|y| = e^{\frac{1}{2}x^2 + C} = e^{\frac{1}{2}x^2} \cdot e^C \quad ◀ 指数法則\ a^{m+n} = a^m \times a^n$$

と書けます。さらに、e^C を $\pm e^C$ とすれば y の絶対値記号がはずれます。$\pm e^C$ は任意の定数となるので $C = \pm e^C$ と置けば

$$y = \pm e^C \cdot e^{\frac{1}{2}x^2} = Ce^{\frac{1}{2}x^2} \quad （C \neq 0） \quad \cdots （答）$$

これが求める一般解となります。

■■ コンデンサを含む直流電気回路

微分方程式の応用例として、コンデンサと抵抗と直流電池をつないだ、次ページのような電気回路について考えてみましょう。

コンデンサは、交流電流は通しますが、直流電流は通さないので、この回路には電流が流れません。ただし、コンデンサは内部に電荷を蓄え

ることができます。そのため、スイッチSを閉じた直後は、コンデンサに電荷がたまるまでの間だけ電流が流れます。

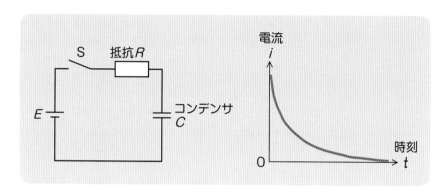

　横軸に時刻 t、縦軸に電流 i をとったグラフは上の図のようになります。グラフが示すように、回路を流れる電流は時間の経過とともに減衰していき、やがてゼロになります。この電流の変化を、関数によって表してみましょう。

STEP 1 抵抗 R に加わる電圧は、オームの法則より、Ri で求められます。また、コンデンサに蓄えられる電荷 q は、コンデンサに加わる電圧 V とコンデンサの静電容量 C に比例し、$q = CV$ が成り立ちます。よって、

$$V = \frac{q}{C}$$ ◀コンデンサに加わる電圧

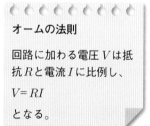

オームの法則

回路に加わる電圧 V は抵抗 R と電流 I に比例し、

$V = RI$

となる。

　キルヒホッフの第2法則より、回路の電源電圧 E は抵抗 R に加わる電圧とコンデンサ C に加わる電圧の和に等しいので、

$$E = Ri + \frac{q}{C} \quad \cdots ①$$

が成り立ちます。

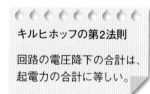

キルヒホッフの第2法則

回路の電圧降下の合計は、起電力の合計に等しい。

156

(STEP 2) 電流とは、単位時間当たりに流れる電荷の量ですから、t 秒後にコンデンサに蓄えられる電荷量を $q(t)$ とすれば、Δt の間に流れる電流は、

$$i = \frac{q(t+\Delta t)-q(t)}{\Delta t}$$

と表せます。Δt を 0 に近づけると微分になり、

$$i = \lim_{\Delta t \to 0} \frac{q(t+\Delta t)-q(t)}{\Delta t} = \frac{dq}{dt}$$

これを式①に代入すると、次のような微分方程式になります。

$$E = R\frac{dq}{dt} + \frac{q}{C} \quad \cdots ②$$

E（電源電圧），R（抵抗），C（静電容量）はいずれも定数であることに注意してください。

(STEP 3) この微分方程式を解いて、関数 $q(t)$ を求めます。まず、式②を次のように変形し、変数分離形にします。

$$R\frac{dq}{dt} = -\frac{q}{C} + E = -\frac{q-CE}{C}$$

$$\frac{dq}{dt} = -\frac{q-CE}{CR} \quad ◀両辺を R で割る$$

$$\frac{1}{q-CE}\,dq = -\frac{1}{CR}\,dt \quad ◀両辺に \frac{dt}{q-CE} を掛ける$$

$$\int \frac{1}{ax+b}\,dx = \frac{1}{a}\log|ax+b| + C$$

両辺を積分すると、次のようになります。

$$\int \frac{1}{q-CE}\,dq = -\int \frac{1}{CR}\,dt \quad ◀両辺に積分記号をつける$$

$$\log|q-CE| = -\frac{1}{CR}t + A \quad (A は任意定数) \quad ◀両辺をそれぞれ積分$$

$$|q-CE| = e^{-\frac{1}{CR}t+A} = e^{-\frac{1}{CR}t} \cdot e^{A} \quad ◀対数を指数に変換$$

ここで $q = CV$ より、コンデンサに蓄えられる電荷量 q は最大値が CE

となるので、$q \leqq CE$です。したがって、

$$q - CE = -e^{-\frac{1}{CR}t} \cdot e^A = Be^{-\frac{1}{CR}t} \quad \blacktriangleleft B = -e^A と置く$$

$$q = CE + Be^{-\frac{1}{CR}t} \quad (B \neq 0) \quad \cdots ③$$

(STEP 4) 上記が微分方程式②の一般解となります。ここで、スイッチ S が開いているとき（$t = 0$）、コンデンサの電荷 $q = 0$ ですから、これを初期条件とすると

$$0 = CE + B \cdot e^0 \quad \Rightarrow \quad B = -CE$$

を得ます。これを式③に代入すると、

$$q = CE - CE e^{-\frac{1}{CR}t}$$

$$= CE (1 - e^{-\frac{1}{CR}t}) \quad \cdots ④$$

(STEP 5) 以上が、微分方程式②の特殊解です。電流は電荷 q を微分したものですから、式④を t で微分すれば、電流 i を求める式になります。

$$i = \frac{dq}{dt} = CE \left(0 + \boxed{\frac{1}{CR} \cdot e^{-\frac{1}{CR}t}} \right) = \frac{E}{R} e^{-\frac{1}{CR}t}$$

$$\underset{\text{1の微分なので0}}{\uparrow}$$

$$(e^{ax+b})' = ae^{ax+b}$$

以上から、

$$i = \frac{E}{R} e^{-\frac{1}{CR}t}$$

この式をグラフにすると、156 ページの図のようになります。

練習問題 1　　　　　　　　　　　　　　　　（答えは 191 ページ）

　図の直流 RL 回路において、スイッチ S を閉じたとき回路に流れる電流は、次の微分方程式にしたがう。電流 i を表す式を求めよ。

$$E = L \frac{di}{dt} + Ri$$

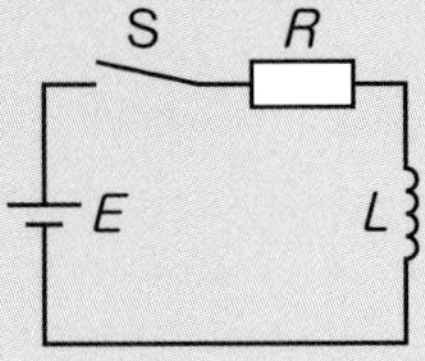

03 線形微分方程式を解く

この節の概要

▶ 微分方程式を解くときには、「線形かどうか」が重要な目安に
なります。というのも、非線形微分方程式は単純なものでも
解けないものが多いのに対し、線形微分方程式はたいてい解
けるからです。線形微分方程式の解き方を説明しましょう。

線形微分方程式とは

未知の関数 y とその導関数 $\dfrac{dy}{dx}$ を、2乗やルートなしで含んでいる微
分方程式を線形微分方程式といいます。線形微分方程式は、一般に次の
形で表すことができます。

$$\frac{dy}{dx} + P(x)y = Q(x) \quad ◀線形微分方程式$$

線形微分方程式の中でも、とくに $Q(x) = 0$ の場合を同次方程式（斉
次方程式）といいます。

$$\frac{dy}{dx} + P(x)y = 0 \quad ◀同次方程式$$

また、同次方程式以外の線形微分方程式を非同次方程式といいます。

同次方程式を変数分離法で解く

線形微分方程式は、同次方程式であれば比較的簡単に解けます。次の
ように変形すれば、前節で説明した変数分離形になるからです。

$$\frac{1}{y}\, dy = -P(x)\, dx \quad ◀同次方程式を変数分離形に変形$$

あとは、両辺に積分記号を付けて積分すれば、一般解を求められます。

$$\int \frac{1}{y}\, dy = -\int P(x)\, dx \quad \blacktriangleleft 両辺に積分記号を付ける$$

$$\log|y| = -\int P(x)dx + A \,(A は任意の定数) \quad \blacktriangleleft 左辺の分数関数を積分$$

$$|y| = e^{-\int P(x)dx + A} = e^A \cdot e^{-\int P(x)dx} \quad \blacktriangleleft 対数表示を指数表示に変換$$

$$y = Ce^{-\int P(x)dx} \quad \blacktriangleleft C = \pm e^A として、y の絶対値記号をはずす$$

> **重要 同次方程式の一般解**
>
> $$y = Ce^{-\int P(x)dx} \qquad (C \neq 0)$$

例題1 微分方程式 $\dfrac{dy}{dx} - 3y = 0$ の一般解を求めなさい。

解 同次方程式なので、次のように変数分離形にして一般解を求めます。

$$\frac{dy}{dx} = 3y$$

$$\frac{1}{y}\, dy = 3dx \quad \blacktriangleleft 両辺に \frac{dx}{y} を掛ける$$

$$\int \frac{1}{y}\, dy = \int 3dx \quad \blacktriangleleft 両辺に積分記号を付ける$$

$$\log|y| = 3x + A \quad \blacktriangleleft 両辺を積分(積分定数 A は右辺にまとめる)$$

$$|y| = e^{3x+A} = e^A \cdot e^{3x} \quad \blacktriangleleft 指数表示にする$$

$$y = \pm e^A \cdot e^{3x} \quad \blacktriangleleft 絶対値記号をはずす$$

$$y = Ce^{3x} \quad (C \neq 0) \quad \cdots (答)$$
$$\underset{C = \pm e^A}{\uparrow}$$

非同次方程式を定数変化法で解く

同次方程式ではない線形微分方程式(非同次方程式)は、うまく変数分離形にできないため、変数分離法で解くことはできません。

$$\frac{dy}{dx} + P(x)y = Q(x) \quad \cdots ① \quad ◀非同次方程式$$

式①の形の非同次方程式を解くには、以下のような**定数変化法**という
方法を使います。

STEP 1　まず、同次方程式の一般解

$$y = Ce^{-\int P(x)dx} \quad (C \neq 0)$$

を用意します（前ページ参照）。この式の C は定数ですが、この値を x
の関数に置き換え、$C = u(x)$ とします。

$$y = u(x) \cdot e^{-\int P(x)dx} \quad \cdots ②$$

この式を、非同次方程式の一般解であると仮定します。言い換えると、
この式が非同次方程式の一般解となるような関数 $u(x)$ が存在すると仮
定するのです。

> 定数 C を x の関数に置き換えて変化させるので、この解法
> を定数変化法といいます。

STEP 2　式②を、式①に代入します。

$$\underset{\substack{\overbrace{}^{\alpha} \\ \frac{dy}{dx}}}{\frac{d}{dx}\left\{u(x) \cdot e^{-\int P(x)dx}\right\}} + P(x) \underset{y}{\underbrace{u(x) \cdot e^{-\int P(x)dx}}^{\beta}} = Q(x) \quad \cdots ③$$

　上の式の項 α の部分を計算しましょ
う。$u(x) \cdot e^{-\int P(x)dx}$ は 2 つの関数の積
ですから、積の微分公式を使って次の
ように微分できます。

積の微分公式（56ページ）

$\{f(x)g(x)\}'$
$= f'(x)g(x) + f(x)g'(x)$

161

$$u'(x) \cdot e^{-\int P(x)dx} + u(x) \underbrace{\{e^{-\int P(x)dx}\}'}_{\gamma}$$

また、上の γ の部分は、$g(x) = -\displaystyle\int P(x)dx$ として合成関数の微分公式を使うと、

$$\{e^{g(x)}\}' = e^{g(x)} \cdot g'(x)$$
$$= e^{-\int P(x)dx} \cdot \left\{-\int P(x)dx\right\}'$$
$$\underset{\text{積分の微分}}{\downarrow}$$
$$= e^{-\int P(x)dx} \cdot \{-P(x)\} = -P(x)e^{-\int P(x)dx}$$

> **合成関数の微分公式**
> （56 ページ）
> $$\{f(g(x))\}'$$
> $$= f'(g(x))g'(x)$$

となるので、式③の項 α の部分は次のようになります。

$$u'(x) \cdot e^{-\int P(x)dx} - P(x)u(x)e^{-\int P(x)dx}$$

以上から、式③は次のように整理できます。

$$u'(x) \cdot e^{-\int P(x)dx} - \boxed{P(x)u(x)e^{-\int P(x)dx}} + \boxed{P(x)u(x)e^{-\int P(x)dx}} = Q(x)$$
$$u'(x) \cdot \underbrace{e^{-\int P(x)dx}}_{\text{逆数にする}} = Q(x) \qquad \underset{\text{打ち消し合って 0 になる}}{}$$
$$\therefore u'(x) = Q(x)e^{\int P(x)dx} \quad \cdots ④ \quad \blacktriangleleft \quad \frac{1}{a^{-n}} = a^n$$

STEP 3 式④の両辺を積分すれば、関数 $u(x)$ が求められます。

$$\int u'(x)\,dx = \int Q(x)e^{\int P(x)dx}dx$$
$$\underset{\text{微分の積分}}{\downarrow}$$
$$\therefore u(x) = \int Q(x)e^{\int P(x)dx}dx + C \quad (C は任意の定数)$$

この式を式②に代入すれば、非同次方程式の一般解となります。

> 公式を丸暗記するより、導出の過程を理解しましょう。

┌─ **重要** 非同次方程式の一般解 ─┐

$$y = e^{-\int P(x)dx}\left(\int Q(x)e^{\int P(x)dx}dx + C\right)$$

例題 2 微分方程式 $\dfrac{dy}{dx} - 3y = 4x$ の一般解を求めなさい。

解 非同次方程式の問題です。解の公式に当てはめて解くこともできますが、ここではあえて定数変化法で解いてみましょう。

STEP 1 まず、方程式の右辺を 0 にした次の同次方程式の一般解を求めます（この方程式を同伴方程式ということがあります）。

$$\dfrac{dy}{dx} - 3y = 0 \quad \blacktriangleleft 左辺に y，右辺に x を分離$$

$$\dfrac{1}{y}\, dy = 3dx \quad \blacktriangleleft 変数分離形$$

$$\int \dfrac{1}{y}\, dy = \int 3dx \quad \blacktriangleleft 両辺に積分記号を付ける$$

$$\log|y| = 3x + A \quad (A は任意の定数) \quad \blacktriangleleft 両辺を積分$$

$$|y| = e^{3x+A} = e^A \cdot e^{3x} \quad \blacktriangleleft 対数を指数に変換$$

$$\therefore y = \pm e^A \cdot e^{3x} = Ce^{3x} \quad \blacktriangleleft 一般解$$

上の同伴方程式の一般解の定数 C を、$C = u(x)$ と置きます。

$$y = u(x)\, e^{3x} \quad \cdots ⑤$$

STEP 2 問題の微分方程式に式⑤を代入します。

$$\{u(x)\, e^{3x}\}' - 3u(x)\, e^{3x} = 4x \quad \blacktriangleleft \{\ \ \}' 内を微分する$$

$$u'(x)\, e^{3x} + 3u(x)\, e^{3x} - 3u(x)\, e^{3x} = 4x \quad \blacktriangleleft 積の微分$$

$$u'(x)\, e^{3x} = 4x$$

$$\qquad\qquad\qquad 逆数$$

$$\therefore u'(x) = 4xe^{-3x} \quad \cdots ⑥$$

STEP 3 式⑥の両辺を積分し、$u(x)$ を求めます。

$$\int u'(x)\, dx = \int 4xe^{-3x}\, dx$$

第4章 微分方程式

163

右辺の計算は部分積分（82ページ）を使います。

$f(x) = 4x$, $g'(x) = e^{-3x}$ とすると、$f'(x) = 4$, $g(x) = -\dfrac{1}{3}e^{-3x}$ となるので、

$$u(x) = \int 4x\,e^{-3x}\,dx = \overset{微分}{4x}\left(-\frac{1}{3}e^{-3x}\right) - \int 4 \cdot \left(-\frac{1}{3}e^{-3x}\right)dx$$

（積分）

$$= -\frac{4}{3}xe^{-3x} + \frac{4}{3}\int e^{-3x}dx$$

$$= -\frac{4}{3}xe^{-3x} + \frac{4}{3}\left(-\frac{1}{3}e^{-3x} + C\right)$$

$$= \left(-\frac{4}{3}x - \frac{4}{9}\right)e^{-3x} + C$$

部分積分
$$\int f(x)g'(x)\,dx$$
$$= f(x)g(x) - \int f'(x)g(x)\,dx$$

これを式⑤に代入し、一般解を求めます。

指数関数の積分
$$\int e^{ax}dx = \frac{1}{a}e^{ax}$$

$y = u(x)\,e^{3x}$ より、

$$y = \left\{\left(-\frac{4}{3}x - \frac{4}{9}\right)e^{-3x} + C\right\}e^{3x}$$

$$= \left(-\frac{4}{3}x - \frac{4}{9}\right)\underset{=1}{\underline{e^{-3x} \cdot e^{3x}}} + Ce^{3x}$$

$$= Ce^{3x} - \frac{4}{3}x - \frac{4}{9} \quad \cdots （答）$$

練習問題2 （答えは 191 ページ）

次の微分方程式の一般解を求めよ。

(1) $\dfrac{dy}{dx} - y = 0$　　(2) $\dfrac{dy}{dx} - y = 1$

04 2階線形微分方程式の性質

この節の概要

▶ 関数を2回微分することを2階微分といいます。2階微分が含まれる微分方程式は解き方が複雑になるので、まずはその性質から解法を考えます。

2階線形微分方程式とは

関数 $y = f(x)$ の導関数 $\dfrac{dy}{dx}$ をさらに微分すると、

1階導関数　　　　　　　　　　2階導関数

$$\frac{d}{dx}\left(\frac{dy}{dx}\right) = \frac{d \cdot dy}{dx \cdot dx} = \frac{d^2y}{dx^2}$$

$(dx)^2$の意味

カッコ内を微分する

この計算を2階微分といいます。

一般に、n階以下の導関数を含む微分方程式をn階微分方程式といいます。

2階以下の導関数を含む微分方程式を、2階微分方程式といいます。その中でも、次のような形式で表すことができるものを2階線形微分方程式といいます。

$$\frac{d^2y}{dx^2} + P(x)\frac{dy}{dx} + Q(x)y = R(x)$$ ◀2階線形微分方程式

このうち、$R(x) = 0$ の場合を2階線形同次方程式、$R(x) \neq 0$ の場合を2階線形非同次方程式といいます。

なお、2階線形微分方程式は、導関数を記号 y''、y' で表して、

$$y'' + P(x)\,y' + Q(x)\,y = R(x)$$

のように書くこともあります。このほうが式が簡潔になるので、以下の解説では主にこちらを使います。

■ 2階線形微分方程式の性質

2階線形微分方程式は、簡単には解くことができません。そこでまず、2階線形微分方程式のいくつかの性質を調べて、その解法を探ることにしましょう。

> **性質1** y_1、y_2 が、どちらも2階同次線形方程式 $y'' + P(x)y' + Q(x)y = 0$ の解ならば、$y = C_1 y_1 + C_2 y_2$（C_1、C_2 は任意の定数）もまた解である。

y_1 と y_2 が2階同次線形方程式 $y'' + P(x)\,y' + Q(x)\,y = 0$ の解のとき、これらを方程式に代入した

$$y_1'' + P(x)\,y_1' + Q(x)\,y_1 = 0, \quad y_2'' + P(x)\,y_2' + Q(x)\,y_2 = 0$$

が成り立ちます。次に、C_1、C_2 を任意の定数として、$y = C_1 y_1 + C_2 y_2$ を左辺 $y'' + P(x)\,y' + Q(x)\,y$ に代入すると、

$$(C_1 y_1 + C_2 y_2)'' + P(x)\,(C_1 y_1 + C_2 y_2)' + Q(x)\,(C_1 y_1 + C_2 y_2)$$
$$= C_1 y_1'' + C_2 y_2'' + P(x)\,C_1 y_1' + P(x)\,C_2 y_2' + Q(x)\,C_1 y_1 + Q(x)\,C_2 y_2$$
$$= C_1\,\underbrace{(y_1'' + P(x)\,y_1' + Q(x)\,y_1)}_{=\,0} + C_2\,\underbrace{(y_2'' + P(x)\,y_2' + Q(x)\,y_2)}_{=\,0} = 0$$

このように、$y = C_1 y_1 + C_2 y_2$ を代入した場合にも $y'' + P(x)y' + Q(x)y = 0$ が成り立つことから、$y = C_1 y_1 + C_2 y_2$ が2階同次線形方程式の解であることがわかります。

> **性質2** 2階同次線形方程式 $y'' + P(x)y' + Q(x)y = 0$ の2つの解 y_1 と y_2 が1次独立であるなら、$y = C_1 y_1 + C_2 y_2$（C_1、C_2 は任意の定数）は、この2階同次線形方程式の一般解である。

1次独立とは、「$C_1 y_1 + C_2 y_2 = 0$ ならば、$C_1 = C_2 = 0$ である」場合をいいます（126ページ）。y_1 と y_2 が1次独立であると言えるための条件について考えてみましょう。

$$C_1 y_1 + C_2 y_2 = 0 \quad \cdots ①$$

が成り立つなら、両辺を x で微分した

$$C_1 y_1' + C_2 y_2' = 0 \quad \cdots ②$$

も成り立ちます。式①②を連立方程式とみなし、行列の掛け算で表すと、

$$\begin{pmatrix} y_1 & y_2 \\ y_1' & y_2' \end{pmatrix} \begin{pmatrix} C_1 \\ C_2 \end{pmatrix} = \begin{pmatrix} 0 \\ 0 \end{pmatrix}$$

と書けます（113ページ）。

この式の両辺に行列 $\begin{pmatrix} y_1 & y_2 \\ y_1' & y_2' \end{pmatrix}$ の逆行列を掛けると、

$$\underbrace{\begin{pmatrix} y_1 & y_2 \\ y_1' & y_2' \end{pmatrix}^{-1} \begin{pmatrix} y_1 & y_2 \\ y_1' & y_2' \end{pmatrix}}_{AA^{-1}=E} \begin{pmatrix} C_1 \\ C_2 \end{pmatrix} = \underbrace{\begin{pmatrix} y_1 & y_2 \\ y_1' & y_2' \end{pmatrix}^{-1} \begin{pmatrix} 0 \\ 0 \end{pmatrix}}_{AO=O} \quad \therefore \begin{pmatrix} C_1 \\ C_2 \end{pmatrix} = \begin{pmatrix} 0 \\ 0 \end{pmatrix}$$

となり、$C_1 = C_2 = 0$ となります。以上から、行列 $\begin{pmatrix} y_1 & y_2 \\ y_1' & y_2' \end{pmatrix}$ の逆行列が存在するなら $C_1 = C_2 = 0$ である、すなわち y_1、y_2 は1次独立であると言えることになります。

行列 A の逆行列が存在するための条件は、行列式 $\det A$ が0でないことでした（104ページ）。したがって、y_1、y_2 が1次独立であるための条件は、

$$\det \begin{pmatrix} y_1 & y_2 \\ y_1{}' & y_2{}' \end{pmatrix} = \begin{vmatrix} y_1 & y_2 \\ y_1{}' & y_2{}' \end{vmatrix} \neq 0$$

であることがわかります。この行列式を**ロンスキアン**といいます。また、行列 $\begin{pmatrix} y_1 & y_2 \\ y_1{}' & y_2{}' \end{pmatrix}$ を**ロンスキー行列**といいます。

- - - **重要 ロンスキアン** -

$$W(y_1, \ y_2) = \begin{vmatrix} y_1 & y_2 \\ y_1{}' & y_2{}' \end{vmatrix} = y_1 y_2{}' - y_1{}' y_2$$

2階同次線形方程式の2つの解 y_1, y_2 が1次独立であるとき、y_1 と y_2 をこの方程式の**基本解**といいます。基本解が1組見つかれば、あとは C_1、C_2 を適切に選ぶことで、どのような解でも $y = C_1 y_1 + C_2 y_2$ で表すことができます。つまり、$y = C_1 y_1 + C_2 y_2$ を2階同次線形方程式の一般解とすることができます。

2階同次線形方程式を解くには、基本解を見つければよいということですね。

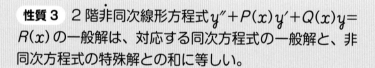

性質3 2階非同次線形方程式 $y'' + P(x)y' + Q(x)y = R(x)$ の一般解は、対応する同次方程式の一般解と、非同次方程式の特殊解との和に等しい。

非同次方程式の一般解は、対応する同次方程式の一般解と、非同次方程式の特殊解の和で求めることができます。確認してみましょう。

非同次線形方程式 $y'' + P(x)\,y' + Q(x)\,y = R(x)$ の特殊解を y_0 とすると、y_0 は式

$$y_0{}'' + P(x)\,y_0{}' + Q(x)\,y_0 = R(x) \quad \cdots ③$$

をみたします。また、同次線形方程式 $y'' + P(x)y' + Q(x)y = 0$ の一般

解を Y とすると、Y は

$$Y'' + P(x)\,Y' + Q(x)\,Y = 0 \qquad \cdots ④$$

をみたします。次に、$y_0 + Y$ を非同次線形方程式 $y'' + P(x)\,y' + Q(x)\,y = R(x)$ に代入すると、

$$(y_0 + Y)'' + P(x)\,(y_0 + Y)' + Q(x)\,(y_0 + Y) = R(x)$$
$$y_0'' + Y'' + P(x)\,y_0' + P(x)\,Y' + Q(x)\,y_0 + Q(x)\,Y = R(x)$$
$$(y_0'' + P(x)\,y_0' + Q(x)\,y_0) + \boxed{(Y'' + P(x)\,Y' + Q(x)\,Y)} = R(x)$$

上の式の $\boxed{}$ の部分は式④の左辺なので 0 になり、結局

$$y_0'' + P(x)\,y_0' + Q(x)\,y_0 = R(x)$$

となって、この方程式が成り立つことがわかります。以上から、$y_0 + Y$ が非同次線形方程式の解であることがわかります。

　同次方程式の一般解 Y は任意定数 C_1、C_2 を含むので、これらを適切に選ぶことで、$y_0 + Y$ はすべての解を表すことができます。したがって、$y_0 + Y$ は非同次方程式の一般解となります。

（まとめ）ここまでに調べた性質から、2 階線形微分方程式を解く戦略がみえてきます。

【2 階同次線形方程式の解法】
① 2 つの解 y_1, y_2 を見つけ、1 次独立かどうかを調べる。
② y_1, y_2 が 1 次独立なら、$y = C_1 y_1 + C_2 y_2$ を一般解とする。

【2 階非同次線形方程式の解法】
① 対応する 2 階同次線形方程式の一般解 $C_1 y_1 + C_2 y_2$ を求める。
② 2 階非同次線形方程式の特殊解 y_0 を求める。
③ $y = y_0 + C_1 y_1 + C_2 y_2$ を 2 階非同次線形方程式の一般解とする。

05 定数係数の2階同次線形方程式を解く

この節の概要

▶ 定数係数の2階同次線形方程式は、特性方程式を組み立てて解きます。特性方程式の解の種類によって、一般解の形式が異なるので注意してください。

定数係数の2階同次線形方程式

2階同次線形方程式 $y'' + P(x)y' + Q(x)y = 0$ において、$P(x)$ と $Q(x)$ がいずれも定数である場合を考えます。

$$y'' + ay' + by = 0 \quad (a, b は定数) \quad \cdots ①$$

この形式の微分方程式には、次のような解法があります。

STEP 1　特性方程式をつくる

まず、この方程式の解の1つを $y = e^{\lambda x}$ と予想します（$\overset{\text{ラムダ}}{\lambda}$ は未知の定数）。この式を x で微分すると、

$$y' = \lambda e^{\lambda x}, \ \ y'' = \lambda^2 e^{\lambda x}$$

となるので、これらを式①に代入します。

> **指数関数の微分**
> $$(e^{ax})' = ae^{ax}$$

$$\underset{y''}{\boxed{\lambda^2 e^{\lambda x}}} + a \underset{y'}{\boxed{\lambda e^{\lambda x}}} + b \underset{y}{\boxed{e^{\lambda x}}} = 0$$

$$\therefore \ \ e^{\lambda x}(\lambda^2 + a\lambda + b) = 0 \quad ◀ e^{\lambda x} でくくる$$

上の式が成り立つには $e^{\lambda x}$ か $\lambda^2 + a\lambda + b$ が0でなければなりません

が、$e^{\lambda x}$ は 0 にはならないので、$\lambda^2 + a\lambda + b = 0$ となります。つまり、$\lambda^2 + a\lambda + b = 0$ が成り立つなら、$y = e^{\lambda x}$ は式①の方程式の解となります。

この $\lambda^2 + a\lambda + b = 0$ を、**特性方程式**といいます。

> ### 特性方程式：λ が $\lambda^2 + a\lambda + b = 0$ をみたすとき、$y = e^{\lambda x}$ は $y'' + ay' + by = 0$ の解である。

(STEP 2) **特性方程式を解く**

特性方程式を解いて λ を求めます。特性方程式は二次方程式なので、解には次の3パターンがあります（16ページ）。

①**特性方程式が2個の実数解をもつ**：λ は2個の実数となる
②**特性方程式が重解をもつ**：λ は1個の実数となる
③**特性方程式が実数解をもたない**：λ は2個の複素数となる

(STEP 3) **一般解を求める**

特性方程式の解の種類に応じて、以下のように非同次線形方程式 $y'' + ay' + by = 0$ の一般解を求めます。

■ 特性方程式が2個の実数解をもつときの一般解

特性方程式の2つの実数解を λ_1, λ_2 とすると、$y_1 = e^{\lambda_1 x}$ と $y_2 = e^{\lambda_2 x}$ はいずれも $y'' + ay' + by = 0$ の解であると考えられます。

さらに、この2つの解が互いに1次独立であれば、$y = C_1 e^{\lambda_1 x} + C_2 e^{\lambda_2 x}$ を一般解とすることができます。そこで、2つの解が1次独立かどうかを、ロンスキアン（168ページ）を使って調べてみましょう。

$y_1 = e^{\lambda_1 x}$, $y_2 = e^{\lambda_2 x}$ より、$y_1' = \lambda_1 e^{\lambda_1 x}$, $y_2' = \lambda_2 e^{\lambda_2 x}$

$$W(y_1,\ y_2) = \begin{vmatrix} e^{\lambda_1 x} & e^{\lambda_2 x} \\ \lambda_1 e^{\lambda_1 x} & \lambda_2 e^{\lambda_2 x} \end{vmatrix} = \lambda_2 e^{\lambda_1 x} e^{\lambda_2 x} - \lambda_1 e^{\lambda_1 x} e^{\lambda_2 x}$$

$$= (\lambda_2 - \lambda_1) e^{(\lambda_1 + \lambda_2)x}$$

ここで、λ_1, λ_2 は二次方程式の解の公式を使って、

$$\lambda_1 = \frac{-a + \sqrt{a^2 - 4b}}{2} \ , \ \lambda_2 = \frac{-a - \sqrt{a^2 - 4b}}{2}$$

と書けるので、$\lambda_2 - \lambda_1 \neq 0$ です。また $e^{(\lambda_1 + \lambda_2)x} \neq 0$ ですから、ロンスキアン $W(y_1, \ y_2) \neq 0$。したがって、$y_1, \ y_2$ は 1 次独立です。

　以上から、特性方程式が 2 個の実数解をもつときの $y'' + ay' + by = 0$ の一般解は、

$$\boxed{y = C_1 e^{\lambda_1 x} + C_2 e^{\lambda_2 x}}$$

となります。

例題 1 次の微分方程式 $y'' + y' - 6y = 0$ の一般解を求めなさい。

解

STEP 1 特性方程式 $\lambda^2 + a\lambda + b = 0$ をつくります。$a = 1$、$b = -6$ なので、この微分方程式の特性方程式は、

$$\lambda^2 + \lambda - 6 = 0$$

となります。

STEP 2 特性方程式 $\lambda^2 + \lambda - 6 = 0$ の左辺を因数分解すると、

$$(\lambda + 3)(\lambda - 2) = 0 \quad \therefore \lambda = -3, \ 2$$

以上から、特性方程式は 2 個の実数解 $\lambda_1 = -3, \ \lambda_2 = 2$ をもちます。

STEP 3 $\lambda_1 = -3, \ \lambda_2 = 2$ より、微分方程式 $y'' + y' - 6y = 0$ の基本解は $y_1 = e^{-3x}$ と $y_2 = e^{2x}$ とわかります。したがって一般解は $y = C_1 y_1 + C_2 y_2$ より、

$$y = C_1 e^{-3x} + C_2 e^{2x} \quad \cdots \text{（答）}$$

となります。

■■■ 特性方程式が重解をもつときの一般解

$a^2 - 4b = 0$ のとき、特性方程式 $\lambda^2 + a\lambda + b = 0$ は重解

$$\lambda = \frac{-a \pm \sqrt{a^2 - 4b}}{2} = -\frac{a}{2}$$

をもちます。このとき、$y_1 = e^{\lambda x}$ は $y'' + ay' + by = 0$ の解となります。しかし、一般解を求めるにはこれと 1 次独立な解 y_2 がもう 1 つ必要です。

導出過程は省略しますが、$y_2 = xe^{\lambda x}$ がもう 1 つの解となります。本当かどうか確認しましょう。$y_2 = xe^{\lambda x}$ より、

$$y_2' = \lambda xe^{\lambda x} + e^{\lambda x} = (\lambda x + 1)e^{\lambda x}$$
$$y_2'' = \lambda(\lambda x + 1)e^{\lambda x} + \lambda e^{\lambda x} = (\lambda^2 x + 2\lambda)e^{\lambda x}$$

これらを $y'' + ay' + by = 0$ に代入すると、

積の微分公式

$\{f(x)g(x)\}'$
$= f'(x)g(x) + f(x)g'(x)$

$$\underbrace{(\lambda^2 x + 2\lambda)e^{\lambda x}}_{y_2''} + a\underbrace{(\lambda x + 1)e^{\lambda x}}_{y_2'} + b\underbrace{xe^{\lambda x}}_{y_2} = 0$$

$$e^{\lambda x}\{\underbrace{(\lambda^2 + a\lambda + b)}_{\alpha}x + \underbrace{(2\lambda + a)}_{\beta}\} = 0$$

上の式で、α の部分 $\lambda^2 + a\lambda + b$ は特性方程式の左辺と同じなので、λ が特性方程式の解のとき 0 になります。また、λ が重解のとき、$\lambda = -\frac{a}{2}$ なので、β の部分 $2\lambda + a$ も 0 になります。以上から、$y_2 = xe^{\lambda x}$ が $y'' + ay' + by = 0$ の解であることが確認できました。

次に、y_1 と y_2 が 1 次独立かどうかをロンスキアンで調べます。

$$y_1 = e^{\lambda x}, \quad y_2 = xe^{\lambda x} より、\quad y_1' = \lambda e^{\lambda x}, \quad y_2' = (\lambda x + 1)e^{\lambda x}$$

$$W(y_1, \quad y_2) = \begin{vmatrix} e^{\lambda x} & xe^{\lambda x} \\ \lambda e^{\lambda x} & (\lambda x + 1)e^{\lambda x} \end{vmatrix}$$

$$= (\lambda x + 1)e^{2\lambda x} - \lambda xe^{2\lambda x} = e^{2\lambda x} \neq 0$$

ロンスキアンの値は $e^{2\lambda x} \neq 0$ となるので、y_1, y_2 が 1 次独立であることが確認できます。以上から、特性方程式が重解をもつときの $y'' + ay' + by = 0$ の一般解は、

$$y = C_1 e^{\lambda x} + C_2 x e^{\lambda x} = e^{\lambda x} (C_1 + C_2 x)$$

となります。

例題 2 次の微分方程式 $y'' - 10y' + 25y = 0$ の一般解を求めなさい。

解

(STEP 1) 特性方程式 $\lambda^2 + a\lambda + b = 0$ をつくります。$a = -10$、$b = 25$ なので、この微分方程式の特性方程式は、

$\lambda^2 - 10\lambda + 25 = 0$

となります。

(STEP 2) 特性方程式 $\lambda^2 - 10\lambda + 25 = 0$ の左辺を因数分解すると、

$(\lambda - 5)^2 = 0 \quad \therefore \lambda = 5$

以上から、特性方程式は重解 $\lambda = 5$ をもちます。

(STEP 3) $\lambda = 5$ より、微分方程式 $y'' - 10y' + 25y' = 0$ の基本解は $y_1 = e^{5x}$ と $y_2 = xe^{5x}$ とわかります。したがって一般解は $y' = C_1 y_1 + C_2 y_2$ より、

$y = C_1 e^{5x} + C_2 x e^{5x} = e^{5x} (C_1 + C_2 x) \quad \cdots （答）$

となります。

▪ 特性方程式が実数解をもたないときの一般解

$a^2 - 4b < 0$ のとき、特性方程式 $\lambda^2 + a\lambda + b = 0$ は実数解をもたず、λ_1、λ_2 は複素数になります。そこで、

$\lambda_1 = \alpha + i\beta, \ \lambda_2 = \alpha - i\beta$

と置くと、$y_1 = e^{\lambda_1 x}$ と $y_2 = e^{\lambda_2 x}$ は、いずれも $y'' + ay' + by = 0$ の解と考えられます。これらが 1 次独立かどうかをロンスキアンで調べると、

$y_1 = e^{(\alpha + i\beta)x}$, $y_2 = e^{(\alpha - i\beta)x}$ より、

$y_1' = (\alpha + i\beta)\,e^{(\alpha + i\beta)x}$, $y_2' = (\alpha - i\beta)\,e^{(\alpha - i\beta)x}$

$$W(y_1,\ y_2) = \begin{vmatrix} e^{(\alpha+i\beta)x} & e^{(\alpha-i\beta)x} \\ (\alpha+i\beta)\,e^{(\alpha+i\beta)x} & (\alpha-i\beta)\,e^{(\alpha-i\beta)x} \end{vmatrix}$$

$$= (\alpha - i\beta)\,e^{2\alpha x} - (\alpha + i\beta)\,e^{2\alpha x} = -i2\beta e^{2\alpha x} \neq 0$$

となり、ロンスキアン $W(y_1,\ y_2) \neq 0$。したがって、y_1, y_2 は 1 次独立であるとわかります。

したがって、特性方程式が虚数解をもつときの $y'' + ay' + by = 0$ の一般解は、

$$y = C_1 y_1 + C_2 y_2 = C_1 e^{(\alpha + i\beta)x} + C_2 x e^{(\alpha - i\beta)x}$$
$$= C_1 e^{\alpha x} \cdot \boxed{e^{i\beta x}} + C_2 e^{\alpha x} \cdot \boxed{e^{-i\beta x}}$$

上の式の □ の部分に、オイラーの公式 $e^{i\theta} = \cos\theta + i\sin\theta$（140 ページ）を適用します。

オイラーの公式を適用 　　　　　オイラーの公式を適用

$$y = C_1 e^{\alpha x}\,(\boxed{\cos\beta x + i\sin\beta x}) + C_2 e^{\alpha x}\,(\boxed{\cos(-\beta x) + i\sin(-\beta x)})$$
$$= e^{\alpha x}\,(C_1\cos\beta x + iC_1\sin\beta x + C_2\boxed{\cos\beta x} - iC_2\boxed{\sin\beta x})$$
$$= e^{\alpha x}\,\{(C_1 + C_2)\cos\beta x + i\,(C_1 - C_2)\sin\beta x\}$$

さらに $C_1 = C_1 + C_2$、$C_2 = i(C_1 - C_2)$ と置けば、特性方程式が複素数解をもつときの $y'' + ay' + by = 0$ の一般解は、

三角関数の基本公式

$\cos(-\theta) = \cos\theta$

$\sin(-\theta) = -\sin\theta$

$$y = e^{\alpha x}(C_1\cos\beta x + C_2\sin\beta x)$$

と書けます。

例題 3 次の微分方程式 $y'' - 2y' + 5y = 0$ の一般解を求めなさい。

解

STEP 1 特性方程式 $\lambda^2 + a\lambda + b = 0$ をつくります。$a = -2$、$b = 5$ なので、この微分方程式の特性方程式は、

$$\lambda^2 - 2\lambda + 5 = 0$$

となります。

(STEP 2) 特性方程式 $\lambda^2 - 2\lambda + 5 = 0$ の解は、解の公式より、

$$\lambda = \frac{-(-2) \pm \sqrt{(-2)^2 - 4 \cdot 5}}{2} = \frac{2 \pm \sqrt{-16}}{2} = \frac{2 \pm 4\sqrt{-1}}{2} = 1 \pm i2$$

以上から、特性方程式は虚数解 $\lambda = 1 \pm i2$ をもちます。

(STEP 3) $\lambda = 1 \pm i2$ より、$\alpha = 1$, $\beta = 2$ とおくと、微分方程式 $y'' - 2y' + 5y = 0$ の一般解は $y = e^{\alpha x}(C_1\cos\beta x + C_2\sin\beta x)$ より、

$$y = e^x(C_1\cos 2x + C_2\sin 2x) \quad \cdots (答)$$

となります。

(まとめ) 定数係数の2階同次線形微分方程式 $y'' + ay' + by = 0$ の一般解についてまとめておきましょう。

> **重要** **定数係数の2階同次線形微分方程式の一般解**
>
> **1** 特性方程式が実数解 λ_1、λ_2 をもつとき
>
> $$y = C_1 e^{\lambda_1 x} + C_2 e^{\lambda_2 x} \quad (C_1、C_2 は任意の定数)$$
>
> **2** 特性方程式が重解 λ をもつとき
>
> $$y = e^{\lambda x}(C_1 + C_2 x) \quad (C_1、C_2 は任意の定数)$$
>
> **3** 特性方程式が虚数解 $\alpha + i\beta$、$\alpha - i\beta$ をもつとき
>
> $$y = e^{\alpha x}(C_1\cos\beta x + C_2\sin\beta x) \quad (C_1、C_2 は任意の定数)$$

練習問題3　　　　　　　　　　　　　　　　　　　（答えは 192 ページ）

次の関数を微分しなさい。

(1) $y'' - 4y' + 3y = 0$　　(2) $y'' - 4y' + 4y = 0$
(3) $y'' - 4y' + 8y = 0$

06 定数係数の２階非同次線形方程式を解く

この節の概要

▶ 前節で、定数係数の２階同次線形方程式の一般解を求める手順を説明しました。ここでは、定数係数の２階非同次線形方程式の解き方を説明します。

定数係数の２階非同次線形方程式

２階非同次線形方程式 $y'' + P(x)y' + Q(x)y = R(x)$ において、$P(x)$ と $Q(x)$ がいずれも定数である場合を考えます。

$$y'' + ay' + by = R(x) \quad (a, \ b は定数)$$

169 ページでみたように、２階非同次線形方程式の一般解は次の手順で求めることができました。

① 対応する２階同次線形方程式の一般解 $Y = C_1 y_1 + C_2 y_2$ を求める。

② ２階非同次線形方程式の特殊解 y_0 を求める。

③ $y = y_0 + Y$ を、２階非同次線形方程式の一般解とする。

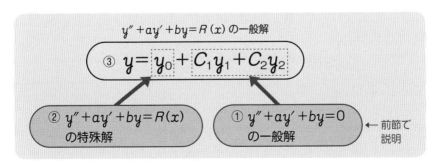

$y'' + ay' + by = R(x)$ の一般解

③ $y = y_0 + C_1 y_1 + C_2 y_2$

② $y'' + ay' + by = R(x)$ の特殊解

① $y'' + ay' + by = 0$ の一般解 ← 前節で説明

この手順のうち、①の2階同次線形方程式の一般解については、前節で解法を示しました。あとは、この方程式の特殊解 y_0 さえわかれば、$y = y_0 + Y$ で一般解を求めることができます。

では、特殊解 y_0 の求め方を説明しましょう。

■ 定数係数の2階非同次線形方程式の特殊解を求める

(STEP 1) 2階非同次線形方程式 $y'' + ay' + by = R(x)$ の特殊解を y_0 とします。この非同次線形方程式に対応する同次方程式の一般解は、y_1、y_2 を基本解として、$Y = C_1 y_1 + C_2 y_2$ と表すことができます。この解の定数 C_1、C_2 を x の関数と考え、特殊解 y_0 を次のような式で表してみましょう。

$$y_0 = u_1(x) y_1 + u_2(x) y_2 \quad \cdots ①$$

この式が成り立つような関数 $u_1(x)$ と $u_2(x)$ をうまく見つければ、特殊解 y_0 を求めることができます。 ◀ この手法は定数変化法というのでした（161ページ）。

(STEP 2) 式①を x で微分すると、次のようになります。

積の微分公式

$\{f(x)g(x)\}' = f'(x)g(x) + f(x) + g'(x)$

$$\begin{aligned} y_0' &= (u_1'(x) y_1 + u_1(x) y_1') + (u_2'(x) y_2 + u_2(x) y_2') \\ &= (u_1(x) y_1' + u_2(x) y_2') + (u_1'(x) y_1 + u_2'(x) y_2) \end{aligned}$$

ここで特殊解の初期条件として、$u_1'(x) y_1 + u_2'(x) y_2 = 0 \quad \cdots ②$ を付け加えましょう。すると上の式は、

$$y_0' = u_1(x) y_1' + u_2(x) y_2' \quad \cdots ③$$

のように簡単になります。上の式をさらに微分して、y_0'' を求めます。

$$\begin{aligned} y_0'' &= (u_1'(x) y_1' + u_1(x) y_1'') + (u_2'(x) y_2' + u_2(x) y_2'') \\ &= (u_1'(x) y_1' + u_2'(x) y_2') + (u_1(x) y_1'' + u_2(x) y_2'') \quad \cdots ④ \end{aligned}$$

STEP 3 式①③④を $y'' + ay' + by = R(x)$ に代入すると、次のようになります（長いので2行に折っています）。

$$(u_1{}'(x)y_1{}' + u_2{}'(x)y_2{}') + (u_1(x)y_1{}'' + u_2(x)y_2{}'')$$
$$+ a(u_1(x)y_1{}' + u_2(x)y_2{}') + b(u_1(x)y_1 + u_2(x)y_2) = R(x)$$
$$\Rightarrow u_1(x)(\underline{y_1{}'' + ay_1{}' + by_1}) + u_2(x)(\underline{y_2{}'' + ay_2{}' + by_2})$$
$$+ (u_1{}'(x)y_1{}' + u_2{}'(x)y_2{}') = R(x)$$

上の式の $\boxed{}$ の部分は、2階同次線形方程式 $y'' + ay' + by = 0$ の左辺に基本解 y_1、y_2 を代入したものなので0になります。したがって、

$$u_1{}'(x)\ y_1{}' + u_2{}'(x)\ y_2{}' = R(x) \quad \cdots ⑤$$

STEP 4 式②と式⑤で、連立一次方程式をつくります（掛け算の順番を少し入れ替えています）。

$$\begin{cases} y_1 u_1{}'(x) + y_2 u_2{}'(x) = 0 \\ y_1{}' u_1{}'(x) + y_2{}' u_2{}'(x) = R(x) \end{cases}$$

この連立方程式は、行列の演算で、

$$\begin{pmatrix} y_1 & y_2 \\ y_1{}' & y_2{}' \end{pmatrix} \begin{pmatrix} u_1{}'(x) \\ u_2{}'(x) \end{pmatrix} = \begin{pmatrix} 0 \\ R(x) \end{pmatrix}$$

と表せます（113ページ）。連立方程式を解くには、両辺に $\begin{pmatrix} y_1 & y_2 \\ y_1{}' & y_2{}' \end{pmatrix}$ の逆行列を掛ければよいのでした。

$$\begin{pmatrix} u_1{}'(x) \\ u_2{}'(x) \end{pmatrix} = \begin{pmatrix} y_1 & y_2 \\ y_1{}' & y_2{}' \end{pmatrix}^{-1} \begin{pmatrix} 0 \\ R(x) \end{pmatrix}$$ ◀ 両辺に逆行列を掛ける

ここで、$\begin{pmatrix} y_1 & y_2 \\ y_1{}' & y_2{}' \end{pmatrix}$ の逆行列は次のように求められます。

$$\begin{pmatrix} y_1 & y_2 \\ y_1{}' & y_2{}' \end{pmatrix}^{-1} = \frac{1}{y_1 y_2{}' - y_2 y_1{}'} \begin{pmatrix} y_2{}' & -y_2 \\ -y_1{}' & y_1 \end{pmatrix}$$

なお、$y_1 y_2{}' - y_2 y_1{}' = 0$ のときは逆行列は存在しません。ですが、$y_1 y_2{}' - y_2 y_1{}'$ をよくみると、これは168ページででてきたロンスキアン

$W(y_1, y_2)$ です。仮定より、y_1, y_2 は1次独立な基本解なので、$W(y_1, y_2) \neq 0$ になります。

STEP 5 ）以上から、この連立方程式の解は次のようになります。

$$\begin{pmatrix} u_1{'}(x) \\ u_2{'}(x) \end{pmatrix} = \frac{1}{W(y_1, y_2)} \begin{pmatrix} y_2{'} & -y_2 \\ -y_1{'} & y_1 \end{pmatrix} \begin{pmatrix} 0 \\ R(x) \end{pmatrix}$$

$$\therefore u_1{'}(x) = \frac{1}{W(y_1, y_2)}(y_2{'} \cdot 0 - y_2 R(x)) = -\frac{R(x)y_2}{W(y_1, y_2)}$$

$$u_2{'}(x) = \frac{1}{W(y_1, y_2)}(-y_1{'} \cdot 0 + y_1 R(x)) = \frac{R(x)y_1}{W(y_1, y_2)}$$

上の式を積分すれば、関数 $u_1(x)$、$u_2(x)$ の式を得られます。

$$u_1(x) = -\int \frac{R(x)y_2}{W(y_1, y_2)}\, dx, \quad u_2(x) = \int \frac{R(x)y_1}{W(y_1, y_2)}\, dx$$

STEP 6 ）上の $u_1(x)$、$u_2(x)$ を 178 ページの式①に代入します。

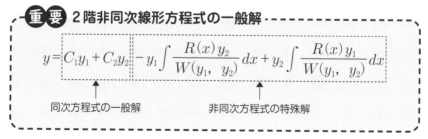

$$y_0 = \underbrace{-y_1 \int \frac{R(x)y_2}{W(y_1, y_2)} dx}_{u_1(x)y_1} + \underbrace{y_2 \int \frac{R(x)y_1}{W(y_1, y_2)} dx}_{u_2(x)y_2}$$

これが、2階非同次線形方程式 $y'' + ay' + by = R(x)$ の特殊解です。したがって一般解は、$y = y_0 + C_1 y_1 + C_2 y_2$ より、次のように求められます。

重要 **2階非同次線形方程式の一般解**

$$y = \underbrace{C_1 y_1 + C_2 y_2}_{同次方程式の一般解} \underbrace{- y_1 \int \frac{R(x)y_2}{W(y_1, y_2)}\, dx + y_2 \int \frac{R(x)y_1}{W(y_1, y_2)}\, dx}_{非同次方程式の特殊解}$$

同次方程式の一般解　　　　　非同次方程式の特殊解

例題 微分方程式 $y'' - y' - 2y = 2e^x$ の一般解を求めなさい。

解 はじめに同伴方程式 $y'' - y' - 2y = 0$ の基本解と一般解を求め、次に $y'' - y' - 2y = 2e^x$ の特殊解を求め、最後に両者の和を求めます。

STEP 1 同次方程式 $y'' - y' - 2y = 0$ の特性方程式は、

$$\lambda^2 - \lambda - 2 = 0 \implies (\lambda + 1)(\lambda - 2) = 0$$
$$\therefore \lambda_1 = -1, \ \lambda_2 = 2$$

以上から、$y'' - y' - 2y = 0$ の基本解は

$$y_1 = e^{\lambda_1 x} = e^{-x}, \ y_2 = e^{\lambda_2 x} = e^{2x}$$

となります。よって、同伴方程式 $y'' - y' - 2y = 0$ の一般解は、

$$Y = C_1 e^{-x} + C_2 e^{2x}$$

STEP 2 次に、非同次方程式 $y'' - y' - 2y = 2e^x$ の特殊解 y_0 を

$$y_0 = -y_1 \int \frac{R(x) y_2}{W(y_1, y_2)} dx + y_2 \int \frac{R(x) y_1}{W(y_1, y_2)} dx$$

によって求めます。上の式の $y_1, \ y_2, \ R(x)$ の値は、それぞれ

$$y_1 = e^{-x}, \ y_2 = e^{2x}, \ R(x) = 2e^x$$

また、ロンスキアン $W(y_1, y_2)$ は、$y_1 = e^{-x}, \ y_2 = e^{2x}, \ y_1' = -e^{-x}, \ y_2' = 2e^{2x}$ より、

$$W(y_1, \ y_2) = \begin{vmatrix} y_1 & y_2 \\ y_1' & y_2' \end{vmatrix} = \begin{vmatrix} e^{-x} & e^{2x} \\ -e^{-x} & 2e^{2x} \end{vmatrix}$$
$$= e^{-x} \cdot 2e^{2x} - e^{2x} \cdot (-e^{-x})$$
$$= 2e^x + e^x = 3e^x$$

です。以上から、特殊解 y_0 は、

$$y_0 = -e^{-x} \int \frac{2e^x \cdot e^{2x}}{3e^x}\,dx + e^{2x} \int \frac{2e^x \cdot e^{-x}}{3e^x}\,dx$$

$$= -e^{-x} \int \frac{2}{3}e^{2x}dx + e^{2x}\int \frac{2}{3}e^{-x}dx$$

$$= -e^{-x} \cdot \frac{2}{3} \cdot \frac{1}{2}e^{2x} + e^{2x} \cdot \frac{2}{3} \cdot (-e^{-x})$$

$$= -\frac{1}{3}e^x - \frac{2}{3}e^x = -e^x$$

となります。

$\boxed{\text{STEP 3}}$ $y'' - y' - 2y = 2e^x$ の一般解は、

$Y = C_1 e^{-x} + C_2 e^{2x}$ ◀ 同伴方程式 $y'' - y' - 2y = 0$ の一般解

$y_0 = -e^x$ ◀ $y'' - y' - 2y = 2e^x$ の特殊解

の和で求められるので、

$$y = Y + y_0 = C_1 e^{-x} + C_2 e^{2x} - e^x \quad \cdots \text{（答）}$$

となります。

練習問題 4　　　　　　　　　　　　　　　　　　　　　（答えは 192 ページ）

　次の微分方程式の一般解を求めよ。

(1) $y'' + y = e^x$

(2) $y'' + 2y' + 2y = -3e^{-x}\sin 2x$

07 微分方程式と振動

この節の概要

▶ 微分方程式の応用例として、振動の問題を考えてみます。

▶ 単振動、減衰振動、強制振動のそれぞれの運動方程式は、2階線形微分方程式を解くことで得られます。

■ 単振動

　図のように、ばねの先に質量 m〔kg〕の物体をぶらさげたところ、ばねが l〔m〕伸びてつりあったとします。

　ばね定数を k とすると、ばねの反力は $F = kl$〔N〕と表せます（フックの法則）。一方、物体は重力によって地面の方向に mg〔N〕の力で引っ張られています。2つの力はつりあっているので、

$$kl = mg$$

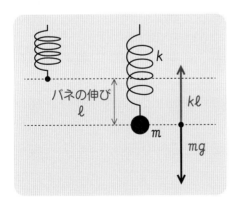

~~~~~~~~~~~~~
フックの法則

ばねの伸び l は、ばねにかかる荷重 F に比例する。

$F = kl$　※k：ばね定数

　この状態から、ばねをさらに下に x〔m〕引っ張り、手を離します。このとき、ばねの伸びは $l+x$〔m〕になるので、ばねの反力は $k(l+x)$〔N〕

となります。また物体に加わる重力は mg〔N〕なので、物体に加わる力は

$$F = -k(l+x) + mg$$

と書けます（地面の方向を正とする）。

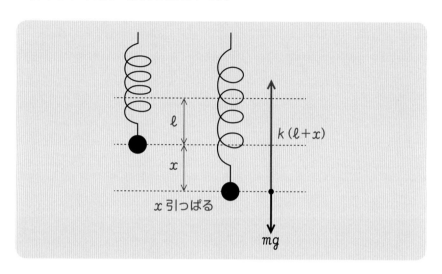

$kl = mg$ より、上の式は、

$$F = -kl - kx + mg = -mg - kx + mg = -kx$$

これをニュートンの運動方程式 $F = ma$ に代入すると、

└→質量×加速度

$$ma = -kx \quad \Rightarrow \quad ma + kx = 0$$

加速度 a を t の微分で表すと、次のような微分方程式になります。

$$m\frac{d^2x}{dt^2} + kx = 0 \quad \Rightarrow \quad \frac{d^2x}{dt^2} + \frac{k}{m}x = 0 \quad \blacktriangleleft \text{両辺を} m \text{で割る}$$

　この微分方程式は、定数係数の2階同次線形方程式なので、次のように解くことができます。

STEP 1 特性方程式を $\lambda^2 + 0\lambda + \dfrac{k}{m} = 0$ と置き、解を求めます。解の公式より、

$$\lambda = \frac{-0 \pm \sqrt{0^2 - 4\ (k/m)}}{2} = \frac{\pm 2\sqrt{-k/m}}{2} = \pm i\sqrt{k/m}$$

$\omega_0 = \sqrt{k/m}$ と置けば、特性方程式の解 $\lambda = \pm i\omega_0$ となります。

(STEP 2) 特性方程式が虚数解 $\lambda = \alpha \pm i\beta$ をもつときの2階同次線形方程式の一般解は、$y = e^{\alpha x}\ (C_1\cos\beta x + C_2\sin\beta x)$ で求められました（175ページ）。ただし、ここで求める一般解は $y = f(x)$ ではなく $x = f(t)$ なので、

$$x = e^{\alpha t}\ (C_1\cos\beta t + C_2\sin\beta t)$$

となります。$\lambda = \pm i\omega_0$ より、$\alpha = 0,\ \beta = \omega_0$ ですから、これらを上の公式に代入します。

$$x = e^{0t}\ (C_1\cos\omega_0 t + C_2\sin\omega_0 t) = C_1\cos\omega_0 t + C_2\sin\omega_0 t,\quad \omega_0 = \sqrt{k/m}$$

三角関数の合成の公式（33ページ）を使うと、上の一般解はさらに

$$x = a\sin(\omega_0 t + \theta),\quad a = \sqrt{C_1^2 + C_2^2},\quad \tan\theta = C_1/C_2$$

と書けます。a を振幅、θ を初期位相といいます。この式によるばねの伸び縮みは、次のようなグラフで表せます。

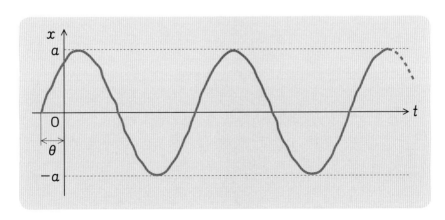

このような運動を単振動といいます。

減衰振動

　先ほどの単振動の式では、ばねの伸び縮みが永久に繰り返されること
になっていますが、実際のばねはそうではありません。空気抵抗や摩擦
力などの影響で、振動は徐々に小さくなり、最後には停止してしまいま
す。このような運動を減衰振動といいます。

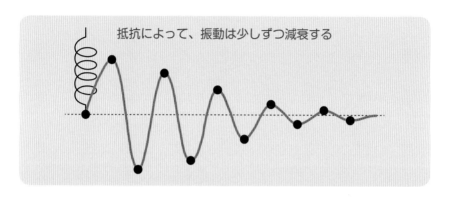

抵抗によって、振動は少しずつ減衰する

　減衰振動を表す式を考えてみましょう。ここでは、ばねの運動に速度
vに比例した抵抗が働くと考えます。この運動を表す方程式は、次のよ
うに書けます。

$$m \frac{d^2x}{dt^2} = -kx - \overset{抵抗}{cv} \quad （cは抵抗係数）$$

$$m \frac{d^2x}{dt^2} + kx + cv = 0 \quad ◀ 変数を左辺に集める$$

$$m \frac{d^2x}{dt^2} + c\frac{dx}{dt} + kx = 0 \quad ◀ 速度vを距離xの微分で表す$$

$$\frac{d^2x}{dt^2} + (c/m)\frac{dx}{dt} + (k/m)x = 0 \quad ◀ 両辺をmで割る$$

先ほど$\omega_0 = \sqrt{k/m}$と置いたので、k/mをω_0^2と置きます。また、c/m
を2ρと置くと、

$$\frac{d^2x}{dt^2} + 2\rho\frac{dx}{dt} + \omega_0^2 x = 0 \quad ◀ 2\rho = c/m，\omega_0^2 = k/mと置く$$

　この２階同次線形微分方程式を解いてみましょう。

特性方程式を $\lambda^2 + 2\rho\lambda + \omega_0{}^2 = 0$ と置き、解を求めます。解の公式より、

$$\lambda = \frac{-2\rho \pm \sqrt{4\rho^2 - 4\omega_0{}^2}}{2} = -\rho \pm \sqrt{\rho^2 - \omega_0{}^2}$$

一般解は次のようになります（176 ページ）。

1 $\rho^2 - \omega_0{}^2 > 0$ **のとき**

特性方程式は 2 個の実数解をもつので、一般解は次のようになります。

$$x = C_1 e^{(-\rho + \sqrt{\rho^2 - \omega_0{}^2})t} + C_2 e^{(-\rho - \sqrt{\rho^2 - \omega_0{}^2})t} \quad (C_1、C_2 は任意の定数)$$

2 $\rho^2 - \omega_0{}^2 = 0$ **のとき**

特性方程式は重解 $\lambda = -\rho$ をもつので、一般解は次のようになります。

$$x = e^{-\rho t}(C_1 + C_2 t) \qquad (C_1、C_2 は任意の定数)$$

3 $\rho^2 - \omega_0{}^2 < 0$ **のとき**

特性方程式は虚数解 $\lambda = -\rho \pm i\sqrt{\omega_0{}^2 - \rho^2}$ をもつので、一般解は次のようになります。

$$x = e^{-\rho t}(C_1 \cos \sqrt{\omega_0{}^2 - \rho^2}\, t + C_2 \sin \sqrt{\omega_0{}^2 - \rho^2}\, t)$$

1 2 3 のそれぞれの場合をグラフで表すと、次のようになります。

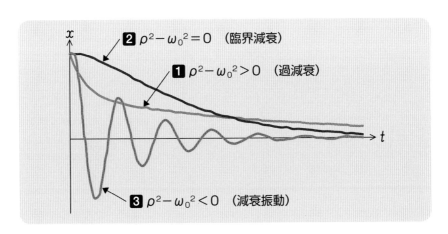

1 は過減衰といい、抵抗が大きすぎて振動は生じません。また、**2** は臨界減衰といい、過減衰と減衰振動の境界線になります。振動が徐々に弱くなっていく減衰振動は、**3** の場合にのみ生じます。

■■ 強制振動

たとえば、ブランコを揺れに合わせて漕ぐと、さらに大きな揺れになります。また、揺れを打ち消すように漕ぐと、揺れは小さくなります。このように、外部から周期的な力を加えた振動を**強制振動**といいます。

たとえば、外部から加える力を $F_0\cos\omega t$ とすると、運動方程式は次のように表せます。

┌ 186 ページの式より

$$m\frac{d^2x}{dt^2} + c\frac{dx}{dt} + kx = F_0\cos\omega t$$

$$\frac{d^2x}{dt^2} + \frac{c}{m}\cdot\frac{dx}{dt} + \frac{k}{m}x = \frac{F_0}{m}\cos\omega t \quad \blacktriangleleft 両辺を m で割る$$

$$\frac{d^2x}{dt^2} + 2\rho\frac{dx}{dt} + \omega_0^2 x = f\cos\omega t \quad \cdots① \quad \blacktriangleleft 2\rho = c\diagup m,\ \omega_0 = \sqrt{k\diagup m},$$
$$f = F_0\diagup m と置く$$

式①は2階非同次線形方程式の形です。これを解いていきましょう。なお、$\rho^2 - \omega_0^2 < 0$ とします。

STEP 1 まず、この2階非同次線形方程式に対応する同伴方程式

$$\frac{d^2x}{dt^2} + 2\rho\frac{dx}{dt} + \omega_0^2 x = 0$$

の一般解を求めます。これは、170 ページの2階同次線形方程式と同じなので、一般解は $\rho^2 - \omega_0^2 < 0$ より、

$$x = e^{-\rho t}(C_1\cos\sqrt{\omega_0^2 - \rho^2}\,t + C_2\sin\sqrt{\omega_0^2 - \rho^2}\,t)$$

です。

STEP 2 次に、この2階非同次線形方程式の特殊解を求めます。180 ページの公式を使っても解けますが、計算があまりに煩雑なので、ここ

ではもっと直感的なアプローチを使いましょう。

まず、この特殊解を $x_0 = a\cos\omega t + b\sin\omega t \cdots$② と予想します（$a$, b は定数）。$x_0{'}$, $x_0{''}$ を求めると、

$$x_0{'} = -\omega a\sin\omega t + \omega b\cos\omega t$$
$$x_0{''} = -\omega^2 a\cos\omega t - \omega^2 b\sin\omega t$$

これらを元の方程式①に代入すると、

$$(-\omega^2 a\cos\omega t - \omega^2 b\sin\omega t) + 2\rho(-\omega a\sin\omega t + \omega b\cos\omega t) + \omega_0{}^2(a\cos\omega t + b\sin\omega t)$$
$$= f\cos\omega t$$
$$(\omega_0{}^2 a - \omega^2 a + 2\rho\omega b)\cos\omega t + (\omega_0{}^2 b - \omega^2 b - 2\rho\omega a)\sin\omega t = f\cos\omega t$$

となります。$\cos\omega t$, $\sin\omega t$ の係数を両辺で比較すると、

$$\omega_0{}^2 a - \omega^2 a + 2\rho\omega b = f \quad \Rightarrow \quad (\omega_0{}^2 - \omega^2)a + 2\rho\omega b = f$$
$$\omega_0{}^2 b - \omega^2 b - 2\rho\omega a = 0 \quad \Rightarrow \quad -2\rho\omega a + (\omega_0{}^2 - \omega^2)b = 0$$

さらに $\alpha = \omega_0{}^2 - \omega^2$, $\beta = 2\rho\omega$ と置けば、

$$\alpha a + \beta b = f \quad \cdots③$$
$$-\beta a + \alpha b = 0 \quad \cdots④$$

となります。式③④を連立方程式として a, b を求めると、

$$a = f\frac{\alpha}{\alpha^2 + \beta^2} \ , \ b = f\frac{\beta}{\alpha^2 + \beta^2}$$

を得ます。上の a, b を式②に代入すると、特殊解 x_0 は、

$$x_0 = f\frac{\alpha}{\alpha^2 + \beta^2}\cos\omega t + f\frac{\beta}{\alpha^2 + \beta^2}\sin\omega t$$

$$= f\frac{1}{\alpha^2 + \beta^2}(\alpha\cos\omega t + \beta\sin\omega t)$$

$$= f\frac{\sqrt{\alpha^2 + \beta^2}}{\alpha^2 + \beta^2}\sin(\omega t + \phi) \quad \blacktriangleleft 三角関数の合成$$

$$= \frac{f}{\sqrt{\alpha^2 + \beta^2}}\sin(\omega t + \phi) \quad \blacktriangleleft \alpha = \omega_0^2 - \omega^2, \ \beta = 2\rho\omega$$

$$= \frac{f}{\sqrt{(\omega_0{}^2 - \omega^2)^2 + 4\rho^2\omega^2}} \sin (\omega t + \phi), \quad \tan\phi = \frac{2\rho\omega}{\omega_0{}^2 - \omega^2}$$

STEP 3 一般解は、特殊解 x_0 と同伴方程式の一般解の和で求められるので、次のようになります。

$$x = e^{-\rho t} (C_1\cos \sqrt{\omega_0{}^2 - \rho^2}\ t + C_2\sin \sqrt{\omega_0{}^2 - \rho^2}\ t)$$
$$+ \frac{f}{\sqrt{(\omega_0{}^2 - \omega^2)^2 + 4\rho^2\omega^2}} \sin (\omega t + \phi)$$

　強制振動のグラフは各定数の値によって異なりますが、ω と ω_0 の値が近いと、図のように振幅が周期的に変化するグラフになります。この現象をうなりといいます。

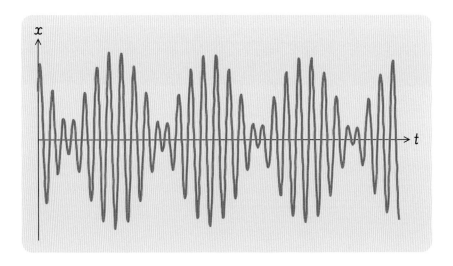

練習問題1 ≫ 158 ページ

$E = L\dfrac{di}{dt} + Ri$ より、

$\dfrac{di}{dt} = -\dfrac{Ri-E}{L} \ \Rightarrow \ \dfrac{1}{Ri-E}\,di = -\dfrac{1}{L}\,dt$　◀両辺×$\dfrac{dt}{Ri-E}$

両辺に積分記号をつけて積分します。

$\displaystyle \int \dfrac{1}{Ri-E}\,di = -\int \dfrac{1}{L}\,dt$

$\dfrac{1}{R}\log|Ri-E| = -\dfrac{1}{L}\,t + A$　◀$\displaystyle \int \dfrac{1}{ax+b}\,dx = \dfrac{1}{a}\log|ax+b|+C$

$|Ri-E| = e^{-\frac{R}{L}t+A} = e^{A}\cdot e^{-\frac{R}{L}t}$　◀指数表示にする

$Ri-E = -e^{A}\cdot e^{-\frac{R}{L}t}$　◀$Ri < E$より

$Ri = E - e^{A}\cdot e^{-\frac{R}{L}t}$

$i = \dfrac{E}{R} - \dfrac{e^{A}}{R}\cdot e^{-\frac{R}{L}t} = \dfrac{E}{R} + Ce^{-\frac{R}{L}t}$　◀$-\dfrac{e^{A}}{R} = C$と置く（一般解）

ここで、$t = 0$ のとき $i = 0$ ですから、

$0 = \dfrac{E}{R} + Ce^{0} \quad \therefore C = -\dfrac{E}{R}$　◀$e^{0} = 1$

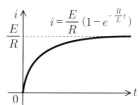

以上から、電流 i は次のようになります。

$i = \dfrac{E}{R} + Ce^{-\frac{R}{L}t} = \dfrac{E}{R} - \dfrac{E}{R}e^{-\frac{R}{L}t} = \dfrac{E}{R}(1-e^{-\frac{R}{L}t})$

練習問題2 ≫ 164 ページ

(1) $\dfrac{dy}{dx} - y = 0$

$\dfrac{dy}{dx} = y \ \Rightarrow \ \dfrac{1}{y}\,dy = dx \ \Rightarrow \ \displaystyle \int \dfrac{1}{y}\,dy = \int 1\,dx$

$\log|y| = x + C \ \Rightarrow \ |y| = e^{x+C} = e^{C}\cdot e^{x} \quad \therefore y = Ce^{x}$

(2) $\dfrac{dy}{dx} - y = 1$

　非同次方程式なので、定数変化法で解きます。同伴方程式 $\dfrac{dy}{dx} - y = 0$ の一般解は、(1) より $y = Ce^{x}$ なので、C を x の関数 $u(x)$ とすると、

$y = u(x)\,e^{x}$

これを元の方程式に代入します。

$$(u\,(x)\,e^x)' - u\,(x)\,e^x = 1$$

$$u'\,(x)\,e^x + u\,(x)\,e^x - u\,(x)\,e^x = 1$$

$$u'\,(x)\,e^x = 1$$

$$u'\,(x) = e^{-x} \qquad \therefore u\,(x) = \int e^{-x}dx = -e^{-x} + C$$

以上から、

$$y = (-e^{-x} + C)\,e^x = -\underbrace{e^{-x} \cdot e^x}_{=\,1} + Ce^x = Ce^x - 1$$

練習問題3 ≫ 176 ページ

(1) $y'' - 4y' + 3y = 0$

特性方程式 $\lambda^2 - 4\lambda + 3 = (\lambda-1)\,(\lambda-3) = 0$ より、$\lambda = 1,\ 3$。

したがって、$y = C_1 e^x + C_2 e^{3x}$　◀特性方程式が実数解 $\lambda_1,\ \lambda_2$ をもつとき（176ページ）

(2) $y'' - 4y' + 4y = 0$

特性方程式 $\lambda^2 - 4\lambda + 4 = (\lambda-2)^2 = 0$ より、$\lambda = 2$。

したがって、$y = e^{2x}\,(C_1 + C_2 x)$　◀特性方程式が重解 λ をもつとき

(3) $y'' - 4y' + 8y = 0$

特性方程式 $\lambda^2 - 4\lambda + 8 = 0$ の解は、解の公式より、

$$\lambda = \frac{-(-4) \pm \sqrt{(-4)^2 - 4 \cdot 8}}{2} = 2 \pm i2$$

したがって、$y = e^{2x}\,(C_1 \cos 2x + C_2 \sin 2x)$　◀特性方程式が虚数解 $\alpha + i\beta$，$\alpha - i\beta$ をもつとき

練習問題4 ≫ 182 ページ

(1) $y'' + y = e^x$

まず、同次方程式 $y'' + y = 0$ の一般解を求めます。特性方程式 $\lambda^2 + 1 = 0$ より、

$$\lambda = \frac{0 \pm \sqrt{0^2 - 4}}{2} = \pm i$$　◀2次方程式の解の公式

したがって $y'' + y = 0$ の一般解は、

$$Y = e^0\,(C_1 \cos x + C_2 \sin x) = C_1 \cos x + C_2 \sin x$$　◀175ページ

となります。基本解 $y_1 = \cos x,\ y_2 = \sin x$ より、$y_1' = -\sin x,\ y_2' = \cos x$　◀64ページ

$$\underbrace{W\,(y_1,\ y_2)}_{\text{ロンスキアン}} = \begin{vmatrix} y_1 & y_2 \\ y_1' & y_2' \end{vmatrix} = \cos x\,(\cos x) - \sin x\,(-\sin x) = \cos^2 x + \sin^2 x = 1$$

以上から、非同次方程式 $y'' + y = e^x$ の特殊解は、

$$y_0 = -\cos x \underbrace{\int e^x \sin x\, dx}_{\alpha} + \sin x \underbrace{\int e^x \cos x\, dx}_{\beta}$$

α 部分の積分は、$I = \int e^x \sin x\, dx$ として 2 回置換積分します（90 ページ参照）。

$$I = e^x(-\cos x) - \int e^x(-\cos x)\, dx \quad \blacktriangleleft f(x)=e^x,\ g'(x)=\sin x$$

$$= -e^x\cos x + e^x\sin x - \int e^x\sin x\, dx \quad \blacktriangleleft f(x)=e^x,\ g'(x)=-\cos x$$

$$= -e^x\cos x + e^x\sin x - I$$

$$2I = e^x\sin x - e^x\cos x \quad \therefore I = \frac{1}{2}e^x(\sin x - \cos x) \quad \blacktriangleleft \alpha$$

β 部分の積分も同様に、$I = \int e^x \cos x\, dx$ として 2 回置換積分します。

$$I = e^x\sin x - \int e^x\sin x\, dx \quad \blacktriangleleft f(x)=e^x,\ g'(x)=\cos x$$

$$= e^x\sin x + e^x\cos x - \int e^x\cos x\, dx \quad \blacktriangleleft f(x)=e^x,\ g'(x)=\sin x$$

$$= e^x\sin x + e^x\cos x - I$$

$$2I = e^x\sin x + e^x\cos x \quad \therefore I = \frac{1}{2}e^x(\sin x + \cos x) \quad \blacktriangleleft \beta$$

以上から、

$$y_0 = -\frac{1}{2}e^x\cos x(\sin x - \cos x) + \frac{1}{2}e^x\sin x(\sin x + \cos x)$$

$$= \frac{1}{2}e^x(-\cos x\sin x + \cos^2 x + \sin^2 x + \sin x\cos x) = \frac{1}{2}e^x$$

したがって、非同次方程式 $y'' + y = e^x$ の一般解は、

$$y = Y + y_0 = C_1\cos x + C_2\sin x + \frac{1}{2}e^x \quad \cdots \text{（答）}$$

(2) $y'' + 2y' + 2y = -3e^{-x}\sin 2x$

まず、同次方程式 $y'' + 2y' + 2y = 0$ の一般解を求めます。特性方程式 $\lambda^2 + 2\lambda + 2 = 0$ より、

$$\lambda = \frac{-2 \pm \sqrt{2^2 - 4\cdot 2}}{2} = -1 \pm i$$

以上から、$y'' + 2y' + 2y = 0$ の一般解 Y は

$$Y = e^{-x}(C_1\cos x + C_2\sin x)$$

基本解は $y_1 = e^{-x}\cos x$, $y_2 = e^{-x}\sin x$ となります。

y_1, y_2 をそれぞれ微分すると、

$$y_1' = -e^{-x}\cos x + e^{-x}(-\sin x) = -e^{-x}(\cos x + \sin x)$$

$$y_2' = -e^{-x}\sin x + e^{-x}\cos x = e^{-x}(\cos x - \sin x)$$

以上から、

$$W(y_1,\ y_2) = e^{-x}\cos x \cdot e^{-x}(\cos x - \sin x) + e^{-x}\sin x \cdot e^{-x}(\cos x + \sin x)$$

$$= e^{-2x}(\cos^2 x - \cos x\sin x + \sin x\cos x + \sin^2 x) = e^{-2x}$$

したがって、非同次方程式 $y'' + 2y' + 2y = -3e^{-x}\sin 2x$ の特殊解は、

$$y_0 = -e^{-x}\cos x \int \frac{-3e^{-x}\sin 2x \cdot e^{-x}\sin x}{e^{-2x}}\,dx + e^{-x}\sin x \int \frac{-3e^{-x}\sin 2x \cdot e^{-x}\cos x}{e^{-2x}}\,dx$$

$$= 3e^{-x}\cos x \underbrace{\int \sin 2x\sin x\,dx}_{\alpha} - 3e^{-x}\sin x \underbrace{\int \sin 2x\cos x\,dx}_{\beta}$$

α と β 部分の積分は、積を和にする公式 (33 ページ) を使います。

$$\int \sin 2x\sin x\,dx = \int \frac{\cos(2x-x) - \cos(2x+x)}{2}\,dx$$

$$= \frac{1}{2}\int (\cos x - \cos 3x)\,dx = \frac{1}{2}\left(\sin x - \frac{1}{3}\sin 3x\right) \quad \blacktriangleleft 78,\ 82$$

ページ

$$\int \sin 2x\cos x\,dx = \int \frac{\sin(2x+x) + \sin(2x-x)}{2}\,dx$$

$$= \frac{1}{2}\int (\sin 3x + \sin x)\,dx = \frac{1}{2}\left(-\frac{1}{3}\cos 3x - \cos x\right)$$

したがって、

$$y_0 = \frac{3}{2}\,e^{-x}\cos x\left(\sin x - \frac{1}{3}\sin 3x\right) - \frac{3}{2}\,e^{-x}\sin x\left(-\frac{1}{3}\cos 3x - \cos x\right)$$

$$= \frac{3}{2}\,e^{-x}\left(2\sin x\cos x - \frac{1}{3}\sin 3x\cos x + \frac{1}{3}\sin x\cos 3x\right)$$

　　　　　　　　　　　倍角の公式　　積を和にする公式　　積を和にする公式

$$= \frac{3}{2}\,e^{-x}\left(\sin 2x - \frac{\sin 4x + \sin 2x}{6} + \frac{\sin 4x - \sin 2x}{6}\right)$$

$$= \frac{3}{2}\,e^{-x}\left(\sin 2x - \frac{1}{3}\sin 2x\right) = \frac{3}{2}\,e^{-x}\cdot\frac{2}{3}\sin 2x = e^{-x}\sin 2x$$

以上から、非同次方程式 $y'' + 2y' + 2y = -3e^{-x}\sin 2x$ の一般解は、

$$y = e^{-x}(C_1\cos x + C_2\sin x) + e^{-x}\sin 2x$$

$$= e^{-x}(C_1\cos x + C_2\sin x + \sin 2x) \quad \cdots \text{(答)}$$

第5章

場の微分を理解する
grad, div, rot

物理学には「場」という概念があります。簡単にいうと、「場」とは座標によってある物理量が変化する空間です。重力場、電場、磁場などがありますね。これらの「場」の様子を考えるためのツールとして、勾配（grad）、発散（div）、回転（rot）という3種類の計算があります。いずれも「場」の微分の一種です。

01 偏微分とはなにか

この節の概要

▶ 高校数学で学習する関数は、独立変数が 1 個だけのものが基本ですが、物理数学では独立変数が複数ある関数も扱います。このような多変数関数の微分を偏微分といいます。

■ 偏微分とは

第 1 章で紹介した様々な種類の関数は、1 個の変数 x に対して、1 個の y が対応するものでした（10 ページ）。x を独立変数、y を従属変数というのでしたね。

$$y = f(x)$$

独立変数 — ↑ 従属変数 —

変換器
入力 x → f(x) → 出力 y

ここでは、2 つの変数 x, y に対して、1 個の変数 z が対応する関数（2 変数関数）を考えます。このような関数を $f(x, y)$ のように書きます。$z = f(x, y)$ では、x と y が独立変数、z が従属変数です。

$$z = f(x, y)$$

従属変数 ↑ 独立変数 —

入力 x, y → f(x, y) → 出力 z

2 変数関数の微分は、どのように考えればよいでしょうか？　じつは、それほど難しく考える必要はありません。2 変数関数は、2 個の変数の

うち一方を定数とみなせば、変数1個の関数と同様に考えることができます。このような微分を偏微分といいます。

　たとえば、2変数関数 $f(x, y)$ では、y を定数とみなして x について微分する偏微分と、x を定数とみなして y について微分する偏微分の2つができます。これらはそれぞれ $\dfrac{\partial f}{\partial x}$，$\dfrac{\partial f}{\partial y}$ と書き、次のように定義できます。

重要 偏導関数の定義

$$\frac{\partial f}{\partial x} = \lim_{h \to 0} \frac{f(x+h, y) - f(x, y)}{h} \quad \blacktriangleleft y を一定にして x について微分$$

$$\frac{\partial f}{\partial y} = \lim_{h \to 0} \frac{f(x, y+h) - f(x, y)}{h} \quad \blacktriangleleft x を一定にして y について微分$$

第5章 場の微分を理解する

　上の式は偏微分の導関数の定義なので、偏導関数といいます。偏導関数の記号 $\dfrac{\partial f}{\partial x}$ は、「関数 f を変数 x について偏微分する」という意味の記号で、∂ はデルまたはラウンドと読みます。偏導関数の記号には、ほかにもいくつかの書き方があります。

$z = f(x, y)$ を x で偏微分する場合の偏導関数の書き方:

$$\frac{\partial f}{\partial x} \quad f_x \quad f_x(x, y) \quad \frac{\partial z}{\partial x} \quad z_x \quad \left(\frac{\partial f}{\partial x}\right)_y$$

y を固定するという意味 ↑

例題1 $f(x, y) = x^2 - 3xy + 2y^2$ の偏導関数 $\dfrac{\partial f}{\partial x}$ および $\dfrac{\partial f}{\partial y}$ を求めよ。

解 y を定数とみなして x で偏微分すると、次のようになります。

$$\frac{\partial f}{\partial x} = \frac{\partial}{\partial x} (x^2 - \underset{\text{定数}}{3y}x + \underset{\text{定数}}{2y^2}) = 2x - 3y \quad \cdots (\text{答})$$

$(ax)' = a \qquad (a)' = 0$

また、x を定数とみなして y で偏微分すると、次のようになります。

$$\frac{\partial f}{\partial y} = \frac{\partial}{\partial y} (2y^2 - \underset{}{3x}y + \underset{}{x^2}) = 4y - 3x \quad \cdots (\text{答})$$

$(ay)' = a \qquad (a)' = 0$

例題2 $f(x, y) = \sin(x^2 + 3y)$ の偏導関数 $\dfrac{\partial f}{\partial x}$ と $\dfrac{\partial f}{\partial y}$ を求めよ。

解 1変数の関数 $f(x)$ と、2変数関数 $g(x, y)$ とを組み合わせた合成関数、$f(g(x, y))$ は、合成関数の微分公式 $\{f(g(x))\}' = f'(g(x))g'(x)$ より、次のように偏微分できます。

$$\frac{\partial f}{\partial x} = f'(g(x, y)) \frac{\partial g}{\partial x}, \quad \frac{\partial f}{\partial y} = f'(g(x, y)) \frac{\partial g}{\partial y}$$

x で偏微分　　　　　　　　y で偏微分

$f(x, y) = \sin(x^2 + 3y)$ の偏導関数は、$g(x, y) = x^2 + 3y$ と置けば、次のように計算できます。

微分

$$\frac{\partial f}{\partial x} = \{\sin(g(x, y))\}' \cdot \frac{\partial}{\partial x}(x^2 + 3y) = \cos(x^2 + 3y) \cdot 2x$$

x で偏微分

$$= 2x\cos(x^2 + 3y) \quad \cdots \text{（答）}$$

微分

$$\frac{\partial f}{\partial y} = \{\sin(g(x, y))\}' \cdot \frac{\partial}{\partial y}(x^2 + 3y) = \cos(x^2 + 3y) \cdot 3$$

y で偏微分

$$= 3\cos(x^2 + 3y) \quad \cdots \text{（答）}$$

練習問題 1　　　　　　　　　　　　　　　　　　　（答えは 225 ページ）

次の関数について、$\dfrac{\partial f}{\partial x}$ と $\dfrac{\partial f}{\partial y}$ を求めなさい。

(1) $f(x, y) = 2x^2 - 3xy + 5y^2 - y + 3$

(2) $f(x, y) = x^2\cos y$

(3) $f(x, y) = 2xe^y$

(4) $f(x, y) = e^x\sin(x + 2y)$

■ 偏微分の偏微分

関数 $f(x, y)$ を x で偏微分した後、さらに y で偏微分する場合は、次のように書きます。

$$f_{xy} = \frac{\partial^2 f}{\partial y \partial x} = \frac{\partial}{\partial y}\left(\frac{\partial f}{\partial x}\right)$$ ◀ x で偏微分した後、y で偏微分

同様に、関数 $f(x, y)$ を x で偏微分した後、さらに x で偏微分する場合は、

$$f_{xx} = \frac{\partial^2 x}{\partial x^2} = \frac{\partial}{\partial x}\left(\frac{\partial f}{\partial x}\right)$$ ◀ x で偏微分した後、さらに x で偏微分

と書きます。

第5章　場の微分を理解する

例題3 $f(x, y) = x^3 + 2x^2 + y^2 + 3xy + x$ のとき、f_{xy} と f_{yx} を求めよ。

解 $f_x = \dfrac{\partial}{\partial x}(x^3 + 2x^2 + y^2 + 3xy + x) = 3x^2 + 4x + 3y + 1$

$f_{xy} = \dfrac{\partial^2 f}{\partial y \partial x} = \dfrac{\partial}{\partial y}\left(\dfrac{\partial f}{\partial x}\right) = \dfrac{\partial}{\partial y}(3x^2 + 4x + 3y + 1) = 3$ ……（答）

$f_y = \dfrac{\partial}{\partial y}(x^3 + 2x^2 + y^2 + 3xy + x) = 2y + 3x$

$f_{yx} = \dfrac{\partial^2 f}{\partial x \partial y} = \dfrac{\partial}{\partial x}\left(\dfrac{\partial f}{\partial y}\right) = \dfrac{\partial}{\partial x}(2y + 3x) = 3$ ……（答）

この例題では、f_{xy} と f_{yx} が同じ値になりますが、これは偶然ではありません。一般に、関数 $f(x, y)$ の偏導関数 f_{xy} と f_{yx} が存在し、どちらも連続であるなら、$f_{xy} = f_{yx}$ が成り立ちます（シュワルツの定理）。

■ 全微分

関数 $f(x, y)$ において、x を Δx、y を Δy だけ変化させたときの値を $f(x + \Delta x, y + \Delta y)$ とし、この値と $f(x, y)$ との差を Δf とします。

$$\Delta f = f(x + \Delta x, y + \Delta y) - f(x, y)$$

この式に $f(x, y+\Delta y) - f(x, y+\Delta y)$ を加え、次のように変形します。

$$\Delta f = f(x+\Delta x, y+\Delta y) - f(x, y) + f(x, y+\Delta y) - f(x, y+\Delta y)$$

$$= f(x+\Delta x, y+\Delta y) - f(x, y+\Delta y) + f(x, y+\Delta y) - f(x, y)$$

$$= \frac{f(x+\Delta x, y+\Delta y) - f(x, y+\Delta y)}{\Delta x} \cdot \Delta x + \frac{f(x, y+\Delta y) - f(x, y)}{\Delta y} \cdot \Delta y$$

Δx, Δy を限りなく 0 に近づけていくと、次のようになります。

$$= \underbrace{\lim_{\Delta x \to 0} \frac{f(x+\Delta x, y+\Delta y) - f(x, y+\Delta y)}{\Delta x}}_{①} \cdot \Delta x + \underbrace{\lim_{\Delta y \to 0} \frac{f(x, y+\Delta y) - f(x, y)}{\Delta y}}_{②} \cdot \Delta y$$

上の式のうち、①の部分は変数 y を固定した x の偏微分、②の部分は変数 x を固定した y の偏微分なので、次のように書けます。

$$\Delta f = \frac{\partial f}{\partial x} \cdot \Delta x + \frac{\partial f}{\partial y} \cdot \Delta y$$

上の式の Δf, Δx, Δy をそれぞれ df, dx, dy に書き換えると、次のようになります。

$$df = \frac{\partial f}{\partial x} dx + \frac{\partial f}{\partial y} dy$$

この df を、関数 $f(x, y)$ の**全微分**といいます。

例題 4 $z = x^2 y^2$ のとき、全微分 dz を求めよ。

解 x, y それぞれの偏微分は、

$$\frac{\partial z}{\partial x} = \frac{\partial}{\partial x}(x^2 y^2) = 2xy^2, \qquad \frac{\partial z}{\partial y} = \frac{\partial}{\partial y}(x^2 y^2) = 2x^2 y$$

以上から、全微分 dz は次のようになります。

$$dz = \frac{\partial z}{\partial x} dx + \frac{\partial z}{\partial y} dy = 2xy^2 dx + 2x^2 y dy \quad \cdots \text{(答)}$$

02 スカラー場とベクトル場

この節の概要

> ▶ 物理学で、場所ごとにある物理量が定まる平面や空間を「場」
> といいます。物理量にはスカラーとベクトルがあるので、場
> にもスカラー場とベクトル場があります。

■ スカラー場

　平面や空間上の任意の点で、あるスカラー量が定まる場合、その平面
や空間をスカラー場といいます。たとえば、地図上を細かいマス目で区
切り、各マスにその地点の標高を書き込んだ図を考えてみましょう。地
図上の任意の点に対して、その標高が1つだけ定まります。これは、標
高についての二次元のスカラー場（標高場）の例です。

```
16 17 18 18 18 17 16 15 14 14
17 18 19 19 19 18 17 16 15 15
17 18 19 20 20 19 18 17 16 15
17 18 19 20 20 19 18 17 16 15
16 17 18 19 19 18 17 16 15 14
15 16 17 18 18 17 16 15 14 13
14 15 16 17 17 17 16 15 14 13
```

　地図上の同じ標高を結んだ線を等高線といいます。等高線図は、二次
元のスカラー場を視覚的に表すときによく使われます。

　テレビなどの天気予報では、各地の気温を色分けした地図によって示
しています。これは、気温によるスカラー場（気温場）をわかりやすく
視覚的に表したものといえます。

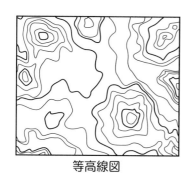

等高線図

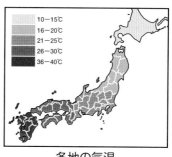

各地の気温

地図は平面ですが、立体空間のスカラー場を考えることもできます。たとえば、室内を細かい立方体のブロックに区分けし、各ブロックごとの気温や湿度を考えると、その部屋全体がスカラー場となります。

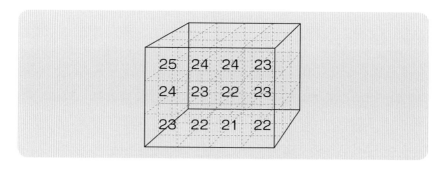

スカラー場を数式で表してみましょう。二次元のスカラー場は、平面上の座標 (x, y) によって値が一意に決まるので、

$$f(x, y)$$ ◀ 平面のスカラー場 f

のような2変数関数として表すことができます。三次元のスカラー場は、

$$f(x, y, z)$$ ◀ 三次元のスカラー場 f

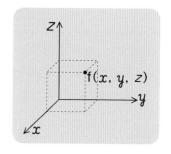

のような3変数関数となります。

■□ ベクトル場

　平面や空間上の任意の点で、あるベクトル量が定まる場合をベクトル場といいます。たとえば、各地点ごとの風速は、風の強さと向きの両方の情報をもったベクトル場の例です。

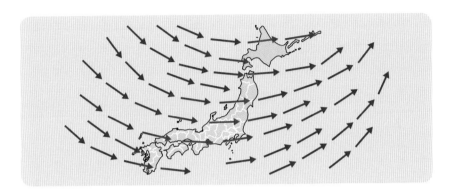

　磁石の周囲には、磁力が作用する磁場ができます。磁力はベクトルで表されるのでベクトル場です。物理学では、磁場のほかにも電場、重力場といったベクトル場を扱います。

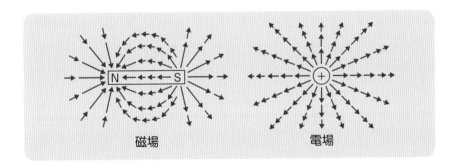

磁場　　　　　　　　　　　　　電場

　ベクトル場を数式で表すことを考えてみましょう。
　ベクトル場 $\vec{A}$ の、平面上の任意の点 $(x,\ y)$ におけるベクトルを $\vec{A}\ (x,\ y)$ と書きます。$\vec{A}\ (x,\ y)$ は、独立変数 $x,\ y$ によって向きと大きさが一意に決まるベクトルなので、一種の関数とみなすことができます。このような関数を**ベクトル関数**といいます。

$\vec{A}(x, y)$ ◀ ベクトル場 $\vec{A}$ の座標
(x, y)におけるベクトル

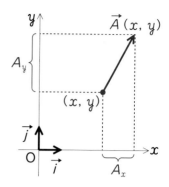

次に、ベクトル $\vec{A}$ (x, y) を x 成分と y 成分とに分解し、

$$\vec{A}(x, y) = A_x \vec{i} + A_y \vec{j}$$

とします（$\vec{i}$, $\vec{j}$ は、それぞれ x 軸と y 軸方向の単位ベクトル：124 ページ）。

上の式の A_x、A_y はスカラーですが、座標が変われば大きさが変わるので、やはり x, y の関数とみなすことができます。そこで、これらをそれぞれ $A_x(x, y)$、$A_y(x, y)$ と書くと次のようになります。

$$\vec{A}(x, y) = A_x(x, y)\,\vec{i} + A_y(x, y)\,\vec{j}$$

$\vec{A}$ (x, y) はベクトル関数ですが、A_x (x, y) と A_y (x, y) はスカラー関数であることに注意してください。

以上は二次元の場合ですが、三次元のベクトル場も同様に考えれば、

$$\vec{A}(x, y, z) = A_x(x, y, z)\,\vec{i} + A_y(x, y, z)\,\vec{j} + A_z(x, y, z)\,\vec{k}$$

と書けます。

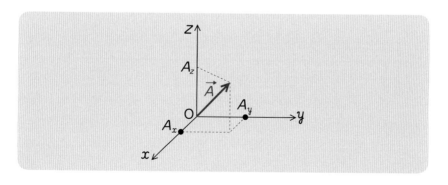

03 勾配gradとはなにか

この節の概要

▶ スカラー場の変化率をベクトルで表したものを勾配（grad）
といいます。

▶ 勾配の意味と、勾配の計算方法を理解しましょう。

二次元スカラー場の勾配

図のような等高線図で表される二次元のスカラー場を例に考えます。

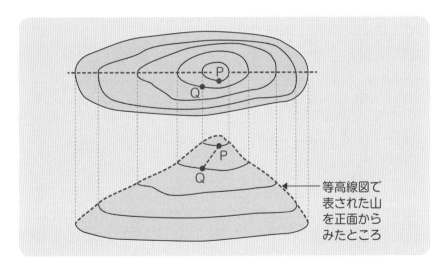

等高線図で
表された山
を正面から
みたところ

　山の頂上付近のP点にボールを置くと、ボールは坂を転がっていく
と考えられます。このとき、ボールの転がる方向は、坂の傾斜が最も大
きい方向です。この方向と傾斜の大きさを求めてみましょう。

　点Qにおける標高を $f(x, y)$、点Pにおける標高を $f(x + \Delta x, y + \Delta y)$ とします。点Pと点Qとの高度差を Δf とすれば、

$$\Delta f = f(x + \Delta x, \ y + \Delta y) - f(x, \ y)$$

と書けますね。ここで、右辺に $-f(x, \ y + \Delta y) + f(x, \ y + \Delta y)$ を
加えて変形すると、

$$\Delta f = f(x + \Delta x, \ y + \Delta y) - f(x, \ y + \Delta y) + f(x, \ y + \Delta y) - f(x, \ y)$$
$$= \frac{f(x + \Delta x, \ y + \Delta y) - f(x, \ y + \Delta y)}{\Delta x} \Delta x + \frac{f(x, \ y + \Delta y) - f(x, \ y)}{\Delta y} \Delta y$$

Δx, Δy を 0 に近づけ、dx, dy で表すと、全微分の式（200ページ）に
なります。

$$\Delta f = \frac{\partial f}{\partial x} dx + \frac{\partial f}{\partial y} dy$$

ここで、

$$\vec{v} = \left(\frac{\partial f}{\partial x}, \ \frac{\partial f}{\partial y} \right), \ \vec{w} = (dx, \ dy)$$

という 2 つのベクトルを考えます。2 つのベクトルの内積（スカラー積）
を求めると、129 ページより、

$$\vec{v} \cdot \vec{w} = \frac{\partial f}{\partial x} dx + \frac{\partial f}{\partial y} dy$$

となり、Δf と一致します。つまり、Δf はベクトル $\vec{v}$ とベクトル $\vec{w}$ と
の内積で表すことができます。

　この Δf が最大となるのはどのようなときでしょうか？　$\vec{v}$ と $\vec{w}$ との
なす角を θ とすると、内積の公式（127 ページ）より、

$$\vec{v} \cdot \vec{w} = |\vec{v}| |\vec{w}| \cos\theta$$

ですから、内積は $\cos\theta = 1$ のとき最大となります。$\cos\theta$ が 1 となるのは
$\theta = 0$、すなわち $\vec{v}$ と $\vec{w}$ が同じ方向にあるときです。このとき、

$$\Delta f = |\vec{v}| |\vec{w}| \cos 0$$
$$\therefore \frac{\Delta f}{|\vec{w}|} = |\vec{v}| \cos 0 = |\vec{v}|$$

となります。

　上の式の左辺は、点PQ間の
高度差 Δf を、PQ間の水平距
離で割ったものですから、PQ
間の高度の変化率＝傾斜を表し
ています。

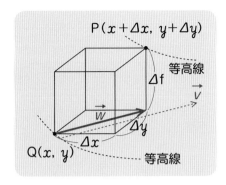

　したがって $\vec{v} = \left(\dfrac{\partial f}{\partial x}, \ \dfrac{\partial f}{\partial y} \right)$

は、点Pにおける最も傾斜の大きい方向を示していることがわかりま
す。このベクトル $\vec{v}$ を、スカラー場 f の勾配（こうばい）といい、「grad f」と書き
ます（grad は gradient ＝勾配の略です）。

> 勾配（grad f）：スカラー場 f における最大の傾斜の方向と大きさを表す
> ベクトル

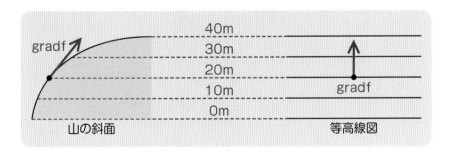

山の斜面　　　　　　　　　　　　　等高線図

　勾配は偏微分によって求められるので、スカラー場を微分したものと
考えることができます。また、結果はベクトルになることに注意しま
しょう。

 勾配（grad）はスカラー場の微分

$$\text{grad} \ f = \left(\frac{\partial f}{\partial x}, \ \frac{\partial f}{\partial y} \right) = \frac{\partial f}{\partial x} \vec{i} + \frac{\partial f}{\partial y} \vec{j}$$

例題 1 $f(x, y) = x^2 + y^2$ のとき、grad f を求めよ。

  解 $f(x, y)$ を x と y についてそれぞれ偏微分すると、

$$\frac{\partial f}{\partial x} = \frac{\partial}{\partial x}(x^2 + y^2) = 2x, \quad \frac{\partial f}{\partial y} = \frac{\partial}{\partial y}(x^2 + y^2) = 2y$$

以上から、

$$\text{grad } f = \left(\frac{\partial f}{\partial x}, \ \frac{\partial f}{\partial x} \right) = (2x, \ 2y) = 2x\vec{i} + 2y\vec{j} \quad \cdots \text{（答）}$$

となります。

　$f(x, y) = x^2 + y^2$ をグラフで描くと、下図のような底の丸いボール型になります。

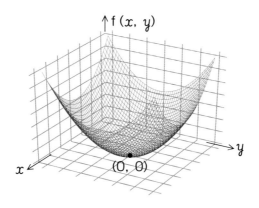

　一番深い点 $(x, y) = (0, 0)$ の勾配は

$$\text{grad } f(0, 0) = 2 \cdot 0\,\vec{i} + 2 \cdot 0\,\vec{j} = 0$$

で、勾配はゼロになります。また、$(x, y) = (2, 2)$ の地点の勾配は

$$\text{grad } f(2, 2) = 2 \cdot 2\,\vec{i} + 2 \cdot 2\,\vec{j} = 4\,\vec{i} + 4\,\vec{j}$$

となります。x, y の値が大きくなるにつれて勾配（傾斜）が大きくなることは、グラフからもわかります。

■■ 三次元スカラー場の勾配

　次に、三次元のスカラー場における勾配についても考えてみましょ

う。三次元スカラー場の勾配も、二次元スカラー場と同じように偏微分で表すことができます。

> **重要** 三次元スカラー場 ϕ の勾配（grad）
>
> $$\text{grad } \phi = \left(\frac{\partial \phi}{\partial x},\ \frac{\partial \phi}{\partial y},\ \frac{\partial \phi}{\partial z} \right) = \frac{\partial \phi}{\partial x}\,\vec{i} + \frac{\partial \phi}{\partial y}\,\vec{j} + \frac{\partial \phi}{\partial z}\,\vec{k}$$

たとえば、部屋の中でろうそくの火を灯すと、そのろうそくの火を中心に、室内の温度が放射状に暖まっていきます。このような温度のスカラー場 ϕ を考えます。

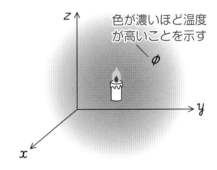

色が濃いほど温度が高いことを示す

勾配とは、スカラー場における最大の傾斜（変化率）の方向と大きさを表すベクトルでした。室内の任意の点 (x, y, z) において温度の変化率が最大となるのは、明らかに熱が伝わってくる方向です。したがって、ろうそくの火がある方向のベクトルが、スカラー場 ϕ の勾配 $\text{grad } \phi$ になります。

室内の温度が同じ点を結んだ面（等位面）を考えると、三次元の勾配 $\text{grad } \phi$ は、次のように等位面を垂直に貫くベクトルとなります。

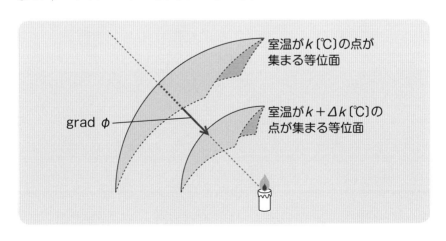

grad ϕ

室温が k〔℃〕の点が集まる等位面

室温が $k+\Delta k$〔℃〕の点が集まる等位面

なお ϕ の勾配 grad ϕ は、記号 ∇ を使って $\nabla \phi$ のように表すことがあります。∇ はナブラ演算子と呼ばれ、

$$\nabla = \left(\frac{\partial}{\partial x}, \ \frac{\partial}{\partial y}, \ \frac{\partial}{\partial z} \right) = \frac{\partial}{\partial x} \vec{i} + \frac{\partial}{\partial y} \vec{j} + \frac{\partial}{\partial z} \vec{k}$$

と定義されます。したがって、

$$\text{grad } \phi = \nabla \phi = \frac{\partial \phi}{\partial x} \vec{i} + \frac{\partial \phi}{\partial y} \vec{j} + \frac{\partial \phi}{\partial z} \vec{k}$$

となります。

例題2 $r = \sqrt{x^2 + y^2 + z^2}$ のとき、勾配 grad r を求めよ。

解 $r = \sqrt{x^2 + y^2 + z^2}$ は、任意の点 $(x, \ y, \ z)$ の原点からの距離を表します。

$$\frac{\partial r}{\partial x} = \frac{\partial}{\partial x} \sqrt{x^2 + y^2 + z^2} = \frac{\partial}{\partial x} (x^2 + y^2 + z^2)^{\frac{1}{2}}$$

$$= \boxed{\frac{1}{2} (x^2 + y^2 + z^2)^{\frac{1}{2} - 1} \cdot 2x} = (x^2 + y^2 + z^2)^{-\frac{1}{2}} \cdot x$$

合成関数の微分 $\{f(g(x))\}' = f'(g(x)) \cdot g'(x)$

$$= \frac{x}{\sqrt{x^2 + y^2 + z^2}} = \frac{x}{r}$$

同様に、$\dfrac{\partial r}{\partial y} = \dfrac{y}{r}$, $\dfrac{\partial r}{\partial z} = \dfrac{z}{r}$ ですから、

$$\text{grad } r = \frac{x}{r} \vec{i} + \frac{y}{r} \vec{j} + \frac{z}{r} \vec{k}$$

$$= \frac{1}{r} (x\vec{i} + y\vec{j} + z\vec{k})$$

$$= \frac{\vec{r}}{r} \quad \cdots \text{（答）}$$

ベクトル $\vec{r} = x\vec{i} + y\vec{j} + z\vec{k}$ は、原点 O から任意の点 $(x, \ y, \ z)$ に至る大きさ r のベクトルです。したがって $\dfrac{\vec{r}}{r}$ は、原点 O から任意の点 $(x, \ y, \ z)$ に向かう大きさ 1 のベクトル（単位ベクトル）となります。

■□ 万有引力と勾配

　質量 m〔kg〕の物体を h〔m〕の高さから落下させると、物体には重力によって mg〔N〕の力が加わり、地面に向かって h〔m〕落下します。

　物理学では、「物体に加わった力 × 移動距離」のことを仕事と呼んでいます。上の例では、物体に加わった力が mg、移動距離が h なので「重力が $U = mgh$ の仕事をした」ということができます。

　このことは「m〔kg〕の物体を h〔m〕持ち上げると、物体に $U = mgh$ の仕事をする能力が蓄えられる」とも言えます。この仕事をする能力のことを、ポテンシャル（ポテンシャルエネルギー）といいます。

　重力によるポテンシャルは位置エネルギーともいいます。位置エネルギーは物体の高さによって決まるので、スカラー場の一種です。

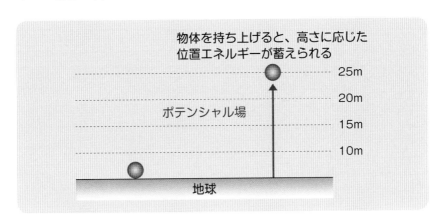

物体を持ち上げると、高さに応じた
位置エネルギーが蓄えられる

25m

20m

ポテンシャル場

15m

10m

地球

　高校物理では、位置エネルギーを $U = mgh$ と習いますが、ここではもう少し詳しくみてみましょう。

　地球の中心を原点とし、そこから r 離れた点 (x, y, z) にある質量 m の物体のポテンシャルエネルギーを ϕ とします。このとき、ポテンシャルエネルギー ϕ は、

$$\phi = - G\,\frac{Mm}{r}$$　※G：万有引力定数、M：地球の質量

と表すことができます。ここで、ϕ の勾配にマイナス符号をつけた $-\,\mathrm{grad}\,\phi$ を求めてみましょう。

$$\mathrm{grad}\,\phi = \frac{\partial \phi}{\partial x}\,\vec{i} + \frac{\partial \phi}{\partial y}\,\vec{j} + \frac{\partial \phi}{\partial z}\,\vec{k}$$

より、ϕ の偏微分をそれぞれ求めます。

$$\frac{\partial \phi}{\partial x} = \frac{\partial}{\partial x}\left(-\,G\,\frac{Mm}{\sqrt{x^2+y^2+z^2}}\right) = -GMm \cdot \frac{\partial}{\partial x}\,(x^2+y^2+z^2)^{-\frac{1}{2}}$$

$$= -GMm \cdot \underbrace{-\frac{1}{2}\,(x^2+y^2+z^2)^{-\frac{3}{2}}}_{f'(g(x))} \cdot \underbrace{2x}_{g'(x)}$$

◀ 合成関数の微分
$\{\mathrm{f}\,(g(x))\}'$
$= \mathrm{f}'(g(x)) \cdot g'(x)$

$$= GMm\,(\sqrt{x^2+y^2+z^2}\,)^{-3} \cdot x = G\,\frac{Mm}{r^3}\,x$$

同様に、$\dfrac{\partial \phi}{\partial y} = G\,\dfrac{Mm}{r^3}\,y$, $\dfrac{\partial \phi}{\partial z} = G\,\dfrac{Mm}{r^3}\,z$ となるので、

$$-\,\mathrm{grad}\,\phi = -\left(G\,\frac{Mm}{r^3}\,x\,\vec{i} + G\,\frac{Mm}{r^3}\,y\,\vec{j} + G\,\frac{Mm}{r^3}\,z\,\vec{k}\right)$$

$$= -G\,\frac{Mm}{r^3}\,(x\,\vec{i} + y\,\vec{j} + z\,\vec{k}\,) = -G\,\frac{Mm}{r^2} \cdot \left(\frac{\vec{r}}{r}\right)$$

この式は、地球と物体間に働く**万有引力**の大きさ $F = -\,G\,\dfrac{Mm}{r^2}$（スカラー）に、ベクトル $\dfrac{\vec{r}}{r}$ を掛けたものです。ここで $\dfrac{\vec{r}}{r}$ は、地球の中心から物体への方向を示す単位ベクトルで、万有引力をベクトルとして表す機能をもっています。

$$\vec{F} = -\,G\,\frac{Mm}{r^2} \cdot \frac{\vec{r}}{r} = -\,\mathrm{grad}\,\phi$$

このように万有引力は、重力によるポテンシャル場の勾配として表すことができます。

練習問題 2
（答えは 225 ページ）

次の関数の勾配 $\mathrm{grad}\,f$ を求めなさい。

(1) $f(x,\,y,\,z) = xy^2 + \cos(xz)$ (2) $f(x,\,y,\,z) = \log(x^2 + 3y - z)$

04 発散divとはなにか

この節の概要

▶ ベクトル場における単位面積当たりの湧き出し（または吸い
　込み）量を、発散（div）といいます。

▶ 発散の意味と計算方法を理解しましょう。

湧き出しの量

図のように、ある空間の内部を水が流れているベクトル場を考えます。

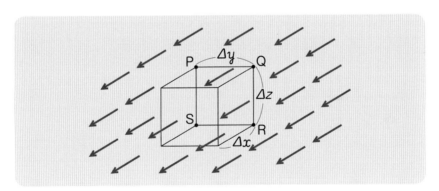

　空間内の点 P $(x,\ y,\ z)$ における水流の速度をベクトル関数
$\overrightarrow{A}\ (x,\ y,\ z)$ で表し、その成分を、

$$\overrightarrow{A}\ (x,\ y,\ z) = (A_x\ (x,\ y,\ z),\ A_y\ (x,\ y,\ z),\ A_z\ (x,\ y,\ z))$$
$$= A_x\ (x,\ y,\ z)\overrightarrow{i} + A_y\ (x,\ y,\ z)\overrightarrow{j} + A_z\ (x,\ y,\ z)\overrightarrow{k}$$

とします。また、この点 P を頂点とする立方体を考え、立方体の縦・
横・高さをそれぞれ Δx、Δy、Δz とします。

　すると、この立方体の面 PQRS から入ってくる単位時間当たりの水

の量は、次のような式で書くことができます。

$$A_x(x, \ y, \ z)\Delta y\Delta z \quad \cdots ①$$

　厳密にいうと、面PQRS上の各点の水流の速度が一様に$A_x(x, \ y, \ z)$であるとは限りませんが、Δy、Δzはごく微小な値なので、$A_x(x, \ y, \ z)$で代表できるものとします。

　一方、この立方体の面TUVWから出ていく水の量は、次のように書けます。

$$A_x(x+\Delta x, \ y, \ z)\Delta y\Delta z \quad \cdots ②$$

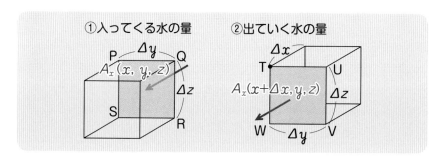

　ただの水の流れなら、入ってくる水の量①と出ていく水の量②は同じなので、②−①はゼロになります。しかし、もしこの立方体の内部に、水の湧き出し口があったらどうでしょうか。その場合は、入ってくる水の量①より出ていく水の量②が多くなり、

$$A_x(x+\Delta x, \ y, \ z)\Delta y\Delta z - A_x(x, \ y, \ z)\Delta y\Delta z \quad \cdots ③$$

は正の値になると考えられます（水の吸込み口があった場合は逆に負の値になります）。

　以上はx成分について考えましたが、y成分、z成分についても同様に湧き出し量を考えると、

$$A_y(x, \ y+\Delta y, \ z)\Delta x\Delta z - A_y(x, \ y, \ z)\Delta x\Delta z \quad \cdots ④$$
$$A_z(x, \ y, \ z+\Delta z)\Delta x\Delta y - A_z(x, \ y, \ z)\Delta x\Delta y \quad \cdots ⑤$$

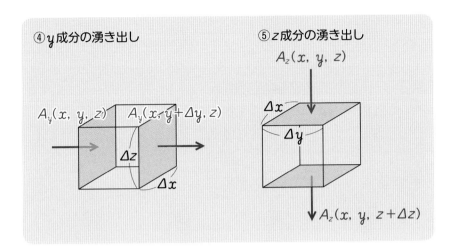

④ y 成分の湧き出し

$A_y(x, y, z)$ $A_y(x, y+\Delta y, z)$

Δz

Δx

⑤ z 成分の湧き出し

$A_z(x, y, z)$

Δx

Δy

$A_z(x, y, z+\Delta z)$

となります。立方体全体の水の湧き出し量は式③④⑤の合計なので、次のようになります。

$$A_x\,(x+\Delta x,\ y,\ z)\,\Delta y\Delta z - A_x\,(x,\ y,\ z)\,\Delta y\Delta z$$
$$+\ A_y\,(x,\ y+\Delta y,\ z)\,\Delta x\Delta z - A_y\,(x,\ y,\ z)\,\Delta x\Delta z$$
$$+\ A_z\,(x,\ y,\ z+\Delta z)\,\Delta x\Delta y - A_z\,(x,\ y,\ z)\,\Delta x\Delta y$$

この式を、次のように変形します。

$$= \frac{A_x\,(x+\Delta x,\ y,\ z)\ -\ A_x\,(x,\ y,\ z)}{\Delta x}\,\Delta x\Delta y\Delta z$$

$$+ \frac{A_y\,(x,\ y+\Delta y,\ z)\ -\ A_y\,(x,\ y,\ z)}{\Delta y}\,\Delta x\Delta y\Delta z$$

$$+ \frac{A_z\,(x,\ y,\ z+\Delta z)\ -\ A_z\,(x,\ y,\ z)}{\Delta z}\,\Delta x\Delta y\Delta z$$

Δx、Δy、Δz を限りなくゼロに近づけると、各項は偏微分で書き直すことができます。

$$= \frac{\partial A_x}{\partial x}dxdydz + \frac{\partial A_y}{\partial y}dxdydz + \frac{\partial A_z}{\partial z}dxdydz$$

$$= \left(\frac{\partial A_x}{\partial x} + \frac{\partial A_y}{\partial y} + \frac{\partial A_z}{\partial z} \right)dxdydz$$

$dxdydz$ は立方体の体積を表すので、$\dfrac{\partial A_x}{\partial x} + \dfrac{\partial A_y}{\partial y} + \dfrac{\partial A_z}{\partial z}$ は単位体積当たりの水の湧き出し量を表しています。この値をベクトル場 $\overrightarrow{A}$ の発散といい、$\underline{\text{div } \overrightarrow{A}}$ と書きます。

└─ **divはdivergenceの略です。**

発散（div）：ベクトル場の単位体積当たりの湧き出し量

┌─ **重 要** **ベクトル場の発散（div）** ─────────────────┐

$$\text{div } \overrightarrow{A} = \frac{\partial A_x}{\partial x} + \frac{\partial A_y}{\partial y} + \frac{\partial A_z}{\partial z}$$

└────────────────────────────────────┘

　発散（div）は、ベクトル場が一様なベクトルの場合はゼロになりますが、場所によって徐々に大きさが増えるベクトル場では正の値、徐々に大きさが減るベクトル場では負の値になります。

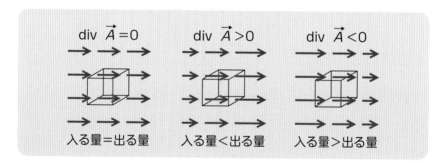

例題 ベクトル場 $\overrightarrow{A}(x,\ y,\ z) = (x + y,\ -xy,\ 2xz)$ について、発散 $\text{div } \overrightarrow{A}$ を求めよ。

　解 $\text{div } \overrightarrow{A} = \dfrac{\partial}{\partial x}(x + y) + \dfrac{\partial}{\partial y}(-xy) + \dfrac{\partial}{\partial z}(2xz)$

　　　　　$= 1 - x + 2x = x + 1$ …（答）

　なお、ベクトル場 $\overrightarrow{A}$ の発散 $\text{div } \overrightarrow{A}$ は、次のように勾配 ∇（210ページ）

とベクトル$\vec{A}$との内積（スカラー積）で表せます。

$$\nabla \cdot \vec{A} = \left(\frac{\partial}{\partial x} \vec{i} + \frac{\partial}{\partial x} \vec{j} + \frac{\partial}{\partial x} \vec{k} \right) \cdot (A_x \vec{i} + A_y \vec{j} + A_z \vec{k})$$

$$= \frac{\partial}{\partial x} A_x + \frac{\partial}{\partial x} A_y + \frac{\partial}{\partial x} A_z = \text{div } \vec{A}$$

■ ■ 電束密度と発散

　電磁気学には、**マクスウェル方程式**と呼ばれる基本方程式があります。マクスウェル方程式は４つの方程式で構成されていますが、その１番目の方程式には、次のように発散が含まれています。

$$\text{div } \vec{D} = \rho$$

　$\vec{D}$は**電束密度**と呼ばれ、単位面積当たりの電束の本数を表します。電束密度の大きさは、電荷が周囲につくる電場に比例します。また、ρは**電荷密度**で、単位体積当たりの電荷量を表します。
　つまり上の式は、「電束密度$\vec{D}$の発散が電荷密度ρに等しい」ことを表しています。言い換えると、電荷からはそれと等しい量の電束が湧き出しており、電束密度のベクトル場をつくるということです。

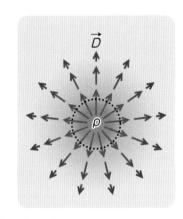

練習問題3　　　　　　　　　　　　　（答えは225ページ）

　ベクトル場$\vec{A}$の発散$\text{div } \vec{A}$を求めなさい。

(1) $\vec{A}(x, y, z) = \log(x^2 + y^2)\vec{i} + (2x^2 y)\vec{j} - xyz^2\vec{k}$

(2) $\vec{A}(x, y, z) = \sin(2x + y)\vec{i} + \cos(y + 2z)\vec{j} + \tan z\vec{k}$

05 回転rotとはなにか

この節の概要

▶ 回転 (rot) は、ベクトル場における「渦」の大きさと方向を表します。

▶ 回転の意味と計算方法を理解しましょう。

■ ベクトル場における「渦」

川の流れの中に木の葉を浮かべると、木の葉がくるくる回転しながら流れていくことがあります。木の葉の回転は、どのようにして生じるのでしょうか？

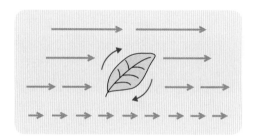

木の葉の回転は、図のように川の両側で流れの速度が異なる場合に生じます。ベクトル場において、このように回転を生じさせる流れを「渦」と定義します。「渦」は、ベクトル自体が回転していなくても生じることに注意してください。

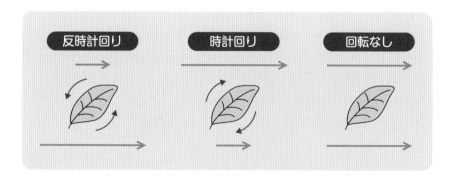

反時計回り　　時計回り　　回転なし

■□ 回転 (rot) で「渦」の大きさを表す

　ベクトル場の「渦」を数学的に表してみましょう。川の流れをベクトル場 $\vec{A}$ で表し、座標 (x, y) におけるベクトルを、

$$\vec{A}\,(x,\,y) = (A_x\,(x,\,y),\,A_y\,(x,\,y))$$

で表します。◀━ 木の葉は川の表面に浮かんでいるので、ここでは二次元のベクトルで考えます。

　この川の流れに図のように木の葉を横にして浮かべ、その両端 P, Q の座標をそれぞれ $(x,\,y)$, $(x + \Delta x,\,y)$ とします。

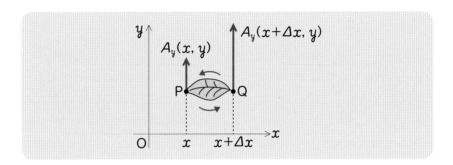

　木の葉を回転させるのは、点 P、Q における水流の y 成分です。点 Q における水流の y 成分 $A_y\,(x + \Delta x,\,y)$ が、点 P における水流の y 成分 $A_y\,(x,\,y)$ より大きければ、木の葉は反時計回りに回転します。また、木の葉の直径が大きいほど回転はゆっくりになるので、回転速度は次のように表せます。

$$\frac{A_y\,(x + \Delta x,\,y) - A_y\,(x,\,y)}{\Delta x}$$

　Δx をゼロに近づけると、この式は x についての偏微分になります。

$$\lim_{\Delta x \to 0} \frac{A_y\,(x + \Delta x,\,y) - A_y\,(x,\,y)}{\Delta x} = \frac{\partial A_y}{\partial x} \quad \cdots ①$$

　今度は、木の葉を次の図のように縦に浮かべ、両端 R, S の座標をそれぞれ $(x,\,y)$, $(x,\,y + \Delta y)$ とします。

第5章　場の微分を理解する

219

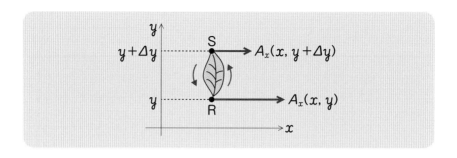

　木の葉を回転させるのは、点R、Sにおける水流の x 成分です。点Rにおける水流の x 成分 $A_x\,(x,\ y)$ が、点Sにおける水流の x 成分 $A_x\,(x,\ y + \Delta y)$ より大きければ、木の葉は反時計回りに回転します。木の葉の直径が大きいほど回転はゆっくりになるので、回転速度は次のように表せます。

$$\frac{A_x\,(x,\ y) - A_x\,(x,\ y + \Delta y)}{\Delta y} = - \frac{A_x\,(x,\ y + \Delta y) - A_x\,(x,\ y)}{\Delta y}$$

Δy をゼロに近づけると、この式は y についての偏微分になります。

$$- \lim_{\Delta y \to 0} \frac{A_x\,(x,\ y + \Delta y) - A_x\,(x,\ y)}{\Delta y} = - \frac{\partial A_x}{\partial y} \quad \cdots ②$$

木の葉の回転は x 成分と y 成分の合成ですから、回転の大きさは①と②の和で表すことができます。

$$\frac{\partial A_y}{\partial x} - \frac{\partial A_x}{\partial y}$$

　この値が正なら反時計回り、負なら時計回りの「渦」になり、絶対値が大きいほど回転が速くなります。また、「渦」の回転する方向については、「右ねじの進む方向」と約束します。このようにすると、「渦」の向きと大きさをベクトル量として表すことができるようになります。

以上から、水面に浮かべた木
の葉を回転させる「渦」の大き
さと方向は、次のようなベクト
ルで表すことができます。

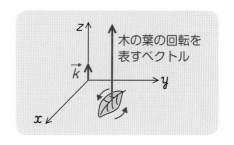

$$\left(\frac{\partial A_y}{\partial x} - \frac{\partial A_x}{\partial y}\right)\vec{k} \quad \cdots ③$$

kはz軸方向の単位ベクトル

式③は、xy平面に浮かべた木の葉の回転の大きさと方向を表したも
のですが、三次元の空間では、このほかにyz平面における回転、xz平
面における回転を考慮する必要があります。xy平面と同様に考えると、
これらの回転の大きさと方向は、それぞれ次のように書けます。

yz**平面の回転**：$\left(\dfrac{\partial A_z}{\partial y} - \dfrac{\partial A_y}{\partial z}\right)\vec{i} \quad \cdots ④$

xz**平面の回転**：$\left(\dfrac{\partial A_x}{\partial z} - \dfrac{\partial A_z}{\partial x}\right)\vec{j} \quad \cdots ⑤$

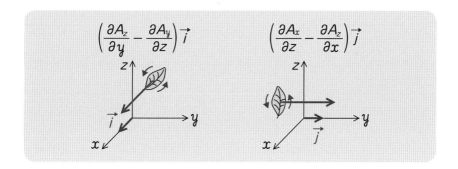

式③、④、⑤の合成が、三次元のベクトル場$\vec{A}$における「渦」の大き
さと方向を表します。このベクトルを回転（rot）といい、記号 rot $\vec{A}$ で
表します。

rotはrotationの略です。

重要　ベクトル場$\vec{A}$の回転（rot）

$$\mathrm{rot}\,\vec{A} = \left(\frac{\partial A_z}{\partial y} - \frac{\partial A_y}{\partial z}\right)\vec{i} + \left(\frac{\partial A_x}{\partial z} - \frac{\partial A_z}{\partial x}\right)\vec{j} + \left(\frac{\partial A_y}{\partial x} - \frac{\partial A_x}{\partial y}\right)\vec{k}$$

なお、ベクトル場 $\vec{A} = (A_x,\ A_y,\ A_z)$ とすると、$\vec{A}$ の回転 rot $\vec{A}$ は、次のような行列式で表すことができます。

$$\mathrm{rot}\ \vec{A} = \begin{vmatrix} \vec{i} & \vec{j} & \vec{k} \\ \dfrac{\partial}{\partial x} & \dfrac{\partial}{\partial y} & \dfrac{\partial}{\partial z} \\ A_x & A_y & A_z \end{vmatrix} = \begin{vmatrix} \dfrac{\partial}{\partial y} & \dfrac{\partial}{\partial z} \\ A_y & A_z \end{vmatrix}\vec{i} - \begin{vmatrix} \dfrac{\partial}{\partial x} & \dfrac{\partial}{\partial z} \\ A_x & A_z \end{vmatrix}\vec{j} + \begin{vmatrix} \dfrac{\partial}{\partial x} & \dfrac{\partial}{\partial y} \\ A_x & A_y \end{vmatrix}\vec{k}$$

また、rot $\vec{A}$ は、∇ とベクトル $\vec{A}$ との外積（ベクトル積）として求めることもできます。

$$\nabla \times \vec{A} = \left(\frac{\partial}{\partial x}\vec{i} + \frac{\partial}{\partial y}\vec{j} + \frac{\partial}{\partial z}\vec{k} \right) \times (A_x\vec{i} + A_y\vec{j} + A_z\vec{k})$$

$$= \left(\frac{\partial A_z}{\partial y} - \frac{\partial A_y}{\partial z} \right)\vec{i} + \left(\frac{\partial A_x}{\partial z} - \frac{\partial A_z}{\partial x} \right)\vec{j} + \left(\frac{\partial A_y}{\partial x} - \frac{\partial A_x}{\partial y} \right)\vec{k}$$

例題 ベクトル場 $\vec{A} = (-y,\ x,\ 0)$ について、回転 rot $\vec{A}$ を求めよ。

解 $\vec{A}$ は、下図のように鍋の中のスープを反時計回りにかき回したようなベクトル場です。ベクトルの大きさは、中心から離れるにしたがって大きくなっています。

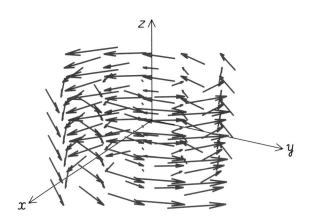

このベクトルの回転（rot $\vec{A}$）は、公式どおりに計算すると次のように求められます。

$$\mathrm{rot}\ \vec{A} = \left(\frac{\partial}{\partial y}\underbrace{0}_{A_z} - \frac{\partial}{\partial z}\underbrace{x}_{A_y}\right)\vec{i} + \left(\frac{\partial}{\partial x}\underbrace{(-y)}_{A_x} - \frac{\partial}{\partial x}\underbrace{0}_{A_z}\right)\vec{j} + \left(\frac{\partial}{\partial x}\underbrace{x}_{A_y} - \frac{\partial}{\partial y}\underbrace{(-y)}_{A_x}\right)\vec{k}$$

$$= (0 - 0)\ \vec{i} + (0 - 0)\ \vec{j} + (1 - (-1))\ \vec{k} = 2\vec{k} \quad \cdots (答)$$

　この結果は、ベクトル場のどの点でも、大きさ2の反時計回りの「渦」ができることを示しています。

■◆ 電磁誘導と回転

　コイルの中に磁石を出し入れすると、コイルに電圧が生じます。この現象を電磁誘導といいます。電磁誘導で発生する電圧は、磁束の変化率に比例します。マクスウェル方程式は、このことを次のような式で表します。

$$\mathrm{rot}\ \vec{E} = -\frac{\partial \vec{B}}{\partial t}$$

　$\mathrm{rot}\ \vec{E}$ は電場の「渦」を表します。また、偏導関数 $\dfrac{\partial \vec{B}}{\partial t}$ は、磁場 $\vec{B}$ を時間 t で偏微分したもので、磁場の変化率を表します。つまり上の式は、「磁場の時間変化が、電場の渦をつくる」ことを表しています。

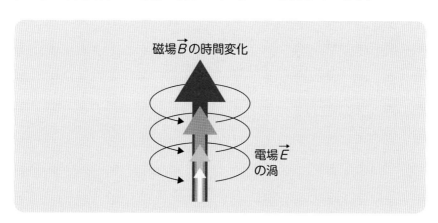

　勾配（grad）、発散（div）、回転（rot）は、いずれも場の微分として考えることができます。それぞれの性質をまとめておきましょう。

勾配 grad、発散 div、回転 rot のまとめ

	勾配	発散	回転
表記	$\mathrm{grad}\ \phi$	$\mathrm{div}\ \vec{A}$	$\mathrm{rot}\ \vec{A}$
対象	スカラー場 ϕ	ベクトル場 $\vec{A}$	ベクトル場 $\vec{A}$
結果	ベクトル	スカラー	ベクトル
意味	最大傾斜方向	湧き出し	渦
▽演算子	$\nabla \phi$	$\nabla \cdot \vec{A}$	$\nabla \times \vec{A}$

$$\mathrm{grad}\ \phi = \frac{\partial \phi}{\partial x}\vec{i} + \frac{\partial \phi}{\partial y}\vec{j} + \frac{\partial \phi}{\partial z}\vec{k}$$

$$\mathrm{div}\ \vec{A} = \frac{\partial A_x}{\partial x} + \frac{\partial A_y}{\partial y} + \frac{\partial A_z}{\partial z}$$

$$\mathrm{rot}\ \vec{A} = \left(\frac{\partial A_z}{\partial y} - \frac{\partial A_y}{\partial z}\right)\vec{i} + \left(\frac{\partial A_x}{\partial z} - \frac{\partial A_z}{\partial x}\right)\vec{j} + \left(\frac{\partial A_y}{\partial x} - \frac{\partial A_x}{\partial y}\right)\vec{k}$$

練習問題 4 （答えは 226 ページ）

ベクトル場 $\vec{A}$ の回転 rot $\vec{A}$ を求めなさい。

(1) $\vec{A}\ (x,\ y,\ z) = xy\,\vec{i} + yz\,\vec{j} + zx\,\vec{k}$
(2) $\vec{A}\ (x,\ y,\ z) = \sin(yz)\,\vec{i} + \cos(2zx)\,\vec{j} - \sin(3xy)\,\vec{k}$

第5章 練習問題の解答

練習問題1 ≫ 198 ページ

(1) $\dfrac{\partial f}{\partial x} = 4x - 3y,\ \dfrac{\partial f}{\partial y} = -3x + 10y - 1$

(2) $\dfrac{\partial f}{\partial x} = 2x\cos y,\ \dfrac{\partial f}{\partial y} = -x^2\sin y$

(3) $\dfrac{\partial f}{\partial x} = 2e^y,\ \dfrac{\partial f}{\partial y} = 2xe^y$

(4) 積の微分公式 $\{f(x)\,g(x)\}' = f'(x)\,g(x) + f(x)g'(x)$ より、

$$\dfrac{\partial f}{\partial x} = \underbrace{(e^x)_x}_{x\text{で微分}}\sin(x+2y) + e^x\underbrace{\{\sin(x+2y)\}_x}_{x\text{で微分}}$$

$$= e^x\sin(x+2y) + e^x\cos(x+2y) \qquad \blacktriangleleft (\sin x)' = \cos x$$

$$\dfrac{\partial f}{\partial y} = \underbrace{(e^x)_y}_{y\text{で微分}}\sin(x+2y) + e^x\underbrace{\{\sin(x+2y)\}_y}_{y\text{で微分}}$$

$$= 0\cdot\sin(x+2y) + e^x\cdot2\cos(x+2y) = 2e^x\cos(x+2y)$$

練習問題2 ≫ 212 ページ

(1) $f(x,\ y,\ z) = xy^2 + \cos(xz)$

$$\dfrac{\partial f}{\partial x} = y^2 - z\sin(xz),\ \dfrac{\partial f}{\partial y} = 2xy,\ \dfrac{\partial f}{\partial z} = -x\sin(xz)$$

$$\therefore\ \mathrm{grad}\,f = (y^2 - z\sin(xz))\,\vec{i} + 2xy\,\vec{j} - x\sin(xz)\,\vec{k}$$

(2) $f(x,\ y,\ z) = \log(x^2 + 3y - z)$

$$\dfrac{\partial f}{\partial x} = \dfrac{2x}{x^2+3y-z},\ \dfrac{\partial f}{\partial y} = \dfrac{3}{x^2+3y-z},\ \dfrac{\partial f}{\partial z} = -\dfrac{1}{x^2+3y-z}$$

$$\mathrm{grad}\,f = \dfrac{2x}{x^2+3y-z}\,\vec{i} + \dfrac{3}{x^2+3y-z}\,\vec{j} - \dfrac{1}{x^2+3y-z}\,\vec{k}$$

練習問題3 ≫ 217 ページ

(1) $\vec{A}(x,\ y,\ z) = \log(x^2+y^2)\,\vec{i} + 2x^2y\,\vec{j} - xyz^2\,\vec{k}$

$$\mathrm{div}\,\vec{A} = \dfrac{\partial}{\partial x}(\log(x^2+y^2)) + \dfrac{\partial}{\partial y}(2x^2y) + \dfrac{\partial}{\partial z}(-xyz^2)$$

$$= \dfrac{2x}{x^2+y^2} + 2x^2 - 2xyz$$

第5章 場の微分を理解する

(2) $\vec{A}\,(x,\ y,\ z) = \sin\,(2x + y)\,\vec{i} + \cos\,(y + 2z)\,\vec{j} + \tan z\,\vec{k}$

$\mathrm{div}\,\vec{A} = \dfrac{\partial}{\partial x}\,(\sin\,(2x + y)) + \dfrac{\partial}{\partial y}\,(\cos\,(y + 2z)) + \dfrac{\partial}{\partial z}\,(\tan z)$ ◀ $\{\sin(ax+b)\}'$
$\qquad\qquad = a\cos(ax+b)$

$\qquad\quad = 2\cos\,(2x + y) - \sin\,(y + 2z) + \dfrac{1}{\cos^2 z}$ 　$\{\cos(ax+b)\}'$
$\qquad\qquad = -a\sin(ax+b)$

$(\tan x)' = \dfrac{1}{\cos^2 x}$

練習問題 4 》 224 ページ

(1) $\vec{A}\,(x,\ y,\ z) = xy\vec{i} + yz\vec{j} + zx\,\vec{k}$

$\dfrac{\partial A_z}{\partial y} - \dfrac{\partial A_y}{\partial z} = \dfrac{\partial}{\partial y}\,(zx) - \dfrac{\partial}{\partial z}\,(yz) = -\,y$ ◀ 221ページの公式

$\dfrac{\partial A_x}{\partial z} - \dfrac{\partial A_z}{\partial x} = \dfrac{\partial}{\partial z}\,(xy) - \dfrac{\partial}{\partial x}\,(zx) = -\,z$

$\dfrac{\partial A_y}{\partial x} - \dfrac{\partial A_x}{\partial y} = \dfrac{\partial}{\partial x}\,(yz) - \dfrac{\partial}{\partial y}\,(xy) = -\,x$

$\therefore \mathrm{rot}\,\vec{A} = -\,y\,\vec{i} - z\,\vec{j} - x\,\vec{k}$

(2) $\vec{A}\,(x,\ y,\ z) = \sin\,(yz)\,\vec{i} + \cos\,(2zx)\,\vec{j} - \sin\,(3xy)\,\vec{k}$

$\dfrac{\partial A_z}{\partial y} - \dfrac{\partial A_y}{\partial z} = \dfrac{\partial}{\partial y}\,(-\sin\,(3xy)) - \dfrac{\partial}{\partial z}\,(\cos\,(2zx))$

$\qquad\qquad = -\,3x\cos\,(3xy) + 2x\sin\,(2zx)$

$\dfrac{\partial A_x}{\partial z} - \dfrac{\partial A_z}{\partial x} = \dfrac{\partial}{\partial z}\,(\sin\,(yz)) - \dfrac{\partial}{\partial x}\,(-\sin\,(3xy))$

$\qquad\qquad = y\cos\,(yz) + 3y\cos\,(3xy)$

$\dfrac{\partial A_y}{\partial x} - \dfrac{\partial A_x}{\partial y} = \dfrac{\partial}{\partial x}\,(\cos\,(2zx)) - \dfrac{\partial}{\partial y}\,(\sin\,(yz))$

$\qquad\qquad = -\,2z\sin\,(2zx) - z\cos\,(yz)$

$\therefore \mathrm{rot}\,\vec{A} = x\,(2\sin\,(2zx) - 3\cos\,(3xy))\,\vec{i} + y\,(3\cos\,(3xy) + \cos\,(yz))\,\vec{j}$

$\qquad\quad - z\,(\cos\,(yz) + 2\sin\,(2zx))\,\vec{k}$

第6章

場の積分を理解する
グリーン，ストークス，ガウスの定理

前章では「場の微分」について説明しました。微分があるなら積分もあります。「場の積分」には、線積分、面積分、体積分の3種類があります。ここまで理解すれば、物理学にとって非常に重要な「グリーンの定理」「ストークスの定理」「ガウスの発散定理」がわかるようになります。

第6章 ● 場の積分を理解する

01 重積分とはなにか

この節の概要

▶ 第2章で解説した積分は、独立変数が1個の関数でした。「場」の積分では、独立変数が複数個ある関数の積分を扱います。

▶ そのためにまず、重積分の考え方と基本的な計算方法を説明します。

重積分の考え方

2変数関数 $z = f(x, y)$ では、座標 (x, y) に対して、z の値が1つに決まります。この z の値をグラフにすると、三次元の空間にできる曲面になります。

この曲面を、xy 平面上の領域 D に沿って切り取り、領域 D を床面、$f(x, y)$ の曲面を天井とする立体を考えます。

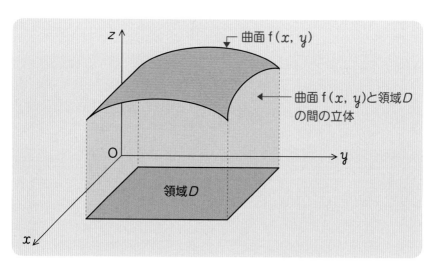

この立体の体積を求める手順について考えてみましょう。

STEP 1 まず、食パンをスライスする要領で、色網部分に x 軸と平行な切り込みを入れていきます。

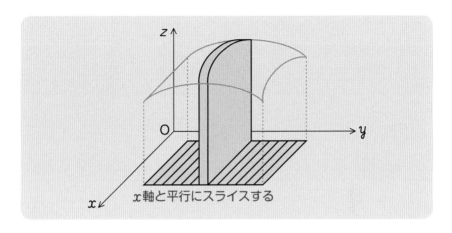

x軸と平行にスライスする

STEP 2 スライスした断面を、さらに幅 dx の細長い短冊状に分割します。短冊1つ分の面積は、横幅が dx、高さが $z = f(x, y)$ ですから、$f(x, y)\,dx$ と書けます。これを積分すると、スライスした断面の面積が求められます。

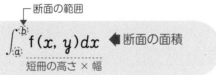

┌ 断面の範囲

$$\int_a^b f(x, y)dx$$ ◀ 断面の面積

‾‾‾‾‾‾‾‾‾‾‾‾
短冊の高さ × 幅

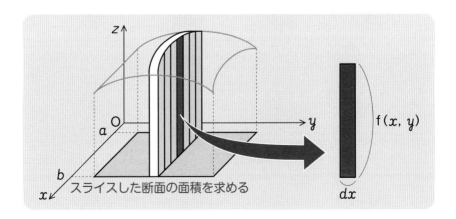

スライスした断面の面積を求める

$f(x, y)$

dx

STEP 3 スライスの厚さを dy とす
れば、スライス1枚分の体積は

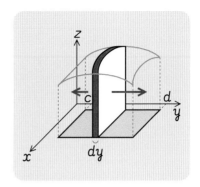

$$\underbrace{\int_a^b f(x, y)dx}_{\text{断面の面積}} \; \underbrace{dy}_{\text{厚さ}}$$

断面の面積　×　厚さ

と書けます。すべてのスライスの体積
を足し合わせたものが立体の体積で
すから、これをもう一度積分します。

厚さの範囲

$$\int_c^d \int_a^b f(x, y)dxdy = \iint_D f(x, y)dxdy$$

└─ 領域 D が積分範囲であることを示す

　積分記号が2重になりました。このように、積分を複数回重ねること
を 重 積 分 といいます。積分範囲を示すため、積分記号に領域の記号 D
を添えます。これが、図の立体の体積を求める式になります。

■ 重積分の計算①　累次積分

　重積分の値を計算する方法には、大きく

①累次積分
②極座標変換
③ヤコビアン

があります。ここではまず、累次積分法による計算を例題を使って説明
しましょう。

例題 1 次の重積分の値を求めなさい。ただし、領
域 D は右図のとおりとする。

$$\iint_D (xy + y^2)\, dxdy$$

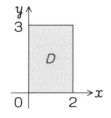

230

解 まず、領域 D を横方向にスライスし、その断面積を考えます。図より、x の値の範囲は $0 \leqq x \leqq 2$ ですから、断面積は次のような定積分で表すことができます。

$$\int_0^2 (xy + y^2)\, dx$$

スライス1枚分の厚さは dy ですから、スライス1枚分の体積は、

$$\left\{ \int_0^2 (xy + y^2)\, dx \right\} dy$$

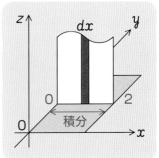

と表すことができます。これを $0 \leqq y \leqq 3$ の範囲で積分したものが、求める重積分の値になります。

$$\int_0^3 \left\{ \int_0^2 (xy + y^2)\, dx \right\} dy$$

あとは、内側の定積分から順に計算するだけです。内側は x に関する積分なので、y を定数とみなして積分します。

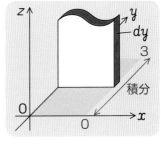

$$\int_0^3 \left\{ \int_0^2 \overset{\text{定数}}{(xy + y^2)}\, dx \right\} dy = \int_0^3 \left[\frac{1}{2} x^2 y + x y^2 \right]_{x=0}^{x=2} dy$$

$\underset{\substack{y \text{は定数とみなし、}\\ x \text{だけを積分する}}}{}$

$$= \int_0^3 \left(\frac{1}{2} \cdot 2^2 y + 2y^2 - \frac{1}{2} \cdot 0^2 y - 0y^2 \right) dy$$

$$= \int_0^3 (2y + 2y^2)\, dy \quad \blacktriangleleft y \text{の定積分になった}$$

$$= \left[\frac{2}{2} y^2 + \frac{2}{3} y^3 \right]_0^3 = 3^2 + \frac{2}{3} \cdot 3^3 - 0^2 - \frac{2}{3} \cdot 0^3$$

$$= 9 + 18 = 27 \quad \cdots \text{(答)}$$

重積分では領域 D の範囲が重要。関数 $f(x, y)$ がどんな曲面になるかは、あまり気にしなくてかまいません。

別解 前ページの解答は、領域 D を横方向にスライスして積分しましたが、じつは縦方向にスライスして積分しても同じ結果になります。

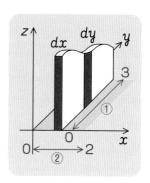

$$\iint_D (xy+y^2)\,dxdy = \int_0^2 \left\{ \int_0^3 \overset{\text{定数}}{(xy+y^2)}\,dy \right\} dx$$

（← xは定数とみなし yだけを積分する）

$$= \int_0^2 \left[\frac{1}{2}xy^2 + \frac{1}{3}y^3 \right]_{y=0}^{y=3} dx$$

$$= \int_0^2 \left(\frac{1}{2}x\cdot 3^2 + \frac{1}{3}\cdot 3^3 - \frac{1}{2}x\cdot 0^2 - \frac{1}{3}\cdot 0^3 \right) dx$$

$$= \int_0^2 \left(\frac{9}{2}x + 9 \right) dx = \left[\frac{9}{4}x^2 + 9x \right]_0^2$$

$$= \frac{9}{4}\cdot 2^2 + 9\cdot 2 - \frac{9}{4}\cdot 0^2 - 9\cdot 0 = 27 \quad \cdots \text{（答）}$$

例題2 次の重積分の値を求めなさい。ただし、領域 D は右図のとおりとする。

$$\iint_D e^{x+y}\,dxdy$$

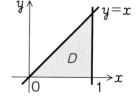

解 領域 D を図のように縦方向にスライスし、その断面を積分して面積を求めます。積分範囲は下限が直線 $y=0$、上限が直線 $y=x$ 上にあるので、$0 \leqq y \leqq x$ とします。

$$\int_0^x e^{x+y}\,dy$$

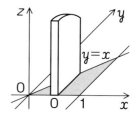

次に、この断面を横方向に積分し、体積を求めます。積分範囲は $0 \leqq x \leqq 1$ なので、累次積分の式は次のようになります。

$$\int_0^1 \left\{ \int_0^x e^{x+y}\,dy \right\} dx = \int_0^1 \left[e^{x+y} \right]_{y=0}^{y=x} dx \quad \blacktriangleleft e^{x+a}\text{は積分しても}e^{x+a}$$

$$= \int_0^1 (e^{x+x} - e^{x+0})\,dx = \int_0^1 (e^{2x} - e^x)\,dx$$

$$= \left[\frac{1}{2}e^{2x} - e^x \right]_0^1 \quad \blacktriangleleft e^{ax}\text{の積分は}\frac{1}{a}e^{ax}$$

$$= \left(\frac{1}{2} e^2 - e^1 \right) - \left(\frac{1}{2} e^0 - e^0 \right) = \frac{1}{2} e^2 - e - \left(\frac{1}{2} - 1 \right)$$

$$\underset{\;\;\;\;\;\;\;\; \llcorner e^0 = 1}{}$$

$$= \frac{1}{2} e^2 - e + \frac{1}{2} = \frac{1}{2} (e^2 - 2e + 1) = \frac{1}{2} (e-1)^2 \quad \cdots \text{（答）}$$

$\displaystyle \int_0^1 \left\{ \int_y^1 e^{x+y} \, dx \right\} dy$ とすることもできますが、解答のほうがやや計算が簡単です。

練習問題 1 （答えは 290 ページ）

次の重積分の値を求めなさい。

(1) $\displaystyle \iint_D (x^2 + y^2) \, dxdy \quad (D : 0 \leqq x \leqq 2, \ 1 \leqq y \leqq 3)$

(2) $\displaystyle \iint_D (x^2 + xy - 2y) \, dxdy \quad (D : x + y \leqq 1, \ x \geqq 0, \ y \geqq 0)$

■・ 重積分の計算② 極座標変換

重積分 $\displaystyle \iint_D f(x, y) \, dxdy$ の「$dxdy$」は、領域 D をヨコ dx、タテ dy の微細な格子状に分割したときのマス目の面積に相当します。重積分の値は、領域 D の内部にある底面の面積 $dxdy$、高さ $f(x, y)$ の柱の体積をすべて足し合わせたものと考えることができます。

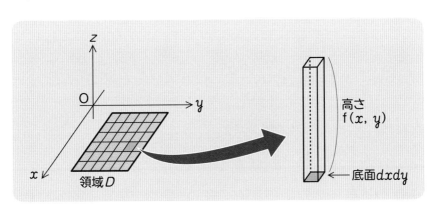

領域 D を上のような縦横の格子で分割する代わりに、次の図のように原点から伸びる放射状の直線と同心円で分割することを考えてみましょう。

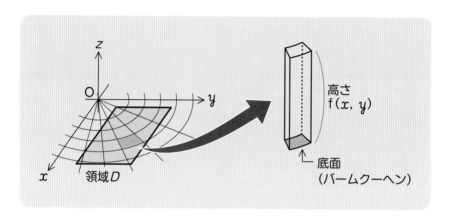

分割された1片は、バームクーヘンを小さく切り分けたような形になります。この場合の重積分の値は、底面がバームクーヘン1切れ、高さが $f(x, y)$ の柱の体積を、すべて足し合わせたものと考えることができます。このことを式で表してみましょう。

(STEP 1) まず、領域 D 内の任意の点Pについて、原点Oから点Pまでの距離を r、直線OPと x 軸のなす角を θ とします。すると、点Pの座標 (x, y) は

$$\begin{cases} x = r\cos\theta \\ y = r\sin\theta \end{cases}$$

と表すことができます。また、この変換により、柱の高さ $f(x, y)$ は、$f(r\cos\theta, r\sin\theta)$ のように表せます。このような変換を極座標変換といいます。

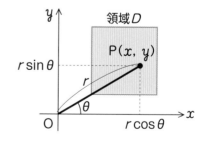

(STEP 2) 次にバームクーヘン1切れの面積ですが、ごく微小なので長

さが dl、高さが dr の長方形とみなします（右図）。dl は半径 r、内角 $d\theta$ の円弧の長さなので、

$$dl = 2\pi r \times \frac{d\theta}{2\pi} = rd\theta$$

したがって、バームクーヘン1切れの面積は $rd\theta dr$ と書けます。

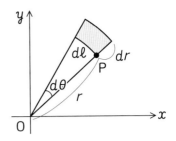

(STEP 3) 以上から、$f(x, y)$ の重積分の式は、次のような変数 r と θ の式に変換できます。

この r を忘れずに

$$\iint_D f(x, y)dxdy = \iint_D f(r\cos\theta, r\sin\theta)rd\theta dr$$

重積分によっては、このような変数変換を行うと計算が簡単になる場合があります。例題で確認してみましょう。

例題3 次の重積分の値を求めなさい。ただし、領域 D は右図のとおりとする。

$$\iint_D (x^2 + y^2)\,dxdy$$

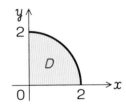

解 まず、x と y を極座標変換し、

$$x = r\cos\theta, \ y = r\sin\theta$$

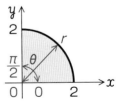

とします。図より、r の範囲は原点から円周までなので $0 \leq r \leq 2$、θ の範囲は $0 \leq \theta \leq \dfrac{\pi}{2}$ です。以上から、重積分の式は次のように変換できます。

$$\iint_D (x^2 + y^2)\,dxdy = \int_0^{\frac{\pi}{2}}\int_0^2 \underbrace{\{(r\cos\theta)^2}_{x^2} + \underbrace{(r\sin\theta)^2\}}_{y^2} r drd\theta$$

θ の範囲

r の範囲

この r を忘れずに

以降は、累次積分と同様に計算します。

$$= \int_0^{\frac{\pi}{2}} \int_0^2 r^3 \underbrace{(\cos^2\theta + \sin^2\theta)}_{=1} \, dr d\theta = \int_0^{\frac{\pi}{2}} \int_0^2 r^3 dr d\theta = \int_0^{\frac{\pi}{2}} \left[\frac{1}{4} r^4 \right]_0^2 d\theta$$

$$= \int_0^{\frac{\pi}{2}} \frac{1}{4} (2^4 - 0^4) \, d\theta = \int_0^{\frac{\pi}{2}} 4 d\theta = \left[4\theta \right]_0^{\frac{\pi}{2}}$$

$$= 4 \left(\frac{\pi}{2} - 0 \right) = 2\pi \quad \cdots \text{(答)}$$

練習問題2　（答えは 291 ページ）

　次の重積分の値を求めなさい。

(1) $\displaystyle\iint_D (x^2 + y^2) \, dxdy \quad (D : x^2 + y^2 \leqq 1, \ 0 \leqq y \leqq x)$

(2) $\displaystyle\iint_D \sqrt{x^2 + y^2} \, dxdy \quad (D : x^2 + y^2 \leqq 2x, \ y \geqq 0)$

■ 重積分の計算③　ヤコビアン

　極座標変換では、重積分の変数 x と y を、$x = r\cos\theta$, $y = r\sin\theta$ のように、r と θ の関数に変換しました。この変換を、

$$x = x(r, \ \theta), \ y = y(r, \ \theta)$$

と置きましょう。このとき、領域 D 内の微小区画 $dxdy$ は、右図のようなバームクーヘン型の面積に変換されました。この微小区画を PQRS とします。

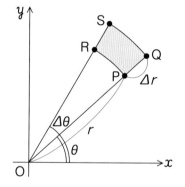

　点 P の座標を $(x(r, \ \theta), \ y(r, \ \theta))$ と置くと、点 Q の座標は $(x(r + \Delta r, \ \theta),$ $y(r + \Delta r, \ \theta))$ と書けます。この点 Q の x 座標と y 座標を、それぞれ次のように変形します。

Q の x 座標：

$$x\,(r+\Delta r,\ \theta) = x\,(r+\Delta r,\ \theta) - x(r,\ \theta) + x\,(r,\ \theta)$$ ◀ $x\,(r,\ \theta)$を引いて足す

$$= \frac{x\,(r+\Delta r,\ \theta) - x(r,\ \theta)}{\Delta r}\,\Delta r + x\,(r,\ \theta)$$ ◀ Δrで割り、Δrを掛ける

$$= \lim_{\Delta r \to 0} \frac{x\,(r+\Delta r,\ \theta) - x(r,\ \theta)}{\Delta r}\,\Delta r + x\,(r,\ \theta)$$ ◀ Δrを 0 に近づけると偏微分になる

$$= \frac{\partial x}{\partial r}\,dr + x\,(r,\ \theta)$$ ◀ Δrをdrに書き換える

Q の y 座標：

$$y\,(r+\Delta r,\ \theta) = y\,(r+\Delta r,\ \theta) - y(r,\ \theta) + y\,(r,\ \theta)$$ ◀ 上と同様に変形

$$= \frac{\partial y}{\partial r}\,dr + y\,(r,\ \theta)$$

以上から、ベクトル $\overrightarrow{\mathrm{PQ}}$ は成分表示で

$$\overrightarrow{\mathrm{PQ}} = \left(\underbrace{\frac{\partial x}{\partial r}\,dr + x\,(r,\ \theta)}_{\text{Q の }x\text{ 座標}} - \underbrace{x\,(r,\ \theta)}_{\text{P の }x\text{ 座標}},\ \underbrace{\frac{\partial y}{\partial r}\,dr + y\,(r,\ \theta)}_{\text{Q の }y\text{ 座標}} - \underbrace{y\,(r,\ \theta)}_{\text{P の }y\text{ 座標}},\ 0 \right)$$

$$= \left(\frac{\partial x}{\partial r}\,dr,\ \frac{\partial y}{\partial r}\,dr,\ 0 \right) \cdots ①$$

となります（z 成分を 0 とする三次元ベクトルで考えます）。

また、点 R の座標は $(x(r,\ \theta+\Delta\theta),\ y(r,\ \theta+\Delta\theta))$ と書けるので、上と同様に変形すると

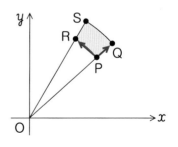

$$x\,(r,\ \theta+\Delta\theta) = \frac{\partial x}{\partial \theta}\,d\theta + x\,(r,\ \theta)$$

$$y\,(r,\ \theta+\Delta\theta) = \frac{\partial y}{\partial \theta}\,d\theta + y\,(r,\ \theta)$$

以上から、ベクトル $\overrightarrow{\mathrm{PR}}$ は成分表示で、

$$\overrightarrow{\mathrm{PR}} = \left(\frac{\partial x}{\partial \theta}\,d\theta,\ \frac{\partial y}{\partial \theta}\,d\theta,\ 0 \right) \cdots ②$$

となります。

　ここで、ベクトル$\overrightarrow{\mathrm{PQ}}$とベクトル$\overrightarrow{\mathrm{PR}}$の外積（ベクトル積）を考えます。外積$\vec{a} \times \vec{b}$の大きさ$|\vec{a} \times \vec{b}|$は、ベクトル$\vec{a}$と$\vec{b}$を2辺とする平行四辺形の面積でした（130ページ）。したがってベクトル$\overrightarrow{\mathrm{PQ}}$とベクトル$\overrightarrow{\mathrm{PR}}$の外積の大きさ$|\overrightarrow{\mathrm{PQ}} \times \overrightarrow{\mathrm{PR}}|$は、微小区画PQRSの面積に近似するはずです。

　外積$\vec{A} \times \vec{B}$は、行列式を使って次のように求めることができました（131ページ）。

$$\vec{A} \times \vec{B} = \begin{vmatrix} a_2 & a_3 \\ b_2 & b_3 \end{vmatrix} \vec{i} + \begin{vmatrix} a_3 & a_1 \\ b_3 & b_1 \end{vmatrix} \vec{j} + \begin{vmatrix} a_1 & a_2 \\ b_1 & b_2 \end{vmatrix} \vec{k}$$

上の公式に式①、②を当てはめ、$|\overrightarrow{\mathrm{PQ}} \times \overrightarrow{\mathrm{PR}}|$を計算します。

$$|\overrightarrow{\mathrm{PQ}} \times \overrightarrow{\mathrm{PR}}| = \left\| \begin{vmatrix} \frac{\partial y}{\partial r}dr & 0 \\ \frac{\partial y}{\partial \theta}d\theta & 0 \end{vmatrix} \vec{i} + \begin{vmatrix} 0 & \frac{\partial x}{\partial r}dr \\ 0 & \frac{\partial x}{\partial \theta}d\theta \end{vmatrix} \vec{j} + \begin{vmatrix} \frac{\partial x}{\partial r}dr & \frac{\partial y}{\partial r}dr \\ \frac{\partial x}{\partial \theta}d\theta & \frac{\partial y}{\partial \theta}d\theta \end{vmatrix} \vec{k} \right\|$$

$$= \sqrt{\begin{vmatrix} \frac{\partial y}{\partial r}dr & 0 \\ \frac{\partial y}{\partial \theta}d\theta & 0 \end{vmatrix}^2 + \begin{vmatrix} 0 & \frac{\partial x}{\partial r}dr \\ 0 & \frac{\partial x}{\partial \theta}d\theta \end{vmatrix}^2 + \begin{vmatrix} \frac{\partial x}{\partial r}dr & \frac{\partial y}{\partial r}dr \\ \frac{\partial x}{\partial \theta}d\theta & \frac{\partial y}{\partial \theta}d\theta \end{vmatrix}^2}$$

◀三平方の定理

この行列式は計算すると0になる（111ページ②）

行と列を入れ替えても値は変わらない（111ページ①）

$$= \begin{vmatrix} \frac{\partial x}{\partial r}dr & \frac{\partial y}{\partial r}dr \\ \frac{\partial x}{\partial \theta}d\theta & \frac{\partial y}{\partial \theta}d\theta \end{vmatrix} = \begin{vmatrix} \frac{\partial x}{\partial r} & \frac{\partial y}{\partial r} \\ \frac{\partial x}{\partial \theta} & \frac{\partial y}{\partial \theta} \end{vmatrix} drd\theta = \begin{vmatrix} \frac{\partial x}{\partial r} & \frac{\partial x}{\partial \theta} \\ \frac{\partial y}{\partial r} & \frac{\partial y}{\partial \theta} \end{vmatrix} drd\theta$$

行列式の1行の要素すべてをk倍すると、
元の行列式のk倍になる（111ページ③）

　$x = r\cos\theta$, $y = r\sin\theta$として、実際に$|\overrightarrow{\mathrm{PQ}} \times \overrightarrow{\mathrm{PR}}|$を計算すると、次のようになります。

$$\frac{\partial x}{\partial r} = \frac{\partial}{\partial r}r\cos\theta = \cos\theta, \quad \frac{\partial x}{\partial \theta} = \frac{\partial}{\partial \theta}r\cos\theta = -r\sin\theta$$

$$\frac{\partial y}{\partial r} = \frac{\partial}{\partial r}r\sin\theta = \sin\theta, \quad \frac{\partial y}{\partial \theta} = \frac{\partial}{\partial \theta}r\sin\theta = r\cos\theta$$

より、

$$\left| \overrightarrow{\mathrm{PQ}} \times \overrightarrow{\mathrm{PR}} \right| = \begin{vmatrix} \cos\theta & -r\sin\theta \\ \sin\theta & r\cos\theta \end{vmatrix} drd\theta = (r\cos^2\theta + r\sin^2\theta)\, drd\theta$$

$$= r\,(\sin^2\theta + \cos^2\theta)\, drd\theta = rdrd\theta$$

ここまでの話を整理しましょう。まず、重積分 $\displaystyle\iint_D f(x,\ y)\,dxdy$ の変数 $x,\ y$ を、$x = r\cos\theta$, $y = r\sin\theta$ と置いたのでした。次に、領域 D 内の微小区画 PQRS の面積を $\left| \overrightarrow{\mathrm{PQ}} \times \overrightarrow{\mathrm{PR}} \right|$ で求め、$rdrd\theta$ を得ました。以上から、上の重積分の式は次のように変換できます。

$$\iint_D f(x,\ y)\,dxdy = \iint_D f(r\cos\theta,\ r\sin\theta)\, rdrd\theta$$

この式は、235 ページの極座標変換の式と見事に一致します。

以上は極座標変換を例に説明しましたが、この考え方は一般化できます。一般に変数 $x,\ y$ が、

$$x = x(u,\ v),\ y = y(u,\ v)$$

で表せるとき、重積分 $\displaystyle\iint_D f(x,\ y)\,dxdy$ の式は、

$$\iint_D f(x(u,\ v),\ y(u,\ v)) \begin{Vmatrix} \dfrac{\partial x}{\partial u} & \dfrac{\partial x}{\partial v} \\ \dfrac{\partial y}{\partial u} & \dfrac{\partial y}{\partial v} \end{Vmatrix} dudv$$

行列式の値の絶対値をとることに注意

のように変換できるのです。この式に含まれる行列式 $\begin{vmatrix} \dfrac{\partial x}{\partial u} & \dfrac{\partial x}{\partial v} \\ \dfrac{\partial y}{\partial u} & \dfrac{\partial y}{\partial v} \end{vmatrix}$ を、ヤコビアン（ヤコビの行列式）といいます。

235 ページの極座標変換は、ヤコビアンが $J(r,\ \theta){=}r$ になる変換です。

重要 ヤコビアン

$$J(u,\ v) = \begin{vmatrix} \dfrac{\partial x}{\partial u} & \dfrac{\partial x}{\partial v} \\ \dfrac{\partial y}{\partial u} & \dfrac{\partial y}{\partial v} \end{vmatrix}$$

ヤコビアンを使った重積分の計算を例題でみてみましょう。

例題4 次の重積分の値を求めなさい。

$$\iint_D x\,dx\,dy \qquad (D:0 \leqq x+y \leqq 2,\ 0 \leqq x-y \leqq 1)$$

解 まず、領域 D の範囲をグラフで表します。$0 \leqq x+y \leqq 2$、$0 \leqq x-y \leqq 1$ より、

$$x+y \geqq 0 \ \Rightarrow \ y \geqq -x, \quad x+y \leqq 2 \ \Rightarrow \ y \leqq -x+2$$
$$x-y \geqq 0 \ \Rightarrow \ y \leqq x, \qquad x-y \leqq 1 \ \Rightarrow \ y \geqq x-1$$

なので、領域 D は4本の直線 $y=-x$, $y=-x+2$, $y=x$, $y=x-1$ に囲まれた範囲になります（右図）。

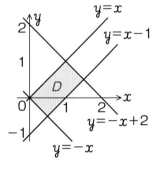

次に、$u=x+y$ …①, $v=x-y$ …② と置きます。すると x と y はそれぞれ、

①＋②：$u+v=2x \ \Rightarrow \ x=\dfrac{1}{2}u+\dfrac{1}{2}v$

①－②：$u-v=2y \ \Rightarrow \ y=\dfrac{1}{2}u-\dfrac{1}{2}v$

と書けます。これらをそれぞれ u と v で偏微分し、ヤコビアンを求めます。

$$\frac{\partial x}{\partial u}=\frac{\partial}{\partial u}\left(\frac{1}{2}u+\frac{1}{2}v\right)=\frac{1}{2}, \ \ \frac{\partial x}{\partial v}=\frac{\partial}{\partial v}\left(\frac{1}{2}u+\frac{1}{2}v\right)=\frac{1}{2}$$

$$\frac{\partial y}{\partial u}=\frac{\partial}{\partial u}\left(\frac{1}{2}u-\frac{1}{2}v\right)=\frac{1}{2}, \ \ \frac{\partial y}{\partial v}=\frac{\partial}{\partial v}\left(\frac{1}{2}u-\frac{1}{2}v\right)=-\frac{1}{2}$$

以上から、ヤコビアンは次のようになります。

$$J(u,\ v)=\begin{vmatrix} \dfrac{1}{2} & \dfrac{1}{2} \\ \dfrac{1}{2} & -\dfrac{1}{2} \end{vmatrix}=\frac{1}{2}\left(-\frac{1}{2}\right)-\frac{1}{2}\cdot\frac{1}{2}=-\frac{1}{4}-\frac{1}{4}=-\frac{1}{2}$$

また、領域 D を変数 u, v で表すと $0 \leqq u \leqq 2$, $0 \leqq v \leqq 1$ となるので、例題の重積分は次のような累次積分になります。

$$\iint_D x\,dx\,dy = \int_0^1 \int_0^2 \left(\frac{1}{2}\,u + \frac{1}{2}\,v \right) \left| -\frac{1}{2} \right| du\,dv$$

$J(u,v)$

$$= \int_0^1 \int_0^2 \frac{1}{4}\,(u+v)\,du\,dv$$

$$= \frac{1}{4} \int_0^1 \left[\frac{1}{2}\,u^2 + uv \right]_{u=0}^{u=2} dv \quad \blacktriangleleft u で積分する$$

$$= \frac{1}{4} \int_0^1 \left(\frac{1}{2} \cdot 2^2 + 2v - \frac{1}{2} \cdot 0^2 - 0v \right) dv$$

$$= \frac{1}{4} \int_0^1 (2v+2)\,dv = \frac{1}{4} \left[\frac{2}{2}\,v^2 + 2v \right]_0^1$$

$$= \frac{1}{4}\,(1^2 + 2 \cdot 1 - 0^2 - 2 \cdot 0)$$

$$= \frac{3}{4} \quad \cdots \text{（答）}$$

練習問題 3　　　　　　　　　　　　　　　　（答えは 292 ページ）

ヤコビアンを用いて次の重積分の値を求めなさい

(1) $\displaystyle\iint_D xy\,dx\,dy$ 　$(D : 0 \le x-y \le 2,\ 0 \le y \le 1)$

(2) $\displaystyle\iint_D (x+y)\,e^{x-y}\,dx\,dy$ 　$(D : 0 \le x+y \le 1,\ 0 \le x-y \le 1)$

■ 慣性モーメントと重積分

コマやルーレットなどのように、回転する物体には、外部から力が作用しない限り回転し続けようとする性質があります。物理学では、この性質を**慣性モーメント**といいます。

慣性モーメントの大きさは、回転する物体の質量 m と、回転軸からの距離 r によって決まり、次の式で表されます。

$$I = mr^2 \quad \blacktriangleleft 慣性モーメント$$

では、z軸を中心に回転する右図のような円板Dの慣性モーメントはどのように求めればよいでしょうか？

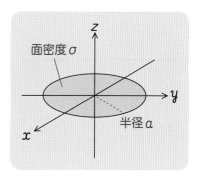

円板を微小な区画に分割し、1個の区画の面積を$\Delta x \Delta y$とします。面密度は一様でσとすると、微小区画1つ分の質量は$\sigma \Delta x \Delta y$です。また、点(x, y)の回転軸からの距離は$\sqrt{x^2 + y^2}$なので、点(x, y)における微小区画の慣性モーメントは

$$\Delta I = \underset{質量}{\underline{\sigma \Delta x \Delta y}} \underset{距離}{\underline{(\sqrt{x^2 + y^2})^2}} = \sigma (x^2 + y^2) \Delta x \Delta y$$

で求められます。これをすべての微小区画で計算して合計すれば、円板全体の慣性モーメントになります。

$$I = \sum \sigma (x^2 + y^2) \Delta x \Delta y$$

Δx，Δyを0に近づけると、次のような重積分になります。

$$I = \iint_D \sigma (x^2 + y^2) \, dx dy$$

$x = r\cos\theta$、$y = r\sin\theta$と置いて極座標変換すると、次のようになります（円板の半径をaとする）。

$$= \int_0^{2\pi} \int_0^a \sigma \, (\underset{x^2}{\underline{r^2\cos^2\theta}} + \underset{y^2}{\underline{r^2\sin^2\theta}}) \, r dr d\theta$$

$$= \int_0^{2\pi} \int_0^a \sigma r^3 dr d\theta = \int_0^{2\pi} \left[\frac{1}{4} \sigma r^4 \right]_0^a d\theta$$

$$= \int_0^{2\pi} \frac{1}{4} \sigma a^4 d\theta = \left[\frac{1}{4} \sigma a^4 \theta \right]_0^{2\pi} = \frac{1}{2} \pi \sigma a^4$$

円板の全質量（面密度 × 面積）は$m = \sigma \pi a^2$なので、慣性モーメントは$I = \dfrac{1}{2} m a^2$となります。

---

02 スカラー場の線積分

この節の概要

▶ スカラー場やベクトル場などの「場」の積分には、線積分、面積分、体積積分などがあります。ここでは線積分ついて説明します。

線積分とは

第2章で復習した積分 $\int f(x)\,dx$ は、関数 $f(x)$ を x 軸に沿って積分するものでした。その結果は、$f(x)$ と x 軸によってできる次のような面積と考えることができます。

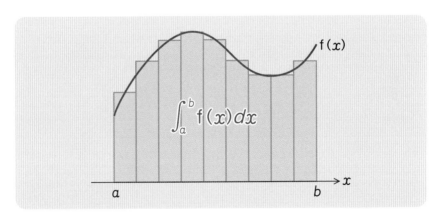

$$\int_a^b f(x)\,dx$$

こんどは、2変数関数 $f(x,\ y)$ の積分を考えてみましょう。$z = f(x,\ y)$ は、次ページ図のような三次元空間の曲面で表すことができます。xy 平面上に曲線 C を描き、$z = f(x,\ y)$ の面に曲線 C に沿って切り込みをいれます。すると、曲線 C に沿った衝立のような面ができます。この衝立の面積を求めるのが線積分です。

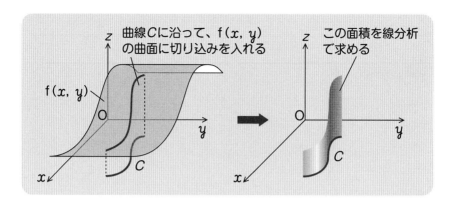

曲線Cに沿って、f(x, y)の曲面に切り込みを入れる

f(x, y)

この面積を線分析で求める

　まず、曲線C上に距離Δsごとに点を打ち、各点の座標を$s_1\,(x_1,\ y_1)$, $s_2\,(x_2,\ y_2)$, $\cdots$, $s_n\,(x_n,\ y_n)$とします。各点を直線で結ぶと、曲線Cに沿った折れ線になります。折れ線のカクカクはΔsを微小にすれば滑らかになるので、今は気にする必要はありません。

　次に、各点の位置で衝立に切れ目を入れ、衝立を細長い短冊状に分解します。短冊の横幅はΔs、高さは$f\,(x,\ y)$ですから、各短冊の面積は

$$f\,(x_1,\ y_1)\Delta s,\ f\,(x_2,\ y_2)\Delta s,\ \cdots,\ f\,(x_n,\ y_n)\Delta s$$

と書けますね。すべての短冊の面積を足し合わせれば、おおざっぱな衝立の面積になります。

$$f\,(x_1,\ y_1)\Delta s + f\,(x_2,\ y_2)\Delta s + \cdots + f\,(x_n,\ y_n)\Delta s = \sum_{i=1}^{n} f\,(x_i,\ y_i)\Delta s$$

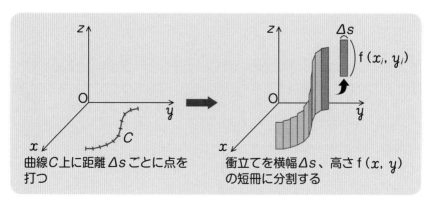

曲線C上に距離Δsごとに点を打つ

衝立てを横幅Δs、高さ$f\,(x,\ y)$の短冊に分割する

短冊の横幅 Δs を限りなくゼロに近づければ、この計算は衝立の面積に等しくなります。これを「$f(x, y)$ を曲線 C に沿って線積分する」といい、次のような積分記号で表します。

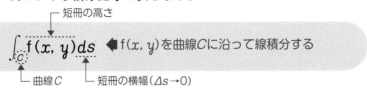

短冊の高さ

$$\int_C f(x, y)ds$$ ◀ $f(x, y)$を曲線Cに沿って線積分する

曲線C　短冊の横幅（$\Delta s \to 0$）

三次元スカラー場の線積分の考え方

上の式は二次元スカラー場 $f(x, y)$ の線積分を表します。これを 3 変数関数 $f(x, y, z)$ にすれば、三次元スカラー場の線積分となります。

$$\int_C f(x, y, z)ds$$ ◀ 三次元スカラー場を曲線Cに沿って線積分する

三次元スカラー場の線積分は、「衝立の面積」のような視覚的イメージでは表せません。まず、三次元空間に曲線 C を描きます。次に、この曲線 C に沿って距離 Δs ずつ進みながら、その座標におけるスカラー場の値 $f(x, y, z)$ と、Δs との積を求めていきます。これを、曲線 C の始点から終点まで足し合わせると、三次元スカラー場の線積分になります。

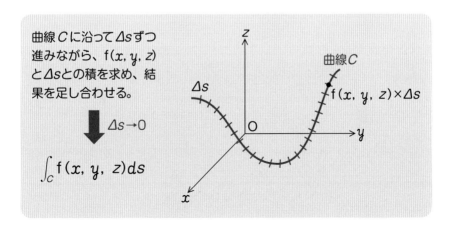

曲線Cに沿ってΔsずつ進みながら、$f(x, y, z)$とΔsとの積を求め、結果を足し合わせる。

$\Delta s \to 0$

$$\int_C f(x, y, z)ds$$

曲線C

$f(x, y, z) \times \Delta s$

Δs

　二次元スカラー場 $f(x, y)$ の曲
線 C に沿った線積分

$$\int_C f(x, y)\, ds \quad \cdots ①$$

の計算を考えてみましょう。ただし、
曲線 C は関数 $y = g(x)$ $(a \leqq x \leqq b)$ にし
たがうものとします。

　曲線 C 上の点 (x, y) における
衝立の高さは、

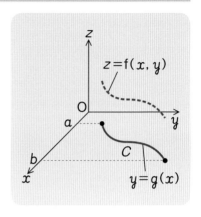

$$z = f(x, y) = f(x, g(x))$$

と表せます。また、ds は曲線 C 上の微小距離ですが、じゅうぶんに小
さいので直線とみなすことができ、三平方の定理を使って

$$ds = \sqrt{dx^2 + dy^2}$$

と書き換えることができます（右図）。
この式を次のように変形します。

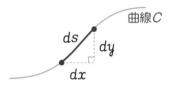

$$ds = \sqrt{dx^2 + dy^2} = \frac{\sqrt{dx^2 + dy^2}}{dx}\, dx$$

$$= \sqrt{\frac{dx^2 + dy^2}{dx^2}}\, dx = \sqrt{\frac{dx^2}{dx^2} + \frac{dy^2}{dx^2}}\, dx = \sqrt{1 + \left(\frac{dy}{dx}\right)^2}\, dx$$

以上から、上の式①の線積分は、次のような x の定積分で表せます。

曲線Cの終点

$$\int_C f(x, y)\, ds = \int_a^b f(x, g(x)) \sqrt{1 + \left(\frac{dy}{dx}\right)^2}\, dx$$

曲線Cの始点　　　曲線Cを表す関数　　　$y = g(x)$ の微分

例題 1 二次元スカラー場 $f(x, y) = x + xy$ を、曲線 C に沿って線積分しなさい。ただし、曲線 C を $y = x + 2\ (0 \leqq x \leqq 2)$ とする。

解 $f(x, y) = x + xy$ に、曲線 C の式 $y = x + 2$ を代入すると、

$$f(x, y) = x + x(x + 2) = x + x^2 + 2x = x^2 + 3x$$

また、$\dfrac{dy}{dx} = (x + 2)' = 1$ より、例題の線積分は次のように表せます。

$$\int_C (x + xy)\, ds = \int_0^2 (x^2 + 3x) \sqrt{1 + 1^2}\, dx$$

$$= \int_0^2 \sqrt{2}\, (x^2 + 3x)\, dx = \sqrt{2} \left[\frac{1}{3}\, x^3 + \frac{3}{2}\, x^2 \right]_0^2$$

$$= \sqrt{2} \left(\frac{1}{3} \cdot 2^3 + \frac{3}{2} \cdot 2^2 - \frac{1}{3} \cdot 0^3 - \frac{3}{2} \cdot 0^2 \right) = \sqrt{2} \left(\frac{8}{3} + 6 \right) = \frac{26\sqrt{2}}{3} \quad \cdots (\text{答})$$

曲線を媒介変数表示で表す場合の線積分の計算

平面上の直線や曲線は、$y = f(x)$ のように、x と y との関係式によって表すのが一般的です。この x と y との関係を、別の変数を媒介にして間接的に表す方法を、**媒介変数表示**（パラメータ表示）といいます。

たとえば、曲線 $y = (x - 1)^2 + 2$ は、$t = x - 1$ と置けば、

$$x = t + 1, \quad y = t^2 + 2$$

のような媒介変数表示で表すことができます。

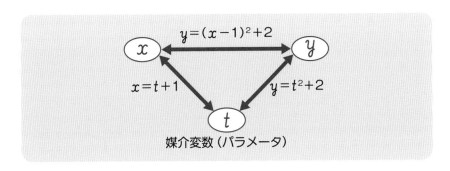

媒介変数表示では、媒介変数 t の変化につれて、x と y が同時に変化

します。t の変化に対応する座標 $(x,\ y)$ の軌跡をたどると、直線や曲線が描かれます。

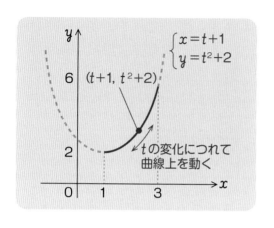

t の範囲を指定すれば、曲線の始点と終点を指定できます。

一般に、曲線 C を媒介変数表示 $x = x(t)$, $y = y(t)$ で表し、原点 O から曲線 C 上の座標 $(x(t),\ y(t))$ へのベクトルを $\vec{r}(t)$ とすれば、曲線 C は次のようなベクトル関数で表すことができます。

$$\vec{r}(t) = x(t)\vec{i} + y(t)\vec{j} \quad (a \leqq t \leqq b)$$

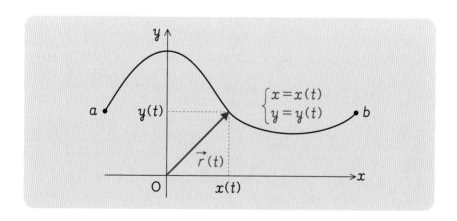

二次元スカラー場 $f(x,\ y)$ を、曲線 C に沿って線積分する計算を考えてみましょう。曲線 C が、媒介変数 t を用いて

$$\vec{r}(t) = x(t)\vec{i} + y(t)\vec{j} \quad (a \leq t \leq b)$$

のように表せるとき、スカラー場 $f(x, y)$ は、$f(x(t), y(t))$ と表せます。したがって、線積分の式は次のようになります。

$$\int_C f(x(t), y(t)) ds \quad \cdots ②$$

└ 曲線 C 上の x, y を媒介変数 t て表す

また、微小距離 ds は、

$$ds = \sqrt{dx^2 + dy^2} = \frac{\sqrt{dx^2 + dy^2}}{dt} dt = \sqrt{\frac{dx^2 + dy^2}{dt^2}} dt$$

$$= \sqrt{\left(\frac{dx}{dt}\right)^2 + \left(\frac{dy}{dt}\right)^2} dt$$

以上から、式②の線積分の式は次のような t についての定積分になります。

┌ t の上限

$$\int_C f(x, y) ds = \int_a^b f(x(t), y(t)) \sqrt{\left(\frac{dx}{dt}\right)^2 + \left(\frac{dy}{dt}\right)^2} dt$$

└ t の下限　$x(t)$ を微分　$y(t)$ を微分

また、上の式で $f(x, y) = 1$ とすれば、曲線 C に沿った高さ 1 の衝立の面積になります。この式は、曲線 C の長さを表します。

$$\int_C 1 \cdot ds = \int_a^b \sqrt{\left(\frac{dx}{dt}\right)^2 + \left(\frac{dy}{dt}\right)^2} dt \quad ◀ 曲線 C の長さ$$

例題2 二次元スカラー場 $f(x, y) = xy^2$ を、曲線 C に沿って線積分しなさい。ただし、曲線 C は $\vec{r}(t) = t\vec{i} + (t-1)\vec{j} \quad (0 \leq t \leq 2)$ とする。

解 曲線 C は、媒介変数表示で

$$x = t, \ y = t - 1 \quad (0 \leqq t \leqq 2)$$

と書けます。したがって、

$$\frac{dx}{dt} = 1 \quad \blacktriangleleft x = t \ を \ t \ で微分 \qquad \frac{dy}{dt} = 1 \quad \blacktriangleleft y = t - 1 \ を \ t \ で微分$$

$$\sqrt{\left(\frac{dx}{dt}\right)^2 + \left(\frac{dy}{dt}\right)^2} = \sqrt{1^2 + 1^2} = \sqrt{2}$$

以上から、線積分の式は次のようになります。

$$\int_C xy^2 ds = \overbrace{\int_0^2}^{0 \leqq t \leqq 2\text{より}} \underbrace{t\,(t-1)^2}_{x=t,\ y=(t-1)} \sqrt{\left(\frac{dx}{dt}\right)^2 + \left(\frac{dy}{dt}\right)^2}\, dt$$

$$= \int_0^2 t\,(t-1)^2 \sqrt{2}\ dt \quad \blacktriangleleft t \text{に関する定積分になった}$$

$$= \sqrt{2} \int_0^2 (t^3 - 2t^2 + t)\, dt = \sqrt{2} \left[\frac{1}{4} t^4 - \frac{2}{3} t^3 + \frac{1}{2} t^2 \right]_0^2$$

$$= \sqrt{2} \left(\frac{1}{4} \cdot 2^4 - \frac{2}{3} \cdot 2^3 + \frac{1}{2} \cdot 2^2 \right) = \sqrt{2} \left(4 - \frac{16}{3} + 2 \right)$$

$$= \frac{2\sqrt{2}}{3} \ \cdots \ （答）$$

練習問題 4　　　　　　　　　　　　　　　　　　　　（答えは 293 ページ）

　次の関数を曲線 C に沿って線積分した値を求めなさい。

(1) $f(x,\ y) = xy^2 \quad (C : \overrightarrow{r}(t) = \cos t\,\overrightarrow{i} + \sin t\,\overrightarrow{j},\ 0 \leqq t \leqq \dfrac{\pi}{2})$

(2) $f(x,\ y,\ z) = x^2 + yz + 8x \quad (C : \overrightarrow{r}(t) = t\,\overrightarrow{i} + t^2\,\overrightarrow{j} - \overrightarrow{k},\ 0 \leqq t \leqq 1)$

03 ベクトル場の線積分

この節の概要

▶ 前節ではスカラー場の線積分について説明しました。ここで
は、ベクトル場の線積分について解説します。また、ベクト
ル場の線積分を使った物理学の事例も紹介します。

■ ベクトル場による仕事の大きさを求める

　たとえば、地球のすぐ近くを隕石が通りかかったとしましょう。隕石
は地球の引力に引っ張られて、a 点から b 点まで、曲線 C のような軌
道をたどったとします。このとき、地球の引力がした仕事の大きさを求
めてみましょう。

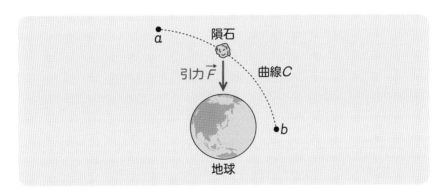

　物理学でいう仕事は「物体に作用する力 × 移動距離」で求められま
す。そこで、隕石に働く地球の引力を $\vec{F}$ としましょう。隕石の軌道を
細かい区間 Δs に分割して考えると、隕石が距離 Δs だけ移動するのに
作用する力の大きさは、引力 $\vec{F}$ のうち、Δs と方向が同じ成分なので、
$|\vec{F}|\cos\theta$ と書けます。

251

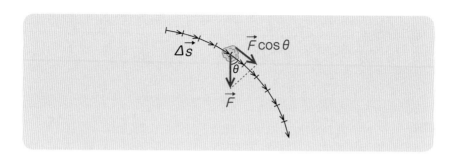

Δs の方向と大きさをベクトル $\overrightarrow{\Delta s}$ で表すと、隕石が Δs 移動するための仕事 ΔW は、

$$\Delta W = |\overrightarrow{F}|\cos\theta \times |\overrightarrow{\Delta s}| = |\overrightarrow{F}||\overrightarrow{\Delta s}|\cos\theta = \overrightarrow{F} \cdot \overrightarrow{\Delta s}$$

のように、$\overrightarrow{F}$ と $\overrightarrow{\Delta s}$ との内積（スカラー積）となります。この計算を、隕石の軌道 a 点から b 点までの各区間で行い合計します。

$$W = \sum \overrightarrow{F} \cdot \overrightarrow{\Delta s}$$

$\overrightarrow{\Delta s}$ の大きさを限りなくゼロに近づければ、ベクトル場 $\overrightarrow{F}$ の線積分となります。これを、$\overrightarrow{\Delta s}$ を $d\overrightarrow{s}$ と書いて、次のような式で表します。

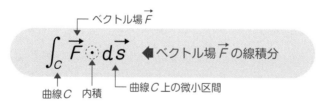

このようにベクトル場の線積分は、物体を曲線 C に沿って移動した場合の仕事の大きさを表します。

■ ベクトル場の線積分の計算

ベクトル場 $\overrightarrow{A}$ $(x,\ y,\ z)$ を、曲線 C に沿って線積分する次の式を考えます。

$$\int_C \overrightarrow{A}(x,\ y,\ z) \cdot d\overrightarrow{s}$$

ベクトル場 $\vec{A}\,(x,\ y,\ z)$ とベクトル $d\vec{s}$ は、成分表示でそれぞれ

$$\vec{A}\,(x,\ y,\ z) = (A_x,\ A_y,\ A_z)$$
$$d\vec{s} = (dx,\ dy,\ dz)$$

と表すことができます。したがってスカラー積 $\vec{A}\cdot d\vec{s}$ は

$$\vec{A}\cdot d\vec{s} = (A_x,\ A_y,\ A_z)\cdot(dx,\ dy,\ dz) = A_x dx + A_y dy + A_z dz$$

以上から、線積分の値は次のように求めることができます。

┌─ **重要** **ベクトル場の線積分** ─────────────────┐

$$\int_C \vec{A}\,(x,\ y,\ z)\cdot d\vec{s} = \int_C (A_x dx + A_y dy + A_z dz)$$

└────────────────────────────────┘

上の公式の使い方を、いくつか例題を通して説明します。

例題1 二次元のベクトル場 $\vec{A}\,(x,\ y) = (xy,\ x-y)$ を、曲線 C_1 及び曲線 C_2 に沿って線積分しなさい。ただし、曲線 C_1、C_2 は、それぞれ次の式で表されるものとする。

1 曲線 C_1：$y = x$　$(0 \leqq x \leqq 1)$
2 曲線 C_2：$y = x^2$　$(0 \leqq x \leqq 1)$

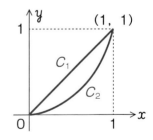

解 ベクトル場 $\vec{A}\,(x,\ y) = (xy,\ x-y)$ の線積分は、次のような式で表すことができます。

$$\int_C \vec{A}\cdot d\vec{s} = \int_C \{\underbrace{xy}_{A_x}dx + \underbrace{(x-y)}_{A_y}\,dy\}$$

1 曲線 $C_1 : y = x \ (0 \leqq x \leqq 1)$ の場合

$y = x$ の両辺を x で微分すると、$\dfrac{dy}{dx} = 1$ より、$dy = dx$

これらを前ページの式に代入し、x に関する定積分に直して計算します。

$$\int_C \{xy\,dx + (x - y)\,dy\} = \int_0^1 \{x \cdot x\,dx + (x - x)\,dx\}$$

（上部の注釈）x の終点、$dy = dx$
（下部の注釈）x の始点、$y = x$、$y = x$

$$= \int_0^1 \{x^2 dx + 0 \cdot dx\} = \int_0^1 x^2 dx = \left[\frac{1}{3}x^3\right]_0^1 = \frac{1}{3} \ \cdots \text{（答）}$$

2 曲線 $C_2 : y = x^2 \ (0 \leqq x \leqq 1)$ の場合

$y = x^2$ の両辺を x で微分すると、$\dfrac{dy}{dx} = 2x$ より、$dy = 2x\,dx$

これらを前ページの式に代入し、x に関する定積分に直して計算します。

$$\int_C \{xy\,dx + (x - y)\,dy\} = \int_0^1 \{x \cdot x^2 dx + (x - x^2) \cdot 2x\,dx\}$$

（下部の注釈）$y = x^2$、$y = x^2$、$dy = 2x\,dx$

$$= \int_0^1 x^3 dx + (2x^2 - 2x^3)\,dx = \int_0^1 (-x^3 + 2x^2)\,dx = \left[-\frac{1}{4}x^4 + \frac{2}{3}x^3\right]_0^1$$

$$= -\frac{1}{4} \cdot 1^4 + \frac{2}{3} \cdot 1^3 = \frac{5}{12} \ \cdots \text{（答）}$$

　曲線 C_1、C_2 は、いずれも始点が $(0, 0)$、終点が $(1, 1)$ です。一般に始点と終点は同じでも、積分経路が違えば、線積分の値も異なります。

例題2 二次元のベクトル場 $\vec{A}\,(x, y) = (x + y, \ xy)$ を、曲線 C に沿って線積分しなさい。ただし、曲線 C は次の式で表されるものとする。

$$\vec{r} = (t + 1)\vec{i} + (t^2 + 2)\vec{j} \quad (0 \leqq t \leqq 1)$$

曲線 C は、媒介変数表示で

$$x = t + 1, \ y = t^2 + 2 \quad (0 \leqq t \leqq 1)$$

と表せます。上の式をベクトル場の線積分の公式に代入すると、次のようになります。

$$\int_C \{(x+y)\,dx + xy\,dy\} = \int_C \{(t+1+t^2+2)\,dx + (t+1)(t^2+2)\,dy\}$$

$$= \int_C \{(t^2+t+3)\,dx + (t^3+t^2+2t+2)\,dy\}$$

$$= \int_0^1 \left\{(t^2+t+3)\frac{dx}{dt} + (t^3+t^2+2t+2)\frac{dy}{dt}\right\} dt$$

（t の終点 / t の始点 / dt で割る / dt を掛ける）

$x = t + 1$ より、$\dfrac{dx}{dt} = 1$, $y = t^2 + 2$ より、$\dfrac{dy}{dt} = 2t$

これらを上の式に代入します。

$$\int_0^1 \{(t^2+t+3)\cdot 1 + (t^3+t^2+2t+2)\cdot 2t\}\,dt$$

（$\dfrac{dx}{dt} = 1$ / $\dfrac{dy}{dt} = 2t$）

$$= \int_0^1 (2t^4 + 2t^3 + 5t^2 + 5t + 3)\,dt$$

$$= \left[\frac{2}{5}t^5 + \frac{2}{4}t^4 + \frac{5}{3}t^3 + \frac{5}{2}t^2 + 3t\right]_0^1$$

$$= \frac{2}{5} + \frac{1}{2} + \frac{5}{3} + \frac{5}{2} + 3 = \frac{121}{15} \quad \cdots \text{（答）}$$

例題のように、曲線 C が媒介変数 t $(a \leqq t \leqq b)$ で表される場合のベクトル場の線積分は、一般に次のように求めることができます。

$$\int_a^b \left(A_x \frac{dx}{dt} + A_y \frac{dy}{dt} + A_z \frac{dz}{dt}\right) dt$$

ベクトル場 $\vec{A}(x,\ y,\ z) = (x+y,\ 3y^2z+1,\ z-xy)$ を、次の曲線に沿って線積分した値を求めなさい。

(1) 曲線 $C_1 : \vec{r}(t) = (t^2-1)\vec{i} + t\vec{j} + (2t+1)\vec{k},\ 0 \le t \le 1$

(2) 曲線 $C_2 : (0,\ 0,\ 0) \rightarrow (1,\ 0,\ 0) \rightarrow (1,\ 1,\ 0) \rightarrow (1,\ 1,\ 1)$ を直線でつないだ折れ線

勾配の線積分

スカラー場 $f(x,\ y,\ z)$ の勾配 $\nabla f\,(\mathrm{grad}\ f)$ を考えます。← 勾配について忘れてしまった人は、205 ページを見直してください。

∇f はベクトル場です。このベクトル場を曲線 C に沿って線積分するとどうなるでしょうか。

$$\int_C \nabla f \cdot d\vec{s} = \int_C \left(\frac{\partial f}{\partial x},\ \frac{\partial f}{\partial y},\ \frac{\partial f}{\partial z} \right) \cdot \left(dx,\ dy,\ dz \right)$$

$$= \int_C \left(\frac{\partial f}{\partial x}\,dx + \frac{\partial f}{\partial y}\,dy + \frac{\partial f}{\partial z}\,dz \right)$$

と書けます。上の式の $\boxed{}$ の部分は、スカラー場 f の全微分（199 ページ）ですから、df と書けます。df は積分すれば f に戻るので、結局この式は

$$\int_C \nabla f \cdot d\vec{s} = \int_C df = \left[\ f\ \right]_{(a)}^{(b)}$$

(b) ← 曲線 C の終点
(a) ← 曲線 C の始点
f の全微分
f の微分を積分するので f に戻る

となります。曲線 C の始点と終点の座標をそれぞれ $a\,(x_a,\ y_a,\ z_a)$、$b\,(x_b,\ y_b,\ z_b)$ とすれば、

$$\int_C \nabla f \cdot d\vec{s} = \left[\ f\ \right]_a^b = f(x_b,\ y_b,\ z_b) - f(x_a,\ y_a,\ z_a)$$

上の式は、曲線 C がどんな経路であっても、始点 a と終点 b の座標が同じなら同じ値になります。すなわち、

> スカラー場 f の勾配∇f の線積分の値は、曲線Cの経路によらず、始点と終点の位置によって決まる。

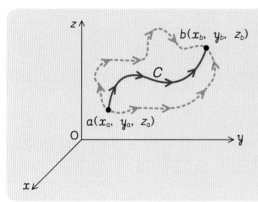

スカラー場 f の勾配の線積分は、曲線Cがどんな経路でも、始点 a と終点 b が同じなら同じ値になる。

例題3 次の三次元スカラー場 f の勾配 grad f を線積分しなさい。

$$f(x,\ y,\ z) = \frac{1}{2}x^2 + \frac{1}{2}y^2 + \frac{1}{2}z^2 + xy + yz$$

ただし、積分経路の始点を $(0,\ 0,\ 0)$、終点を $(1,\ 1,\ 1)$ とする。

解 grad f を求めて公式どおり線積分してもよいのですが、勾配の線積分は次のように簡単に計算できます。

$$\int_C \nabla f \cdot d\vec{s} = \Big[\ f\ \Big]_a^b \text{より、}$$

$$\int_C \nabla f \cdot d\vec{s} = \underset{\text{終点}b}{\underline{f(1,\ 1,\ 1)}} - \underset{\text{始点}a}{\underline{f(0,\ 0,\ 0)}}$$

$$= \frac{1}{2}\cdot 1^2 + \frac{1}{2}\cdot 1^2 + \frac{1}{2}\cdot 1^2 + 1\cdot 1 + 1\cdot 1$$

$$= \frac{3}{2} + 2 = \frac{7}{2} \quad \cdots \text{（答）}$$

第6章　場の積分を理解する

257

■■ 勾配の線積分と保存力

　第5章では、万有引力 $\vec{F}$ が次のようなポテンシャル場 ϕ の勾配として表せることを示しました（212ページ）。

$$\vec{F} = -\nabla\phi$$

　この $\vec{F}$ を曲線 C に沿って線積分した値、

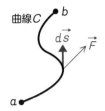
曲線 C

$$\int_C \vec{F}\cdot d\vec{s} = -\int_C \nabla\phi\cdot d\vec{s}$$

について考えてみましょう。

　上の式は、物体を a から b まで移動するために $\vec{F}$ がした仕事を表します。そして、この値は勾配 $\nabla\phi$ の線積分ですから、a から b までどのような移動経路をとっても同じ値になります。さらに言えば、引力 $\vec{F}$ の大きさは地球の中心からの距離（＝高さ）によって決まるので、a と b の高低差によって決まります。

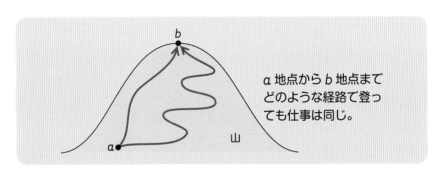

a 地点から b 地点まで
どのような経路で登っ
ても仕事は同じ。

　このように、経路によらず位置の変化のみによって仕事が決まる力のことを保存力といいます。また、ポテンシャルとは、保存力が作用するスカラー場のこと、と定義することができます。

04 面積分と体積積分

この節の概要

▶ 線積分の次は面積分です。ここでは面積分の考え方と、スカ

ラー場の面積分の計算方法について説明します。

▶ また、体積積分についても説明します。

■ 面積分の考え方

　図のようなグニャっとした形の曲面 S を考えます。この曲面上のあらゆる点で、ある物理量 ϕ が測定できるとしましょう。たとえば、曲面を覆う物質の密度や、曲面が受け取る単位面積当たりの熱エネルギーなどです。

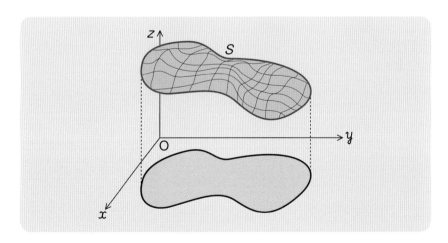

　この曲面を、面積 ΔS の区画に分割します。次に、各区画で物理量 ϕ を測定し、面積 ΔS との積を求めます。積の総和 $\Sigma \phi \Delta S$ は、ϕ が物質の密度なら曲面全体の物質のおおまかな質量を表すでしょう。また、ϕ

（右側欄外：第6章 場の積分を理解する）

が単位面積当たりの熱エネルギーなら、曲面全体が受け取る熱エネルギーになるはずです。

　区画面積 ΔS を小さくするほど、値は正確になります。そこで、ΔS を限りなくゼロに近づけます。これが面積分です。

　座標 (x, y, z) 上の ϕ の値を $\phi(x, y, z)$ とすれば、この面積分は次のような式になります。

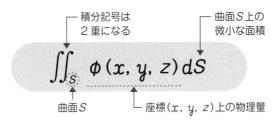

積分記号は2重になる
曲面 S 上の微小な面積

$$\iint_S \phi(x, y, z)\,dS$$

曲面 S
座標 (x, y, z) 上の物理量

■ スカラー場の面積分

　ここでは、曲面 S が2変数関数 $z = f(x, y)$ で表せるものとします。曲面 S の xy 平面上の射影を D とし、領域 D を格子状の微小な区画に分割します。そして、領域 D 上の任意の区画 EFGH と、それに対応する曲面 S 上の微小区画 PQRS を次のようにとります。

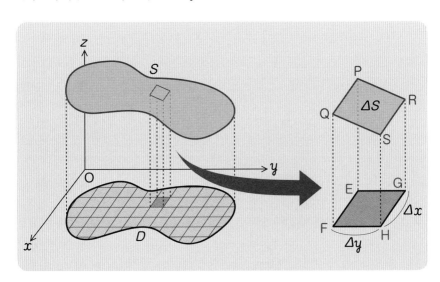

微小区画PQRSは厳密には曲面ですが、微小なので平面と考えましょう。

さて、点Eの座標を $(x,\ y,\ 0)$、微小区画EFGHの縦横の長さを Δx、Δy とします。すると点Fと点Gの座標は、それぞれF $(x+\Delta x,\ y,\ 0)$、G $(x,\ y+\Delta y,\ 0)$ と表すことができます。

また、微小区画 P の x 座標と y 座標は点 E と同じ、z 座標は $z=f(x,\ y)$ なので、P $(x,\ y,\ f(x,\ y))$ と書けます。点 Q、点 R も同様に、Q $(x+\Delta x,\ y,\ f(x+\Delta x,\ y))$、R $(x,\ y+\Delta y,\ f(x,\ y+\Delta y))$ と書けます。

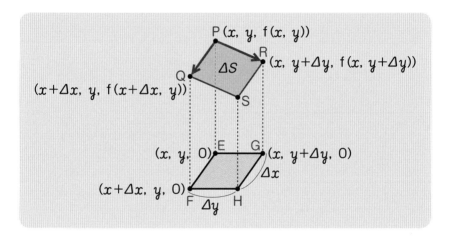

以上から、ベクトル $\overrightarrow{\mathrm{PQ}}$ とベクトル $\overrightarrow{\mathrm{PR}}$ の成分表示は、それぞれ次のように表せます。

$$\overrightarrow{\mathrm{PQ}}=\begin{pmatrix}(x+\Delta x)-x\\ y-y\\ f(x+\Delta x,\ y)-f(x,\ y)\end{pmatrix}=\begin{pmatrix}\Delta x\\ 0\\ f(x+\Delta x,\ y)-f(x,\ y)\end{pmatrix}$$

$$\overrightarrow{\mathrm{PR}}=\begin{pmatrix}x-x\\ (y+\Delta y)-y\\ f(x,\ y+\Delta y)-f(x,\ y)\end{pmatrix}=\begin{pmatrix}0\\ \Delta y\\ f(x,\ y+\Delta y)-f(x,\ y)\end{pmatrix}$$

微小区画 PQRS の面積は、ベクトル $\overrightarrow{\mathrm{PQ}}$ とベクトル $\overrightarrow{\mathrm{PR}}$ の外積の大きさで表すことができました（130ページ）。そこで、外積 $\overrightarrow{\mathrm{PQ}}\times\overrightarrow{\mathrm{PR}}$ を求めましょう。

$$\overrightarrow{\mathrm{PQ}} \times \overrightarrow{\mathrm{PR}} = \begin{pmatrix} \Delta x \\ 0 \\ f(x+\Delta x,\ y) - f(x,\ y) \end{pmatrix} \times \begin{pmatrix} 0 \\ \Delta y \\ f(x,\ y+\Delta y) - f(x,\ y) \end{pmatrix}$$

$$= \begin{vmatrix} 0 & f(x+\Delta x,\ y) - f(x,\ y) \\ \Delta y & f(x,\ y+\Delta y) - f(x,\ y) \end{vmatrix} \overrightarrow{i}$$

$$+ \begin{vmatrix} f(x+\Delta x,\ y) - f(x,\ y) & \Delta x \\ f(x,\ y+\Delta y) - f(x,\ y) & 0 \end{vmatrix} \overrightarrow{j}$$

$$+ \begin{vmatrix} \Delta x & 0 \\ 0 & \Delta y \end{vmatrix} \overrightarrow{k}$$

$$= -\left(f(x+\Delta x,\ y) - f(x,\ y) \right) \Delta y\ \overrightarrow{i}$$

$$- \left(f(x,\ y+\Delta y) - f(x,\ y) \right) \Delta x\ \overrightarrow{j}$$

$$+ \Delta x\, \Delta y\ \overrightarrow{k}$$

$$= -\boxed{\dfrac{f(x+\Delta x,\ y) - f(x,\ y)}{\Delta x}}\, \Delta x \Delta y\ \overrightarrow{i} \quad \blacktriangleleft \Delta x \text{で割って掛ける}$$

$$- \boxed{\dfrac{f(x,\ y+\Delta y) - f(x,\ y)}{\Delta y}}\, \Delta x \Delta y\ \overrightarrow{j} \quad \blacktriangleleft \Delta y \text{で割って掛ける}$$

$$+ \Delta x \Delta y\ \overrightarrow{k}$$

Δx と Δy をゼロに近づけると、上の式の┊┈┊の部分は偏微分になり、

$$\overrightarrow{\mathrm{PQ}} \times \overrightarrow{\mathrm{PR}} = -\left(\frac{\partial f}{\partial x}\, dxdy \right) \overrightarrow{i} - \left(\frac{\partial f}{\partial y}\, dxdy \right) \overrightarrow{j} + dxdy\ \overrightarrow{k}$$

となります。以上から、曲面 S 上の微小区画 PQRS の面積 dS は、三平方の定理より、

$$dS = |\overrightarrow{\mathrm{PQ}} \times \overrightarrow{\mathrm{PR}}| = \sqrt{\left(\frac{\partial f}{\partial x}\, dxdy \right)^2 + \left(\frac{\partial f}{\partial y}\, dxdy \right)^2 + \left(dxdy \right)^2}$$

$$= \left(\sqrt{\left(\frac{\partial f}{\partial x} \right)^2 + \left(\frac{\partial f}{\partial y} \right)^2 + 1} \right) dxdy$$

となります。曲面 S の面積分の式は、これによって次のような領域 D

に沿った重積分の式に変形できます。

$$\iint_S \phi(x, y, z)\,dS = \iint_D \phi(x, y, f(x, y))\sqrt{\left(\frac{\partial f}{\partial x}\right)^2 + \left(\frac{\partial f}{\partial y}\right)^2 + 1}\,dxdy$$

面積分 ┘

曲面 S の射影 D ┘ $z = f(x, y)$ より ┘   f を x ┘   f を y ┘
で微分   で微分

また、上の式で $\phi(x, y, f(x, y)) = 1$ とすれば、曲面 $z = f(x, y)$ の面積を求める式になります。

$$\iint_D \sqrt{\left(\frac{\partial f}{\partial x}\right)^2 + \left(\frac{\partial f}{\partial y}\right)^2 + 1}\,dxdy$$ ◀ 曲面 $f(x, y)$ の面積を求める

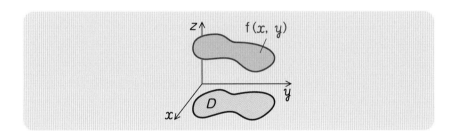

例題 平面 $x + y + z = 2$ が座標軸と交わる図のような三角形 ABC を曲面 S として、$\phi(x, y, z) = 2x + y + z$ の S 上の面積分

$$\iint_S \phi(x, y, z)\,dS$$

を求めよ。

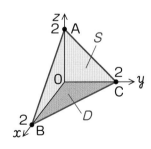

解 平面 $x + y + z = 2$ より、

$$z = f(x, y) = -x - y + 2, \quad \frac{\partial f}{\partial x} = -1, \quad \frac{\partial f}{\partial y} = -1$$

よって、dS は次のようになります。

$$dS = \sqrt{\left(\frac{\partial f}{\partial x}\right)^2 + \left(\frac{\partial f}{\partial y}\right)^2 + 1}\ dxdy$$

$$= \sqrt{(-1)^2 + (-1)^2 + 1}\ dxdy = \sqrt{3}\ dxdy$$

また、$\phi(x,\ y,\ z) = 2x + y + z$ より、

$$\phi(x,\ y,\ f(x,\ y)) = 2x + y + (-x - y + 2) = x + 2$$

以上から、問題の面積分は次のようになり
ます。

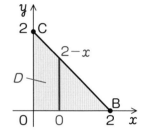

$$\iint_D (x+2)\sqrt{3}\ dxdy$$

$$= \sqrt{3} \int_0^2 \left\{ \int_0^{2-x} (x+2)\,dy \right\} dx$$

$$= \sqrt{3} \int_0^2 \Big[xy + 2y \Big]_{y=0}^{y=2-x} dx$$

$$= \sqrt{3} \int_0^2 \{ x(2-x) + 2(2-x) \}\,dx = \sqrt{3} \int_0^2 (4 - x^2)\,dx$$

$$= \sqrt{3} \left[4x - \frac{1}{3}x^3 \right]_0^2 = \sqrt{3}\ \left(4\cdot 2 - \frac{1}{3}\cdot 2^3\right) = \frac{16\sqrt{3}}{3} \quad \cdots \text{(答)}$$

練習問題6 (答えは 295 ページ)

次の関数 ϕ と曲面 S について、関数 ϕ の S 上での面積分
$\iint \phi(x,\ y,\ z)\,dS$ を求めよ。

(1) $\phi(x,\ y,\ z) = 1$,

$\quad S = \{(x,\ y,\ z) \mid x^2 + y^2 + z^2 = R^2,\ z \geqq 0\}$　※R は定数

(2) $\phi(x,\ y,\ z) = \dfrac{Q}{x^2 + y^2 + z^2}$,

$\quad S = \{(x,\ y,\ z) \mid x^2 + y^2 + z^2 = R^2,\ z \geqq 0\}$　※Q, R は定数

■ 体積積分とは

　たとえば、室内がある有害物質で汚染されてしまったとしましょう。空気中に含まれる有害物質の質量を測定するために、次のような積分を考えます。

　まず、部屋全体を細かいサイコロ状の区画に区分けします。次に、各区画で有害物質の密度を測定し、測定された密度と区画体積との積を求めていきます。この積の総和が、室内の空気中に含まれる有害物質の質量です。

　一般に、領域 V 内の各点で物理量 $\phi(x, y, z)$ が測定できる場合、ϕ と微小体積 dV との積の総和を、次のような積分の式で表します。

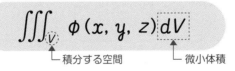

$$\iiint_V \phi(x, y, z)dV$$

└─ 積分する空間　　　　└─ 微小体積

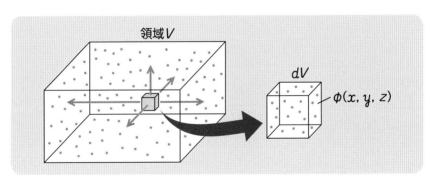

領域 V

dV

$\phi(x, y, z)$

　このような積分を**体積積分**といいます。本書では詳しい説明は割愛しますが、体積積分は、一般に次のような3重積分で計算します。

$$\iiint_V \phi(x, y, z)dV = \iiint_V \phi(x, y, z)dxdydz$$

体積積分　　　　　　　　　3重の累次積分

第6章　場の積分を理解する

265

05 ベクトル場の面積分

この節の概要

▶ 面積分には、スカラー場の面積分とベクトル場の面積分があります。スカラー場の面積分については前節で説明したので、ここではベクトル場の面積分について説明します。

ベクトル場の面積分の考え方

三次元のベクトル場の中に、曲面Sがあるとします。たとえば、水の流れの中に図のように網を広げたイメージです。

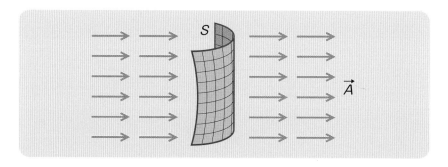

水の流速をベクトル$\vec{A}$として、単位時間に網を通り抜ける水の総量を求める方法を考えてみましょう。積分の考え方を使うと、まず網目1つ1つについて、その網目を通る水の量を求め、それらの総和を求めるということになります。

1つの網目を通る水の量は、

> その網目のある場所の流速 $\vec{A}$ の大きさ × 網目の面積 $\varDelta S$

で求められます。ただし、水は網目に対して常に垂直に流れるとは限りません。水が網目に対して斜めに流れる場合の水量は、垂直に流れる場合より少なくなります。

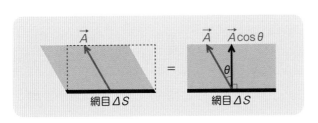

網目を真横から見たところです。

上図のように、網目に対して斜め方向の流速 $\vec{A}$ によって網目を通る水量は、流速が網目に対して垂直な $\vec{A}\cos\theta$ の場合の水量と同じです。

ここで、網目 ΔS に対して垂直で、大きさが1のベクトルを $\vec{n}$ とします(この $\vec{n}$ を単位法線ベクトルといいます)。すると、$\vec{A}\cos\theta$ の大きさは、

$$|\vec{A}|\,|\vec{n}|\cos\theta = \vec{A}\cdot\vec{n}$$

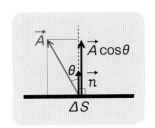

のように、$\vec{A}$ と $\vec{n}$ の内積で表せます。この値に網目の面積 ΔS を掛け、網目1つ分の水量を求めます。これを、すべての網目について合計すれば、網全体を通る水量が求められます。

$$\sum \vec{A}\cdot\vec{n}\;\Delta S \quad \blacktriangleleft 網全体を通る水量$$

さらに、ΔS を限りなくゼロに近づけると積分になります。

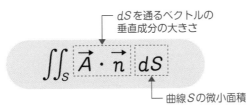

dSを通るベクトルの垂直成分の大きさ

$$\iint_S \vec{A}\cdot\vec{n}\;dS$$

曲線Sの微小面積

これが、ベクトル場の面積分の式になります。

　ベクトル場の面積分の求め方について考えみましょう。スカラー場の面積分（260 ページ）の場合と同様に、曲面 S の xy 平面上の射影を領域 D とし、領域 D 上の微小面積を $dxdy$ とします。また、$dxdy$ に対応する曲面 S 上の微小面積 PQRS を考えます。この微小面積 PQRS が、網目 1 つ分に相当します。

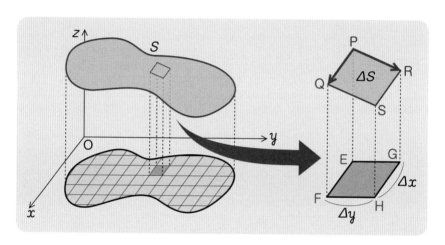

　ここで、ベクトル $\overrightarrow{\mathrm{PQ}}$ とベクトル $\overrightarrow{\mathrm{PR}}$ の外積は、大きさが平行四辺形 PQRS の面積、方向が PQRS に対して垂直なベクトルになります（130 ページ）。一方、単位法線ベクトル $\vec{n}$ は、大きさが 1 で、方向が微小面積 PQRS に対して垂直なベクトルです。したがって $\vec{n}$ は、

$$\vec{n} = \frac{\overrightarrow{\mathrm{PQ}} \times \overrightarrow{\mathrm{PR}}}{|\overrightarrow{\mathrm{PQ}} \times \overrightarrow{\mathrm{PR}}|} = \frac{\overrightarrow{\mathrm{PQ}} \times \overrightarrow{\mathrm{PR}}}{dS}$$

のように求めることができます。上の式を、ベクトル場の面積分の式に代入すると、

$$\iint_S \vec{A} \cdot \vec{n}\, dS = \iint_S \vec{A} \cdot \left(\frac{\overrightarrow{\mathrm{PQ}} \times \overrightarrow{\mathrm{PR}}}{dS} \right) dS = \iint_S \vec{A} \cdot (\overrightarrow{\mathrm{PQ}} \times \overrightarrow{\mathrm{PR}})$$

ここで、座標 $(x,\ y,\ z)$ における $\vec{A}$ を $\vec{A}\ (x,\ y,\ z) = (A_x,\ A_y,\ A_z)$ とします。また、ベクトル積 $\overrightarrow{PQ} \times \overrightarrow{PR}$ については、262 ページの式を再掲すると、

$$\overrightarrow{PQ} \times \overrightarrow{PR} = -\left(\frac{\partial f}{\partial x}\,dxdy\right)\vec{i} - \left(\frac{\partial f}{\partial y}\,dxdy\right)\vec{j} + dxdy\,\vec{k}$$

$$= \left(-\frac{\partial f}{\partial x},\ -\frac{\partial f}{\partial y},\ 1\right)dxdy$$

よって、

$$\iint_S \vec{A} \cdot (\overrightarrow{PQ} \times \overrightarrow{PR}) = \iint_D \underbrace{(A_x,\ A_y,\ A_z) \cdot \left(-\frac{\partial f}{\partial x},\ -\frac{\partial f}{\partial y},\ 1\right)}dxdy$$

$$\vec{a} \cdot \vec{b} = a_1 b_1 + a_2 b_2 + a_3 b_3$$

$$= \iint_D \left(-A_x \frac{\partial f}{\partial x} - A_y \frac{\partial f}{\partial y} + A_z\right)dxdy$$

以上から、ベクトル場 $\vec{A}$ の曲面 S による面積分は、曲面 S が $z = f(x,\ y)$ で表せる場合、次のような領域 D による重積分に変形できます。

$$\iint_S \vec{A} \cdot \vec{n}\,dS = \iint_D \left(-A_x \frac{\partial f}{\partial x} - A_y \frac{\partial f}{\partial y} + A_z\right)dxdy$$

例題 平面 $x + y + z = 2$ が座標軸と交わる図のような三角形 ABC を曲面 S として、ベクトル場 $\vec{A} = (x,\ y,\ z - 1)$ の S 上での面積分

$$\iint_S \vec{A} \cdot \vec{n}\,dS$$

を求めよ。ただし、$\vec{n}$ は S の単位法線ベクトルとする。

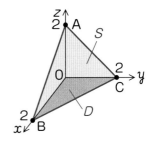

　解　平面 $x + y + z = 2$ より、

$$z = f(x, y) = -x - y + 2 \quad \text{よって、} \frac{\partial f}{\partial x} = -1, \ \frac{\partial f}{\partial y} = -1$$

また、

$$\vec{A} = (x, \ y, \ z - 1) = (x, \ y, \ (-x - y + 2) - 1) = (x, \ y, \ -x - y + 1)$$

よって、

$$\iint_S \vec{A} \cdot \vec{n} = \iint_D \left(-A_x \frac{\partial f}{\partial x} - A_y \frac{\partial f}{\partial y} + A_z \right) dx dy$$

$$= \int_0^2 \left\{ \int_0^{2-x} -x \cdot (-1) - y \cdot (-1) + (-x - y + 1) \, dy \right\} dx$$

$$= \int_0^2 \left\{ \int_0^{2-x} (1) \, dy \right\} dx$$

$$= \int_0^2 \left[y \right]_0^{2-x} dx$$

$$= \int_0^2 (2 - x) \, dx$$

$$= \left[2x - \frac{1}{2} x^2 \right]_0^2$$

$$= 2 \cdot 2 - \frac{1}{2} \cdot 2^2 = 2 \quad \cdots \text{（答）}$$

練習問題 7 （答えは 297 ページ）

曲面 S が $z = xy - 1$, $0 \leqq x \leqq 1$, $0 \leqq y \leqq 1$ で表されるとき、$\vec{A} = (e^x, \ e^y, \ z)$ を曲面 S 上で面積分した値を求めなさい。

06 グリーンの定理

この節の概要

▶ 平面におけるグリーンの定理は、周回積分と2重積分を相互に変換する公式です。数学や物理学ではよく使われる重要な定理なので、内容をよく理解してください。

■ 周回積分とは

線積分 $\int_C f(x, y)\, ds$ は、関数 $f(x, y)$ を曲線 C に沿って積分するものでした。このうち、曲線 C が閉曲線（終点と始点が同じ曲線）の場合を周回積分といいます。周回積分の式は、次のように積分の記号 $\int$ に○を付けて表します。

$$\oint_C f(x, y)\, ds$$

二次元スカラー場の線積分は、曲線 C に沿った高さ $f(x, y)$ の衝立の面積を表しました。周回積分は、城壁のようにぐるっと囲んだ衝立の面積と考えることができます。

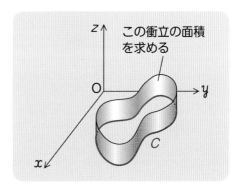

この衝立の面積を求める

なお、線積分では、曲線上を進む方向を逆にすると値の正負が逆になります。そのため周回積分でも、左回りか右回りかで値の正負が逆になります。

271

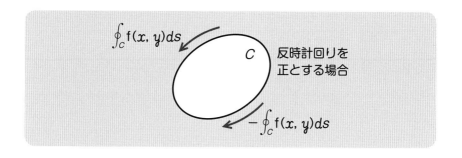

$$\oint_C f(x, y) ds$$

$$C$$

反時計回りを
正とする場合

$$- \oint_C f(x, y) ds$$

　次に、ベクトル場の周回積分について考えてみましょう。図のような二次元ベクトル場 $\vec{A}$ 内の領域を D、領域 D を囲む閉曲線を C とします。

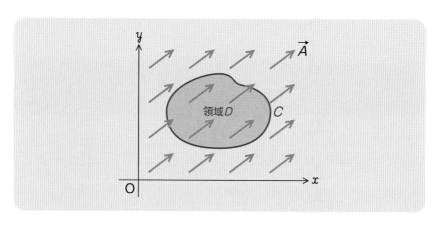

y

$\vec{A}$

領域 D

C

O

x

　二次元ベクトル場 $\vec{A}$ の線積分は、253 ページで説明したように、

$$\int_C \vec{A}(x, y) \cdot d\vec{s} = \int_C (A_x(x, y) dx + A_y(x, y) dy)$$

と表すことができます。したがって、周回積分も同様に、

$$\oint_C (A_x(x, y) dx + A_y(x, y) dy)$$

$$= \oint_C A_x(x, y) dx + \oint_C A_y(x, y) dy \quad \cdots ①$$

と書けます。

272

ここで、領域 D の x の範囲を $a \leqq x \leqq b$ とし、曲線 C の下半分は関数 $y = f_1(x)$、上半分は関数 $y = f_2(x)$ で表せるものとします。このとき、

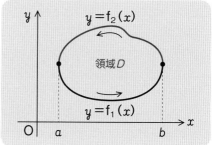

$$\oint_C A_x(x, \ y)\,dx$$

$$= \int_a^b A_x(x, \ f_1(x))\,dx + \int_b^a A_x(x, \ f_2(x))\,dx \quad \blacktriangleleft \text{下半分と上半分に分ける}$$

$$= \int_a^b A_x(x, \ f_1(x))\,dx - \int_a^b A_x(x, \ f_2(x))\,dx$$

$$= -\int_a^b \left\{ A_x(x, \ f_2(x)) - A_x(x, \ f_1(x)) \right\} dx$$

上の中カッコの中の式は、次のような y に関する定積分に変形できます。

$$= -\int_a^b \left[A_x(x, \ y) \right]_{y=f_1(x)}^{y=f_2(x)} dx$$

積分すると $A_x(x, \ y)$ になる関数は、$A_x(x, \ y)$ の微分ですから、

$$= -\int_a^b \left\{ \int_{f_1(x)}^{f_2(x)} \frac{\partial A_x}{\partial y}\,dy \right\} dx$$

この累次積分の範囲は領域 D を表すので、次のような2重積分になります。

$$= -\iint_D \frac{\partial A_x}{\partial y}\,dx\,dy \quad \cdots ②$$

　次に、領域 D の y の範囲を $c \leqq y \leqq d$ とし、曲線 C の左半分を関数 $x = g_1(y)$、上右分を関数 $x = g_2(y)$ で表します。あとは先ほどと同様に式を変形すると、

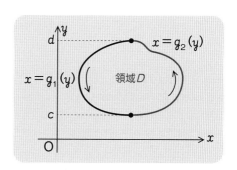

$$\oint_C A_y(x,\ y)\,dy$$

$$= \int_c^d A_y(g_2(y),\ y)\,dy + \int_d^c A_y(g_1(y),\ y)\,dy$$

$$= \int_c^d A_y(g_2(y),\ y)\,dy - \int_c^d A_y(g_1(y),\ y)\,dy$$

$$= \int_c^d \left\{ A_y(g_2(y),\ y) - A_y(g_1(y),\ y) \right\}dy$$

$$= \int_c^d \Big[A_y(x,\ y)\Big]_{x=g_1(y)}^{x=g_2(y)}\,dy$$

$$= \int_c^d \left\{ \int_{g_1(y)}^{g_2(y)} \frac{\partial A_y}{\partial x}\,dx \right\}dy$$

$$= \iint_D \frac{\partial A_y}{\partial x}\,dxdy \quad \cdots ③$$

式①②③より、以下の式が成り立ちます。

$$\oint_C (A_x(x,\ y)dx + A_y(x,\ y)dy) = \underbrace{\iint_D \frac{\partial A_y}{\partial x}\,dxdy}_{\text{式③より}} - \underbrace{\iint_D \frac{\partial A_x}{\partial y}\,dxdy}_{\text{式②より}}$$

$$= \iint_D \left(\frac{\partial A_y}{\partial x} - \frac{\partial A_x}{\partial y} \right)dxdy$$

上の式の A_x、A_y を一般化し、関数 P、Q に置き換えると、次のような公式になります。この公式を平面におけるグリーンの定理といいます。

重要 平面におけるグリーンの定理

$$\oint_C P(x,\ y)\,dx + Q(x,\ y)\,dy = \iint_D \left(\frac{\partial Q}{\partial x} - \frac{\partial P}{\partial y} \right)dxdy$$

平面におけるグリーンの定理を使うと、ベクトル場の周回積分を2重積分に変換できます。

例題 平面におけるグリーンの定理を用いて、次の周回積分の値を求めなさい。ただし、曲線 C は反時計回りを正とする単位円の円周とする。

$$\oint_C (x^2 - y)\,dx + (x^2 + y)\,dy$$

解 $P(x,\ y) = x^2 - y,\ Q(x,\ y) = x^2 + y$ として、グリーンの定理を使います。

$$\frac{\partial P}{\partial y} = \frac{\partial}{\partial y}(x^2 - y) = -1,\quad \frac{\partial Q}{\partial x} = \frac{\partial}{\partial x}(x^2 + y) = 2x$$

より、

$$\oint_C (x^2 - y)\,dx + (x^2 + y)\,dy = \iint_D (2x + 1)\,dxdy$$

ここで、領域 D は単位円 $x^2 + y^2 = 1$ の内部です。

$x = r\cos\theta,\ y = r\sin\theta\ (0 \leq r \leq 1,\ 0 \leq \theta \leq 2\pi)$ として、上の式を極座標に変換します。

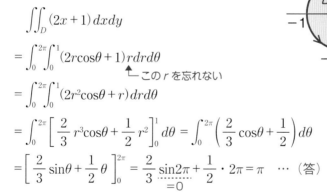

$$\iint_D (2x + 1)\,dxdy$$
$$= \int_0^{2\pi}\int_0^1 (2r\cos\theta + 1)\,r\,drd\theta$$

└ この r を忘れない

$$= \int_0^{2\pi}\int_0^1 (2r^2\cos\theta + r)\,drd\theta$$
$$= \int_0^{2\pi}\left[\frac{2}{3}r^3\cos\theta + \frac{1}{2}r^2\right]_0^1 d\theta = \int_0^{2\pi}\left(\frac{2}{3}\cos\theta + \frac{1}{2}\right)d\theta$$
$$= \left[\frac{2}{3}\sin\theta + \frac{1}{2}\theta\right]_0^{2\pi} = \frac{2}{3}\underbrace{\sin 2\pi}_{=0} + \frac{1}{2}\cdot 2\pi = \pi \quad \cdots (\text{答})$$

練習問題 8　　　　　　　　　　　　　　　　　　　　　　　（答えは 297 ページ）

　閉曲線 $C = \{(x,\ y) \mid x^2 + y^2 = 4\}$ における次の周回積分の値を、平面におけるグリーンの定理を用いて求めなさい。

$$\oint_C (2x + y)\,dx + (3x - 2y)\,dy$$

07 ストークスの定理

この節の概要

▶ いよいよ、ストークスの定理について説明しましょう。グリーンの定理では周回積分を２重積分に変換しましたが、ストークスの定理は周回積分を面積分に変換します。

周回積分を回転（rot）で表す

たとえば水の流れのような、流速 $\vec{A}$ で流れるベクトル場があるとします。このベクトル場を閉曲線 C に沿って線積分した値は、

$$\oint_C \vec{A} \cdot d\vec{s}$$

のように表すことができました。この値を求めます。

話を簡単にするため、二次元の平面で考えましょう。まず、閉曲線 C に囲まれた平面 S を、微小面積 $\Delta S = \Delta x \Delta y$ の長方形に分割します。

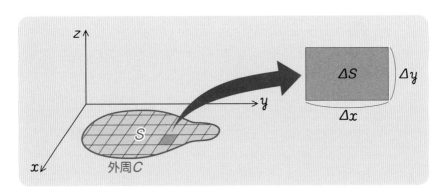

この中から１個の長方形を選び、次のように座標をとります。また、各辺の中点をP，Q，R，Sとします。

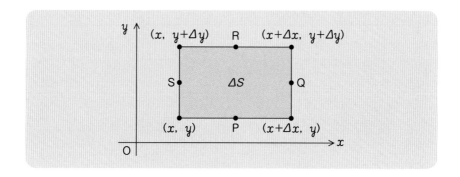

この微小な長方形を、外周に沿って反時計回りに周回積分します。ベクトル場 $\vec{A}$ の線積分は、$\vec{A}$ と線に沿った微小ベクトルとの内積の和ですから、この周回積分は次のように計算できます。

$$\oint_c \vec{A} \cdot d\vec{s} = \underset{①}{\underline{\vec{A}(\text{P}) \cdot \vec{c_1}}} + \underset{②}{\underline{\vec{A}(\text{Q}) \cdot \vec{c_2}}} + \underset{③}{\underline{\vec{A}(\text{R}) \cdot \vec{c_3}}} + \underset{④}{\underline{\vec{A}(\text{S}) \cdot \vec{c_4}}}$$

上の式中の $\vec{A}(\text{P})$, $\vec{A}(\text{Q})$, $\vec{A}(\text{R})$, $\vec{A}(\text{S})$ は、それぞれ点 P, Q, R, Sにおけるベクトル $\vec{A}$ の値です。また、$\vec{c_1}$, $\vec{c_2}$, $\vec{c_3}$, $\vec{c_4}$ の成分表示は、

$$\vec{c_1} = (x + \Delta x - x, \ y - y) = (\Delta x, \ 0)$$
$$\vec{c_2} = (x + \Delta x - (x + \Delta x), \ y + \Delta y - y) = (0, \ \Delta y)$$
$$\vec{c_3} = (x - (x + \Delta x), \ y + \Delta y - (y + \Delta y)) = (-\Delta x, \ 0)$$
$$\vec{c_4} = (x - x, \ y - (y + \Delta y)) = (0, \ -\Delta y)$$

なので、それぞれ内積を求めると次のようになります。

$$\vec{A}(\text{P}) \cdot \vec{c_1} = (A_x(\text{P}), \ A_y(\text{P})) \cdot (\Delta x, \ 0) = A_x(\text{P})\Delta x \quad \cdots①$$
$$\vec{A}(\text{Q}) \cdot \vec{c_2} = (A_x(\text{Q}), \ A_y(\text{Q})) \cdot (0, \ \Delta y) = A_y(\text{Q})\Delta y \quad \cdots②$$
$$\vec{A}(\text{R}) \cdot \vec{c_3} = (A_x(\text{R}), \ A_y(\text{R})) \cdot (-\Delta x, \ 0) = -A_x(\text{R})\Delta x \quad \cdots③$$
$$\vec{A}(\text{S}) \cdot \vec{c_4} = (A_x(\text{S}), \ A_y(\text{S})) \cdot (0, \ -\Delta y) = -A_y(\text{S})\Delta y \quad \cdots④$$

①＋③より、

$$A_x\,(\mathrm{P})\,\Delta x - A_x\,(\mathrm{R})\,\Delta x$$

点Pの座標　　　　　　　　点Rの座標

$$= A_x\left(x + \frac{1}{2}\Delta x,\ y\right)\Delta x - A_x\left(x + \frac{1}{2}\Delta x,\ y + \Delta y\right)\Delta x$$

$$= -\ \frac{A_x\left(x + \frac{1}{2}\,\Delta x,\ y + \Delta y\right) - A_x\left(x + \frac{1}{2}\,\Delta x,\ y\right)}{\Delta y}\ \Delta x\,\Delta y$$

$$= -\ \frac{\partial A_x}{\partial y}\,\Delta x\,\Delta y\quad \blacktriangleleft\ \Delta x,\ \Delta y を 0 に近づける$$

②＋④より、

$$A_y\,(\mathrm{Q})\,\Delta y - A_y\,(\mathrm{S})\,\Delta y$$

点Qの座標　　　　　　　　点Sの座標

$$= A_y\left(x + \Delta x,\ y + \frac{1}{2}\Delta y\right)\Delta y - A_y\left(x,\ y + \frac{1}{2}\Delta y\right)\Delta y$$

$$= \frac{A_y\left(x + \Delta x,\ y + \frac{1}{2}\,\Delta y\right) - A_y\left(x,\ y + \frac{1}{2}\,\Delta y\right)}{\Delta x}\ \Delta x\,\Delta y$$

$$= \frac{\partial A_y}{\partial x}\,\Delta x\,\Delta y\quad \blacktriangleleft\ \Delta x,\ \Delta y を 0 に近づける$$

以上から、微小面積 ΔS の周回積分の値（①＋②＋③＋④）は、

$$\oint_c \vec{A}\cdot d\vec{s} = \frac{\partial A_y}{\partial x}\,\Delta x\,\Delta y - \frac{\partial A_x}{\partial y}\,\Delta x\,\Delta y = \left(\frac{\partial A_y}{\partial x} - \frac{\partial A_x}{\partial y}\right)\Delta x\,\Delta y$$

$$= \left(\frac{\partial A_y}{\partial x} - \frac{\partial A_x}{\partial y}\right)\Delta S\quad \cdots ⑤$$

となります。

　ここで、第5章で説明したベクトル場の回転 $\mathrm{rot}\ \vec{A}$ の式を思い出してください（221ページ）。

$$\mathrm{rot}\,\vec{A} = \left(\frac{\partial A_z}{\partial y} - \frac{\partial A_y}{\partial z}\right)\vec{i} + \left(\frac{\partial A_x}{\partial z} - \frac{\partial A_z}{\partial x}\right)\vec{j} + \left(\frac{\partial A_y}{\partial x} - \frac{\partial A_x}{\partial y}\right)\vec{k}$$

ここでは二次元で考えているので、z 成分 A_z の微分や，z による偏微分はすべて 0 になり、

$$\dfrac{\partial A_z}{\partial x},\ \dfrac{\partial A_z}{\partial y}\qquad\dfrac{\partial A_x}{\partial z},\ \dfrac{\partial A_y}{\partial z}$$

$$\mathrm{rot}\,\vec{A}=0\,\vec{i}+0\,\vec{j}+\left(\dfrac{\partial A_y}{\partial x}-\dfrac{\partial A_x}{\partial y}\right)\vec{k}=\left(0,\ 0,\ \dfrac{\partial A_y}{\partial x}-\dfrac{\partial A_x}{\partial y}\right)$$

となります。この式と、ΔS の単位法線ベクトルとの内積を求めます。

　単位法線ベクトルとは、大きさが 1 で、方向が ΔS に対して垂直なベクトルでした。ΔS は xy 平面上にあるので、単位法線ベクトルは、

$$\vec{n}=(0,\ 0,\ 1)$$

と書けます。したがって、

$$\mathrm{rot}\,\vec{A}\cdot\vec{n}=\dfrac{\partial A_y}{\partial x}-\dfrac{\partial A_x}{\partial y}$$

以上から、式⑤は次のように書き直せます。

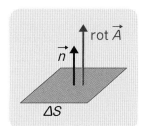

$$\oint_c \vec{A}\cdot d\vec{s}=(\mathrm{rot}\,\vec{A}\cdot\vec{n})\,\Delta S$$

■ ストークスの定理

　以上は、平面 S の中の 1 個の微小面積の周回積分の値でしたが、この微小面積を複数足し合わせるとどうなるでしょうか。たとえば、4 個の微小面積を足し合わせた場合は、次のようになります。

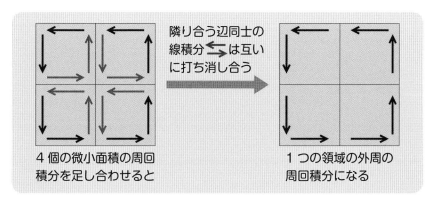

隣り合う辺同士の線積分 ⇄ は互いに打ち消し合う

4 個の微小面積の周回積分を足し合わせると

1 つの領域の外周の周回積分になる

長方形4個分の周回積分の和は、4×4＝16の辺に沿った線積分の和になります。しかし、このうち隣り合う辺同士の線積分は、方向が逆なので正負の符号が逆になり、互いに打ち消しあって0になってしまいます。結局、4個の長方形を合わせた領域の外周の線積分の和だけが残ります。

　このことは、足し合わせる微小面積が増えても同様なので、平面S内の微小面積の周回積分をすべて足し合わせると、平面Sの外周の周回積分になることがわかります。すなわち、

$$\underbrace{\oint_C \vec{A} \cdot d\vec{s}}_{\substack{\text{平面}S\text{の外周} \\ C\text{の周回積分}}} = \underbrace{\sum (\text{rot}\,\vec{A} \cdot \vec{n})\,\Delta S}_{\substack{\text{微小面積}\Delta S\text{の周回積分} \\ \text{の総和}}}$$

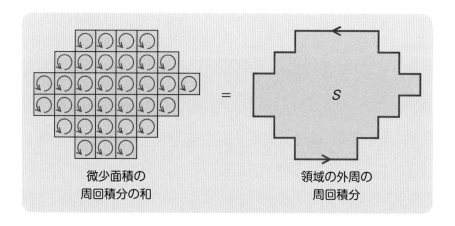

微少面積の　　　　　　　　領域の外周の
周回積分の和　　　　　　　周回積分

　上の式の右辺は、ΔSをゼロに近づければ面積分になり、次の式を得ます（面積$dS = dxdy$を積分するので、積分記号は2重になります）。この公式を、ストークスの定理といいます。

重要　ストークスの定理

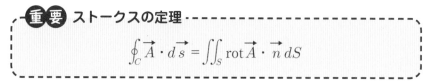

$$\oint_C \vec{A} \cdot d\vec{s} = \iint_S \text{rot}\,\vec{A} \cdot \vec{n}\,dS$$

　ここでは平面Sについて説明しましたが、この　ストークスの定理は三次元の曲面Sについても成り立ちます。

例題 右図のように、半球 $x^2 + y^2 + z^2 = 4 \, (z \geqq 0)$ の表面を S とし、S と xy 平面によってできる円を閉曲線 C とする。ベクトル場が $\overrightarrow{A} = (-y, \ 2x, \ 0)$ のとき、ストークスの定理が成り立つことを確認しなさい。

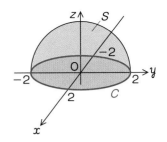

解 まず、閉曲線 C による周回積分から求めましょう。ベクトル場 $\overrightarrow{A} = (-y, \ 2x, \ 0)$ の周回積分は、次のような式で表せます。

$$\oint_C \overrightarrow{A} \cdot d\overrightarrow{s} = \int_C (A_x dx + A_y dy + A_z dz)$$
$$= \int_C (-y\,dx + 2x\,dy + 0\,dz) \quad \cdots ①$$

次に、閉曲線 C は媒介変数表示を使って、

$$x = 2\cos t, \ y = 2\sin t \quad (0 \leqq t \leqq 2\pi)$$

と表せるので、これを式①に代入し、

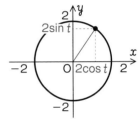

$$\int_C (-2\sin t \, dx + 2 \cdot 2\cos t \, dy)$$
$$= \int_0^{2\pi} \left(-2\sin t \, \frac{dx}{dt} + 4\cos t \, \frac{dy}{dt} \right) dt \quad ◀ dt\text{で割り、}dt\text{を掛ける}$$

とします。$x = 2\cos t$ と $y = 2\sin t$ をそれぞれ t で微分すると、

$$\frac{dx}{dt} = (2\cos t)' = -2\sin t, \ \frac{dy}{dt} = (2\sin t)' = 2\cos t$$

したがって、

$$\int_0^{2\pi} (-2\sin t \, (-2\sin t) + 4\cos t \cdot 2\cos t) dt$$
$$= \int_0^{2\pi} (4\sin^2 t + 8\cos^2 t) \, dt$$
$$= \int_0^{2\pi} \left(4 \cdot \frac{1 - \cos 2t}{2} + 8 \cdot \frac{1 + \cos 2t}{2} \right) dt \quad ◀ \text{半角の公式を適用}$$

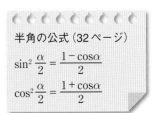

半角の公式（32ページ）

$$\sin^2 \frac{\alpha}{2} = \frac{1 - \cos \alpha}{2}$$

$$\cos^2 \frac{\alpha}{2} = \frac{1 + \cos \alpha}{2}$$

$$= \int_0^{2\pi} (2 - 2\cos 2t + 4 + 4\cos 2t)\, dt$$

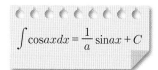

$$\int \cos ax\, dx = \frac{1}{a}\sin ax + C$$

$$= \int_0^{2\pi} (2\cos 2t + 6)\, dt = \left[\frac{2}{2}\sin 2t + 6t \right]_0^{2\pi}$$

$$= \underset{=0}{\underline{\sin 4\pi}} + 6 \cdot 2\pi = 12\pi$$

次に、ベクトル $\vec{A}$ の回転 $\mathrm{rot}\,\vec{A} = (J_x,\ J_y,\ J_z)$ の値を次の公式を使って求めます。

$$\mathrm{rot}\,\vec{A} = \left(\frac{\partial A_z}{\partial y} - \frac{\partial A_y}{\partial z} \right)\vec{i} + \left(\frac{\partial A_x}{\partial z} - \frac{\partial A_z}{\partial x} \right)\vec{j} + \left(\frac{\partial A_y}{\partial x} - \frac{\partial A_x}{\partial y} \right)\vec{k}$$

$\vec{A} = (-y,\ 2x,\ 0)$ より、z 成分が 0 なので $\boxed{}$ の部分はすべてゼロになり、

$$\mathrm{rot}\,\vec{A} = \left(\frac{\partial A_y}{\partial x} - \frac{\partial A_x}{\partial y} \right)\vec{k} = \left\{ \frac{\partial}{\partial x}(2x) - \frac{\partial}{\partial y}(-y) \right\}\vec{k}$$

$$= \{2 - (-1)\}\,\vec{k} = 3\vec{k} = (0,\ 0,\ 3)$$

となります。以上から、

$$\iint \mathrm{rot}\,\vec{A} \cdot \vec{n}\, dS = \iint_D \left(-\underset{=0}{\underline{J_x}}\frac{\partial f}{\partial x} - \underset{=0}{\underline{J_y}}\frac{\partial f}{\partial y} + \underset{=3}{\underline{J_z}} \right) dx\, dy$$

$$= \iint_D 3\, dx\, dy = \int_0^{2\pi}\int_0^2 3r\, dr\, d\theta \quad \blacktriangleleft 極座標変換する$$

$$= \int_0^{2\pi} \left[\frac{3}{2}r^2 \right]_0^2 d\theta = \int_0^{2\pi} \left(\frac{3}{2} \cdot 2^2 \right) d\theta$$

$$= \int_0^{2\pi} 6\, d\theta = \left[6\theta \right]_0^{2\pi} = 12\pi$$

このように、周回積分と面積分の値はいずれも 12π となり、ストークスの定理が成り立つことが確認できました。

練習問題 9 （答えは 298 ページ）

曲面 S を $z = x^2 + y^2$ $(z \leq 1)$、ベクトル場 $\vec{A} = (-y,\ x,\ xyz)$ のとき、面積分 $\displaystyle\iint_S \mathrm{rot}\,\vec{A} \cdot \vec{n}\, dS$ を、ストークスの定理を用いて求めなさい。

08 ガウスの発散定理

この節の概要

▶ いよいよ、物理学で重要なガウスの発散定理について説明します。ガウスの発散定理は、面積分を体積分に変換します。

■ 流れ出た量と湧き出した量は等しい

水を一杯に張った水槽にホースを入れて水を流すと、水はあふれて水槽の外に流れ出ていきます。このとき、水槽からあふれ出た水の量は、ホースから注入した水の量と一致するはずです（表面張力については考えない）。

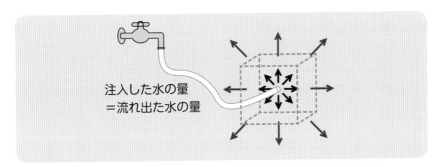

注入した水の量
＝流れ出た水の量

ガウスの発散定理（紛（まぎ）らわしくないときは、単に「ガウスの定理」ともいいます）は、この当たり前のようなことを次の数式で表しものです。

重要 ガウスの発散定理

$$\iint_S \vec{A} \cdot \vec{n}\, dS = \iiint_V \mathrm{div}\,\vec{A}\, dV$$

ガウスの発散定理の左辺は、ベクトル場$\vec{A}$を閉曲面S上で面積分したもので、閉曲面Sから流れ出る水の総量を表します。また、右辺はベクトル場$\vec{A}$の発散（div $\vec{A}$）を、閉曲面Sに囲まれた領域Vで体積積分したもので、体積Vの内部にある水の湧き出しの総量を表します。

　つまり、ガウスの発散定理は「**流れの中に置いた立体の表面から流れ出る量は、立体の内部から湧き出した量に等しい**」ということを表しています。

■■ ガウスの発散定理を証明する

　ガウスの発散定理は、直感的には比較的理解しやすいのですが、証明はやや込み入っています。少しの間ご辛抱ください。

STEP 1 ベクトル場$\vec{A}$の発散div $\vec{A}$は、$\vec{A} = (A_x(x, y, z), A_y(x, y, z), A_z(x, y, z)) = (A_x, A_y, A_z)$とすると、

$$\mathrm{div}\,\vec{A} = \frac{\partial A_x}{\partial x} + \frac{\partial A_y}{\partial y} + \frac{\partial A_z}{\partial z}$$

と表すことができます（216ページ）。したがって、ガウスの発散定理の右辺は次のように書けます。

$$\iiint_V \mathrm{div}\,\vec{A}\,dV = \iiint_V \left(\frac{\partial A_x}{\partial x} + \frac{\partial A_y}{\partial y} + \frac{\partial A_z}{\partial z}\right) dV$$

$$= \underbrace{\iiint_V \frac{\partial A_x}{\partial x}\,dV}_{\alpha} + \underbrace{\iiint_V \frac{\partial A_y}{\partial y}\,dV}_{\beta} + \underbrace{\iiint_V \frac{\partial A_z}{\partial z}\,dV}_{\gamma} \cdots ①$$

STEP 2 上の式の項$\overset{\text{ガンマ}}{\gamma}$の部分に着目します。いま、閉曲面$S$の下半分$S_1$が$z = f_1(x, y)$、上半分$S_2$が$z = f_2(x, y)$で表せるとします。また、この閉曲面の$xy$平面上の射影を

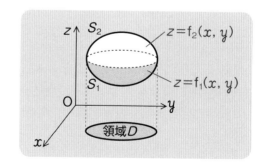

領域 D とします。

　すると、項 γ は次のように変形できます。

$$\iiint_V \frac{\partial A_z}{\partial z}\,dV = \iiint_V \frac{\partial A_z}{\partial z}\,dxdydz \quad \blacktriangleleft\ dV = dxdydz$$

$$= \iint_D \left\{ \int_{f_1(x,\,y)}^{f_2(x,\,y)} \frac{\partial A_z}{\partial z}\,dz \right\} dxdy$$

この式の中カッコの中は、「体積 V 内の
z 方向の湧き出しを、z 方向に沿って線
積分した量」を表しています（右図）。関
数 $A_z\,(x,\ y,\ z)$ を z で微分して積分す
れば、元の関数に戻るので、上の式は

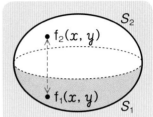

$$= \iint_D \left[A_z(x,\ y,\ z) \right]_{z=f_1(x,\,y)}^{z=f_2(x,\,y)} dxdy$$

$$= \iint_D \left\{ A_z(x,\ y,\ f_2(x,\,y)) - A_z(x,\ y,\ f_1(x,\,y)) \right\} dxdy$$

$$= \iint_D A_z(x,\ y,\ f_2(x,\,y))\,dxdy - \iint_D A_z(x,\ y,\ f_1(x,\,y))\,dxdy \quad \cdots ②$$

となります。

　ここで、領域 D の微小区画 $\Delta x \Delta y$ と、それに対応する曲面 S_2 上の
微小区画 PQRS を考えます。また、平面 PQRS に垂直な大きさ 1 のベ
クトル（単位法線ベクトル）を $\vec{n}$ とします。

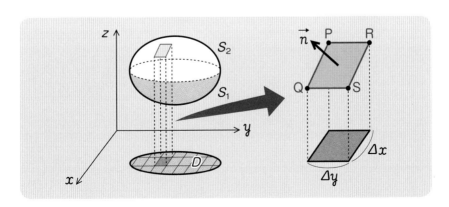

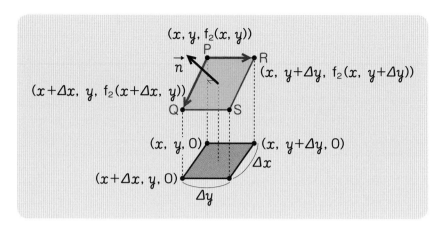

点 P，Q，R の座標を上図のようにとるとき、ベクトル $\overrightarrow{\mathrm{PQ}}$ とベクトル $\overrightarrow{\mathrm{PR}}$ はそれぞれ

$$\overrightarrow{\mathrm{PQ}} = (\Delta x,\ 0,\ f_2(x + \Delta x,\ y) - f_2(x,\ y))$$
$$\overrightarrow{\mathrm{PR}} = (0,\ \Delta y,\ f_2(x,\ y + \Delta y) - f_2(x,\ y))$$

となります。よって、外積 $\overrightarrow{\mathrm{PQ}} \times \overrightarrow{\mathrm{PR}}$ は次のように求められます。←この

計算は、262 ページで一度やりました。

$$\overrightarrow{\mathrm{PQ}} \times \overrightarrow{\mathrm{PR}} = \begin{pmatrix} \Delta x \\ 0 \\ f_2(x+\Delta x,\ y) - f_2(x,\ y) \end{pmatrix} \times \begin{pmatrix} 0 \\ \Delta y \\ f_2(x,\ y+\Delta y) - f_2(x,\ y) \end{pmatrix}$$

$$= -\,(f_2(x+\Delta x,\ y) - f_2(x,\ y))\,\Delta y\,\vec{i}$$
$$\quad -\,(f_2(x,\ y+\Delta y) - f_2(x,\ y))\,\Delta x\,\vec{j}$$
$$\quad +\,\Delta x \Delta y\,\vec{k}$$

$$= -\,\frac{f_2(x+\Delta x,\ y) - f_2(x,\ y)}{\Delta x}\,\Delta x \Delta y\,\vec{i}$$

◀ $\Delta x,\ \Delta y$ を 0 に近づけると、□□□ は偏微分になる

$$\quad -\,\frac{f_2(x,\ y+\Delta y) - f_2(x,\ y)}{\Delta y}\,\Delta x \Delta y\,\vec{j}$$

$$\quad +\,\Delta x \Delta y\,\vec{k}$$

$$= \left(-\frac{\partial f_2}{\partial x}\,\vec{i} - \frac{\partial f_2}{\partial y}\,\vec{j} + \vec{k} \right) dxdy = \left(-\frac{\partial f_2}{\partial x},\ -\frac{\partial f_2}{\partial y},\ 1 \right) dxdy$$ ◀成分表示

外積$\overrightarrow{\mathrm{PQ}} \times \overrightarrow{\mathrm{PR}}$の大きさは、微小区画 PQRS の面積 dS_2 を表します。したがって、

$$dS_2 = |\overrightarrow{\mathrm{PQ}} \times \overrightarrow{\mathrm{PR}}| = \sqrt{\left(\frac{\partial f_2}{\partial x}\right)^2 + \left(\frac{\partial f_2}{\partial y}\right)^2 + 1}\ dxdy$$

$$\therefore dxdy = \frac{dS_2}{\sqrt{\left(\dfrac{\partial f_2}{\partial x}\right)^2 + \left(\dfrac{\partial f_2}{\partial y}\right)^2 + 1}} \quad \cdots ③$$

　一方、単位法線ベクトル $\vec{n}$ は、方向が外積 $\overrightarrow{\mathrm{PQ}} \times \overrightarrow{\mathrm{PR}}$ と同じで、大きさが 1 のベクトルなので、

$$\vec{n} = \frac{\overrightarrow{\mathrm{PQ}} \times \overrightarrow{\mathrm{PR}}}{|\overrightarrow{\mathrm{PQ}} \times \overrightarrow{\mathrm{PR}}|} = \frac{\left(\dfrac{\partial f_2}{\partial x},\ \dfrac{\partial f_2}{\partial y},\ 1\right)}{\sqrt{\left(\dfrac{\partial f_2}{\partial x}\right)^2 + \left(\dfrac{\partial f_2}{\partial y}\right)^2 + 1}}$$

と書けます。成分表示で $\vec{n} = (n_x,\ n_y,\ n_z)$ とすると、n の z 成分 n_z は、上の式より、

$$n_z = \frac{1}{\sqrt{\left(\dfrac{\partial f_2}{\partial x}\right)^2 + \left(\dfrac{\partial f_2}{\partial y}\right)^2 + 1}} \quad \cdots ④$$

式③に式④を代入すれば、

$$dxdy = n_z dS_2 \quad \cdots ⑤$$

を得ます。

　以上は、曲面 S_2 上の微小区画 dS_2 についての計算でしたが、曲面 S_1 上の微小区画 dS_1 についてもまったく同様に計算できます。ただし、曲面 S_1 上の法線ベクトルは、曲面 S_2 上の法線ベクトルと z 方向の向きが逆になるので、n_z にもマイナス符号を付け、

$$dxdy = -n_z dS_1 \quad \cdots ⑥$$

とします。

　式⑤⑥を、285 ページの式②に代入します。

$$\iint_D A_z(x, \ y, \ f_2(x, \ y)) \, n_z dS_2 + \iint_D A_z(x, \ y, \ f_1(x, \ y)) \, n_z dS_1$$

上の式は、閉曲面 S を上下に分けて面積分したものですから、まとめて

$$= \iint_S A_z(x, \ y, \ z) \, n_z dS$$

と書けます。以上で、式①の項 γ が

$$\iiint_V \frac{\partial A_z}{\partial z} \, dV = \iint_S A_z n_z dS \quad \cdots ⑦$$

となることを示しました。

STEP 3 続いて、式①の項 $\underset{\text{ベータ}}{\beta}$ を取り上げます。今度は、閉曲面 S を次の
ように左右に分け、左半分を $y = g_1(x, z)$、右半分を $y = g_2(x, z)$ とします。

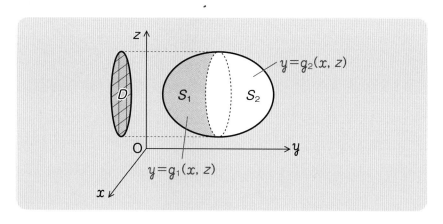

以降は先ほどと同じ考え方で次のように式を導くことができます。

$$\iiint_V \frac{\partial A_y}{\partial y} \, dV = \iint_D \left\{ \int_{g_1(x, \ z)}^{g_2(x, \ z)} \frac{\partial A_y}{\partial y} \, dy \right\} dx dz$$

$$= \iint_D A_y(x, \ g_2(x, \ z), \ z) \, dx dz - \iint_D A_y(x, \ g_1(x, \ z), \ z) \, dx dz$$

$$= \iint_D A_y(x, \ g_2(x, \ z), \ z) \, n_y dS_2 + \iint_D A_y(x, \ g_1(x, \ z), \ z) \, n_y dS_1$$

$$= \iint_S A_y n_y dS \quad \cdots ⑧$$

STEP 4 式①の項 α（アルファ）については、閉曲面 S を次のように前後に分け、後ろ側を $x = h_1(y, z)$、手前を $x = h_2(y, z)$ とします。

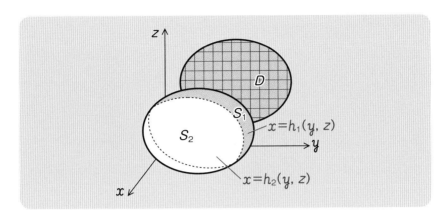

以降は同様に計算すると、

$$\iiint_V \frac{\partial A_x}{\partial x} \, dV = \iint_D \left\{ \int_{h_1(y,\,z)}^{h_2(y,\,z)} \frac{\partial A_x}{\partial x} \, dx \right\} dydz$$

$$= \iint_D A_x(h_2(y,\,z),\ y,\ z) \, dydz - \iint_D A_x(h_1(y,\,z),\ y,\ z) \, dydz$$

$$= \iint_D A_x(h_1(y,\,z),\ y,\ z) \, n_x dS_2 + \iint_D A_x(h_1(y,\,z),\ y,\ z) \, n_x dS_1$$

$$= \iint_S A_x n_x dS \quad \cdots ⑨$$

となります。

STEP 5 式⑦⑧⑨を、284 ページの式①に代入すると、

$$\iiint_V \operatorname{div} \overrightarrow{A} \, dV = \iint_S A_x n_x dS + \iint_S A_y n_y dS + \iint_S A_z n_z dS$$

$$= \iint_S (A_x,\ A_y,\ A_z) \cdot (n_x,\ n_y,\ n_z)$$

$$= \iint_S \overrightarrow{A} \cdot \overrightarrow{n} \, dS$$

のようにベクトル場 $\overrightarrow{A}$ と単位法線ベクトル $\overrightarrow{n}$ の内積となり、ガウスの発散定理が導出されます。

第6章　練習問題の解答

練習問題1 ≫ 233 ページ

(1) $\displaystyle\iint_D (x^2 + y^2)\,dxdy$　　$(D: 0 \le x \le 2,\ 1 \le y \le 3)$

　　領域 D の範囲は右図のようになります。まず、x 方向にスライスして積分すると、$0 \le x \le 2$ より、

$$\int_0^2 (x^2 + y^2)\,dx$$

これをさらに y 方向に積分すると、$1 \le y \le 3$ より、次のような累次積分になります。

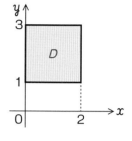

$$\int_1^3 \left\{ \int_0^2 (x^2 + y^2)\,dx \right\} dy = \int_1^3 \left[\frac{1}{3}x^3 + xy^2 \right]_{x=0}^{x=2} dy$$

$$= \int_1^3 \left(\frac{1}{3} \cdot 2^3 + 2y^2 \right) dy = \int_1^3 \left(\frac{8}{3} + 2y^2 \right) dy$$

$$= \left[\frac{8}{3}y + \frac{2}{3}y^3 \right]_1^3 = \left(\frac{8}{3} \cdot 3 + \frac{2}{3} \cdot 3^3 \right) - \left(\frac{8}{3} + \frac{2}{3} \right)$$

$$= 26 - \frac{10}{3} = \frac{68}{3}$$

(2) $\displaystyle\iint_D (x^2 + xy - 2y)\,dxdy$　　$(D: x + y \le 1,\ x \ge 0,\ y \ge 0)$

　　領域 D の範囲は右図のようになります。まず、y 方向にスライスして積分すると、$0 \le y \le 1 - x$ より、

$$\int_0^{1-x} (x^2 + xy - 2y)\,dy$$

これをさらに x 方向に積分すると、$0 \le x \le 1$ より、次のような累次積分になります。

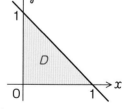

$$\int_0^1 \left\{ \int_0^{1-x} (x^2 + xy - 2y)dy \right\} dx = \int_0^1 \left[x^2 y + \frac{1}{2}xy^2 - y^2 \right]_{y=0}^{y=1-x} dx$$

$$= \int_0^1 \left\{ x^2(1-x) + \frac{1}{2}x(1-x)^2 - (1-x)^2 - \left(x^2 \cdot 0 + \frac{1}{2}x \cdot 0 - 0 \right) \right\} dx$$

$$= \int_0^1 \left(-\frac{1}{2}x^3 - x^2 + \frac{5}{2}x - 1 \right) dx$$

$$= \left[-\frac{1}{8}x^4 - \frac{1}{3}x^3 + \frac{5}{4}x^2 - x \right]_0^1 = -\frac{1}{8} - \frac{1}{3} + \frac{5}{4} - 1 = -\frac{5}{24}$$

(1) $\displaystyle\iint_D (x^2+y^2)\,dxdy \quad (D : x^2+y^2 \leqq 1,\ 0 \leqq y \leqq x)$

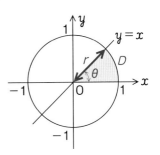

領域 D の範囲は右図のようになります。
$x = r\cos\theta$, $y = r\sin\theta$ と置くと、r と θ の範囲は
それぞれ

$$0 \leqq r \leqq 1,\ 0 \leqq \theta \leqq \frac{\pi}{4}$$

となるので、極座標に変換した式は次のように
なります。

$$\int_0^{\frac{\pi}{4}} \int_0^1 (r^2\cos^2\theta + r^2\sin^2\theta)\, r\,dr\,d\theta$$

$$= \int_0^{\frac{\pi}{4}} \int_0^1 r^3\, (\cos^2\theta + \sin^2\theta)\, dr\,d\theta$$

$$= \int_0^{\frac{\pi}{4}} \left[\frac{1}{4}\, r^4 \right]_0^1 d\theta = \int_0^{\frac{\pi}{4}} \frac{1}{4}\, d\theta = \left[\frac{1}{4}\, \theta \right]_0^{\frac{\pi}{4}}$$

$$= \frac{1}{4} \cdot \frac{\pi}{4} = \frac{\pi}{16}$$

(2) $\displaystyle\iint_D \sqrt{x^2+y^2}\,dxdy \quad (D : x^2+y^2 \leqq 2x,\ y \geqq 0)$

$x^2 + y^2 \leqq 2x$ は、次のように変形できます。

$$x^2 - 2x + y^2 \leqq 0 \ \Rightarrow\ x^2 - 2x + 1 + y^2 \leqq 1 \ \Rightarrow\ (x-1)^2 + y^2 \leqq 1$$

以上から、領域 D の範囲は右図のようになりま
す。また、$x = r\cos\theta$, $y = r\sin\theta$ と置くと、

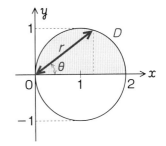

$$(r\cos\theta)^2 + (r\sin\theta)^2 \leqq 2r\cos\theta$$

$$r^2\, (\cos^2\theta + \sin^2\theta) \leqq 2r\cos\theta$$

$$r \leqq 2\cos\theta$$

より、r と θ の範囲はそれぞれ

$$0 \leqq r \leqq 2\cos\theta,\ 0 \leqq \theta \leqq \frac{\pi}{2}$$

以上から、極座標変換した式は次のようになります。

第6章 場の積分を理解する

291

$$\int_0^{\frac{\pi}{2}} \int_0^{2\cos\theta} \sqrt{(r\cos\theta)^2 + (r\sin\theta)^2}\, rdrd\theta$$

$$= \int_0^{\frac{\pi}{2}} \int_0^{2\cos\theta} \sqrt{r^2(\cos^2\theta + \sin^2\theta)}\, rdrd\theta$$

$$= \int_0^{\frac{\pi}{2}} \int_0^{2\cos\theta} r^2 drd\theta = \int_0^{\frac{\pi}{2}} \left[\frac{1}{3}r^3\right]_0^{2\cos\theta} d\theta$$

$$= \int_0^{\frac{\pi}{2}} \frac{1}{3}(2\cos\theta)^3 d\theta = \int_0^{\frac{\pi}{2}} \frac{8}{3}\cos^3\theta d\theta$$

$$= \frac{8}{3}\int_0^{\frac{\pi}{2}} \frac{3\cos\theta + \cos3\theta}{4} d\theta \quad \blacktriangleleft 3\text{倍角の公式}$$

$$= \frac{2}{3}\left[3\sin\theta + \frac{1}{3}\sin3\theta\right]_0^{\frac{\pi}{2}} = \frac{2}{3}\left(3\sin\underbrace{\frac{\pi}{2}}_{1} + \frac{1}{3}\sin\underbrace{\frac{3}{2}\pi}_{-1}\right) = \frac{2}{3}\left(3 - \frac{1}{3}\right) = \frac{16}{9}$$

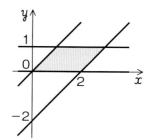

3倍角の公式（36ページ）

$$\cos^3\theta = \frac{3\cos\theta + \cos3\theta}{4}$$

$$\sin^3\theta = \frac{3\sin\theta - \sin3\theta}{4}$$

練習問題3 ≫ 241 ページ

(1) $\displaystyle\iint_D xydxdy \quad (D : 0 \leqq x - y \leqq 2,\ 0 \leqq y \leqq 1)$

領域Dの範囲をグラフで表します。$0 \leqq x - y \leqq 2$、$0 \leqq y \leqq 1$より、領域 D は直線 $y = x$, $y = x - 2$, $y = 0$, $y = 1$ に囲まれた範囲になります（右図）。

$u = x - y$, $v = y$ と置くと、$x = u + v$, $y = v$ なので、

$$\frac{\partial x}{\partial u} = 1,\ \frac{\partial x}{\partial v} = 1,\ \frac{\partial y}{\partial u} = 0,\ \frac{\partial y}{\partial v} = 1$$

以上から、ヤコビアン $J(u, v)$ は、

$$J(u, v) = \begin{vmatrix} 1 & 1 \\ 0 & 1 \end{vmatrix} = 1 \cdot 1 - 1 \cdot 0 = 1$$

また、領域 D の範囲を変数 u, v で表すと、$0 \leqq u \leqq 2$, $0 \leqq v \leqq 1$ となるので、問題の重積分は次のように変換されます。

$$\iint_D xydxdy = \int_0^1 \int_0^2 (u + v)v \cdot 1 dudv$$

$$= \int_0^1 \int_0^2 (uv + v^2)\, dudv = \int_0^1 \left[\frac{1}{2}u^2 v + uv^2\right]_{u=0}^{u=2} dv$$

$$= \int_0^1 (2v + 2v^2)\, dv = \left[v^2 + \frac{2}{3}v^3\right]_0^1 = 1^2 + \frac{2}{3} \cdot 1^3 = \frac{5}{3}$$

(2) $\displaystyle\iint_D (x+y)\, e^{x-y} dxdy \quad (D : 0 \le x+y \le 1,\ 0 \le x-y \le 1)$

　領域 D の範囲は、$0 \le x+y \le 1$、$0 \le x-y \le 1$

より、直線 $y = -x,\ y = 1-x,\ y = x,\ y = x-1$

に囲まれた範囲になります（右図）。

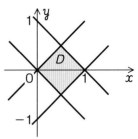

　$u = x+y \cdots$①，$v = x-y \cdots$②と置くと、

　　①＋②より、$x = \dfrac{1}{2}u + \dfrac{1}{2}v,$

　　①－②より、$y = \dfrac{1}{2}u - \dfrac{1}{2}v$

したがって、

$$\frac{\partial x}{\partial u} = \frac{1}{2},\ \frac{\partial x}{\partial v} = \frac{1}{2},\ \frac{\partial y}{\partial u} = \frac{1}{2},\ \frac{\partial y}{\partial v} = -\frac{1}{2}$$

以上から、ヤコビアン $J(u,\ v)$ は次のようになります。

$$J(u,\ v) = \begin{vmatrix} \dfrac{1}{2} & \dfrac{1}{2} \\[2mm] \dfrac{1}{2} & -\dfrac{1}{2} \end{vmatrix} = -\frac{1}{2}$$

　また、領域 D の範囲を変数 $u,\ v$ で表すと、$0 \le u \le 1$、$0 \le v \le 1$ となるので、

問題の重積分は次のように変換されます。

$$\iint_D (x+y)\, e^{x-y} dxdy = \int_0^1 \int_0^1 ue^v \left| -\frac{1}{2} \right| dudv$$

$$= \frac{1}{2} \int_0^1 \int_0^1 ue^v dudv = \frac{1}{2} \int_0^1 \left[\frac{1}{2} u^2 e^v \right]_{u=0}^{u=1} dv = \frac{1}{2} \int_0^1 \frac{1}{2} e^v dv$$

$$= \frac{1}{2} \left[\frac{1}{2} e^v \right]_0^1 = \frac{1}{4}(e^1 - e^0) = \frac{1}{4}(e-1)$$

練習問題4 ≫ 250 ページ

(1) $f(x,\ y) = xy^2 \quad \left(C : \vec{r}(t) = \cos t\, \vec{i} + \sin t\, \vec{j},\ 0 \le t \le \dfrac{\pi}{2} \right)$

　$x(t) = \cos t,\ y(t) = \sin t$ と置くと、$\dfrac{dx}{dt} = -\sin t,\ \dfrac{dy}{dt} = \cos t$

したがって、

$$\int_C xy^2 ds = \int_0^{\frac{\pi}{2}} \cos t \sin^2 t \underbrace{\sqrt{(-\sin t)^2 + (\cos t)^2}}_{=1}\, dt$$

$$= \int_0^{\frac{\pi}{2}} \cos t \sin^2 t\, dt = \int_0^{\frac{\pi}{2}} \sin^2 t \cdot \cos t\, dt$$

第6章 場の積分を理解する

$u = \sin t$ と置いて置換積分します。

$$\frac{du}{dt} = \cos t \quad \Rightarrow \quad du = \cos t dt, \quad 積分範囲：\begin{array}{c|ccc} t & 0 & \longrightarrow & \frac{\pi}{2} \\ \hline u & 0 & \longrightarrow & 1 \end{array} \quad より、$$

$$= \int_0^1 u^2 du = \left[\frac{1}{3} u^3 \right]_0^1 = \frac{1}{3} \quad \cdots （答）$$

(2) $f(x, y, z) = x^2 + yz + 8x \quad (C：\vec{r}(t) = t\vec{i} + t^2\vec{j} - \vec{k}, \ 0 \le t \le 1)$

三次元スカラー場の線積分ですが、二次元スカラー場の場合と同様に考えれば、次のように計算できます。

$$\int_C f(x, y, z) ds = \int_a^b f(x(t), y(t), z(t)) \sqrt{\left(\frac{dx}{dt}\right)^2 + \left(\frac{dy}{dt}\right)^2 + \left(\frac{dz}{dt}\right)^2} \ dt$$

$x(t) = t, \ y(t) = t^2, \ z(t) = -1$ と置くと、$\frac{\partial x}{\partial t} = 1, \ \frac{\partial y}{\partial t} = 2t, \ \frac{\partial z}{\partial t} = 0$
したがって、

$$\int_C (x^2 + yz + 8x) ds = \int_0^1 (t^2 - t^2 + 8t) \sqrt{1^2 + (2t)^2 + 0} \ dt$$
$$= \int_0^1 8t \sqrt{1 + 4t^2} \ dt$$

$u = 1 + 4t^2$ と置いて置換積分します。

$$\frac{du}{dt} = 8t \quad \Rightarrow \quad du = 8t dt, \quad 積分範囲：\begin{array}{c|cc} t & 0 & \longrightarrow & 1 \\ \hline u & 1 & \longrightarrow & 5 \end{array} \quad より、$$

$$= \int_1^5 \sqrt{u} \ du = \int_1^5 u^{\frac{1}{2}} du = \left[\frac{2}{3} u^{\frac{3}{2}} \right]_1^5 = \frac{2}{3} \left(5^{\frac{3}{2}} - 1^{\frac{3}{2}} \right)$$
$$= \frac{2}{3} (5\sqrt{5} - 1) \quad \cdots （答）$$

練習問題5 » 256 ページ

$\vec{A}(x, y, z) = (x + y, 3y^2z + 1, z - xy)$ より、線積分の式は次のように書けます。

$$\int_C \vec{A} \cdot d\vec{s} = \int_C \{(x + y)dx + (3y^2z + 1) dy + (z - xy) dz\}$$

(1) 曲線 $C_1：\vec{r}(t) = (t^2 - 1)\vec{i} + t\vec{j} + (2t + 1)\vec{k}, \ 0 \le t \le 1$

曲線 C_1 は、媒介変数表示で、$x(t) = t^2 - 1, \ y(t) = t, \ z(t) = 2t + 1 \ (0 \le t \le 1)$ と表せます。したがって、$\int_C \vec{A} \cdot d\vec{s}$ は、

$$\int_0^1 \left\{ (t^2 - 1 + t) \frac{dx}{dt} + (3t^2(2t+1)+1)\frac{dy}{dt} + (2t+1-(t^2-1)t)\frac{dz}{dt} \right\} dt$$

$$= \int_0^1 \{ (t^2 - 1 + t) \underbrace{2t}_{(t^2-1)'} + (6t^3 + 3t^2 + 1) \cdot \underbrace{1}_{(t)'} + (3t+1-t^3) \cdot \underbrace{2}_{(2t+1)'} \} dt$$

$$= \int_0^1 (2t^3 + 2t^2 - 2t + 6t^3 + 3t^2 + 1 + 6t + 2 - 2t^3) \, dt$$

$$= \int_0^1 (6t^3 + 5t^2 + 4t + 3) \, dt = \left[\frac{6}{4}t^4 + \frac{5}{3}t^3 + \frac{4}{2}t^2 + 3t \right]_0^1$$

$$= \frac{3}{2} + \frac{5}{3} + 2 + 3 = \frac{49}{6} \quad \cdots \text{(答)}$$

(2) 曲線 C_2： $(0,\ 0,\ 0) \rightarrow (1,\ 0,\ 0) \rightarrow (1,\ 1,\ 0) \rightarrow (1,\ 1,\ 1)$

$(0,\ 0,\ 0) \rightarrow (1,\ 0,\ 0)$ では $y = z = 0$、$dy = dz = 0$ となるので、x について
の積分だけが残り、

$$\int_0^1 (x+0)\, dx = \left[\frac{1}{2}x^2 \right]_0^1 = \frac{1}{2} \quad \cdots ①$$

$(1,\ 0,\ 0) \rightarrow (1,\ 1,\ 0)$ では $x = 1$、$z = 0$、$dx = dz = 0$ となるので、y について
の積分だけが残り、

$$\int_0^1 (3 \cdot 0^2 \cdot 0 + 1)\, dy = \left[y \right]_0^1 = 1 \quad \cdots ②$$

$(1,\ 1,\ 0) \rightarrow (1,\ 1,\ 1)$ では $x = y = 1$、$dx = dy = 0$ となるので、z についての積
分だけが残り、

$$\int_0^1 (z - 1 \cdot 1)\, dz = \left[\frac{1}{2}z^2 - z \right]_0^1 = \frac{1}{2} - 1 = -\frac{1}{2} \quad \cdots ③$$

$\int_C \vec{A} \cdot d\vec{s}$ は①、②、③の合計なので、

$$① + ② + ③ = \frac{1}{2} + 1 - \frac{1}{2} = 1 \quad \cdots \text{(答)}$$

練習問題6 》264 ページ

(1) $\phi(x,\ y,\ z) = 1$, $S = \{(x,\ y,\ z) \mid x^2 + y^2 + z^2 = R^2,\ z \geqq 0\}$

曲面 S は、右図のような半径 R の半球になります。
$\phi(x,\ y,\ z) = 1$ なので、この面積分は半径 R の半球
の表面積を求める計算になります。

$$x^2 + y^2 + z^2 = R^2 \text{ より、} z = \sqrt{R^2 - x^2 - y^2}$$

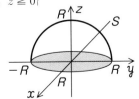

したがって、

$$\frac{\partial}{\partial x}(R^2-x^2-y^2)^{\frac{1}{2}} = \frac{1}{2}(R^2-x^2-y^2)^{-\frac{1}{2}}\cdot 2x = \frac{x}{\sqrt{R^2-x^2-y^2}}$$

$$\frac{\partial}{\partial y}(R^2-x^2-y^2)^{\frac{1}{2}} = \frac{1}{2}(R^2-x^2-y^2)^{-\frac{1}{2}}\cdot 2y = \frac{y}{\sqrt{R^2-x^2-y^2}}$$

以上から、

$$\iint_S \phi dS = \iint_D 1\cdot\sqrt{\left(\frac{x}{\sqrt{R^2-x^2-y^2}}\right)^2+\left(\frac{y}{\sqrt{R^2-x^2-y^2}}\right)^2+1}\ dxdy$$

$$= \iint_D \sqrt{\frac{x^2}{R^2-x^2-y^2}+\frac{y^2}{R^2-x^2-y^2}+\frac{R^2-x^2-y^2}{R^2-x^2-y^2}}\ dxdy$$

$$= \iint_D \sqrt{\frac{R^2}{R^2-x^2-y^2}}\ dxdy = \iint_D \frac{R}{\sqrt{R^2-x^2-y^2}}\ dxdy$$

上の式を、$x = r\cos\theta,\ y = r\sin\theta$ と置き、極座標に変換します。

$$= \int_0^{2\pi}\int_0^R \frac{R}{\sqrt{R^2-(r\cos\theta)^2-(r\sin\theta)^2}}\ rdrd\theta$$

$$= \int_0^{2\pi}\int_0^R \frac{Rr}{\sqrt{R^2-r^2}}\ drd\theta$$

さらに、$r = R\sin t$ と置き、置換積分します。

$$\frac{dr}{dt} = R\cos t \ \Rightarrow\ dr = R\cos t dt,\ \text{積分範囲：}
\begin{array}{c|ccc}
r & 0 & \longrightarrow & R \\ \hline
t & 0 & \longrightarrow & \frac{\pi}{2}
\end{array}$$

$$= \int_0^{2\pi}\int_0^{\frac{\pi}{2}} \frac{R^2\sin t}{\sqrt{R^2-(R\sin t)^2}}\ R\cos t dt d\theta$$

$$= \int_0^{2\pi}\int_0^{\frac{\pi}{2}} \frac{R^3\sin t\cos t}{R\underset{\llcorner\cos^2 t}{\sqrt{1-\sin^2 t}}}\ dt d\theta = \int_0^{2\pi}\int_0^{\frac{\pi}{2}} R^2\sin t dt d\theta$$

$$= R^2\int_0^{2\pi}\Big[-\cos t\Big]_0^{\frac{\pi}{2}}d\theta = R^2\int_0^{2\pi}1d\theta = R^2\Big[\theta\Big]_0^{2\pi} = 2\pi R^2 \quad\cdots\text{（答）}$$

なお、$2\pi R^2$ は半径 R の半球の表面積を表します。

(2) $\phi(x,\ y,\ z) = \dfrac{Q}{x^2+y^2+z^2},\ S = \{(x,\ y,\ z)\mid x^2+y^2+z^2 = R^2,\ z\geqq 0\}$

$$\iint_S \phi dS = \iint_S \frac{Q}{x^2+y^2+z^2}\ dS$$

この式のうち、dS の部分は (1) と同じなので、

$$\iint_D \frac{Q}{x^2+y^2+(R^2-x^2-y^2)} \cdot \frac{R}{\sqrt{R^2-x^2-y^2}}\, dxdy$$

$$= \frac{Q}{R^2} \boxed{\iint_D \frac{R}{\sqrt{R^2-x^2-y^2}}\, dxdy}$$

$\boxed{}$ の部分は、(1)ですでに計算した通り $2\pi R^2$ なので、

$$= \frac{Q}{R^2} \cdot 2\pi R^2 = 2\pi Q \quad \cdots \text{(答)}$$

練習問題7 ≫ 270 ページ

$z = f(x,\ y) = xy - 1$ より、$\dfrac{\partial f}{\partial x} = y,\ \dfrac{\partial f}{\partial y} = x$

また、$\overrightarrow{A} = (e^x,\ e^y,\ z)$ より、

$\quad A_x = e^x,\ A_y = e^y,\ A_z = z = xy - 1$

以上から、

$$\iint_S \overrightarrow{A} \cdot \overrightarrow{n}\, dS = \iint_D \left(-A_x \frac{\partial f}{\partial x} - A_y \frac{\partial f}{\partial y} + A_z \right) dxdy$$

$$= \int_0^1 \int_0^1 (-ye^x - xe^y + xy - 1)\, dxdy$$

$$= \int_0^1 \left[-ye^x - \frac{1}{2} x^2 e^y + \frac{1}{2} x^2 y - x \right]_{x=0}^{x=1} dy$$

$$= \int_0^1 \left(-ye^1 - \frac{1}{2} e^y + \frac{1}{2} y - 1 - (-ye^0) \right) dy$$

$$= \int_0^1 \left(-\frac{1}{2} e^y + \left(\frac{3}{2} - e \right) y - 1 \right) dy$$

$$= \int_0^1 \left[-\frac{1}{2} e^y + \frac{1}{2} \left(\frac{3}{2} - e \right) y^2 - y \right]_0^1$$

$$= -\frac{1}{2} e + \frac{1}{2} \left(\frac{3}{2} - e \right) - 1 + \frac{1}{2} e^0 = \frac{1}{4} - e \quad \cdots \text{(答)}$$

練習問題8 ≫ 275 ページ

$\quad P(x,\ y) = 2x + y,\ Q(x,\ y) = 3x - 2y$ とすると、

$$\frac{\partial P}{\partial y} = 1,\ \frac{\partial Q}{\partial x} = 3$$

したがってグリーンの定理より、

$$\oint_C (2x+y)\, dx + (3x-2y)\, dy = \iint_D (3-1)\, dxdy = 2 \boxed{\iint_D dxdy}$$

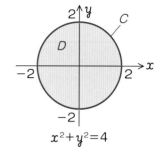

$x^2 + y^2 = 4$

の重積分は、領域 D 内の微小面積 $dxdy$ の総和なので、領域 D の面積を表します。$x^2 + y^2$ $= 4$ より、領域 D の面積は半径 2 の正円の面積なので、4π です。したがって、

$$= 2 \cdot 4\pi = 8\pi \quad \cdots \text{(答)}$$

となります。

練習問題9 ≫ 282 ページ

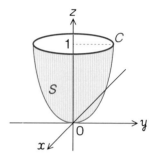

曲面 S と、平面 $z = 1$ とが交わる線を C とします（右図）。ストークスの定理より、

$$\iint_S \mathrm{rot}\,\vec{A} \cdot \vec{n}\, dS = \oint_C \vec{A} \cdot d\vec{s}$$

が成り立つので、周回積分 $\oint_C \vec{A} \cdot \vec{s}$ を計算すれば、面積分の値を求められます。$\vec{A} = (-y,\ x,\ xyz)$ より、この周回積分は、

$$\oint_C \vec{A} \cdot d\vec{s} = \int_C (A_x dx + A_y dy + A_z dz)$$

$$= \int_C (-y dx + x dy + xyz dz)$$

と表せます。また、閉曲線 C は曲面 $z = x^2 + y^2$ と平面 $z = 1$ の交線なので、$x^2 + y^2$ $= 1,\ z = 1$ の正円となります。この円は媒介変数を使うと

$$x = \cos t,\ y = \sin t,\ z = 1 \quad (0 \le t \le 2\pi)$$

と表せるので、これらを上の式に代入すると、

$$\int_0^{2\pi} \left(-\sin t dx + \cos t dy + \sin t \cos t dz\right) = \int_0^{2\pi} \left(-\sin t \frac{dx}{dt} + \cos t \frac{dy}{dt} + \sin t \cos t \frac{dz}{dt}\right) dt$$

となります。$x = \cos t,\ y = \sin t,\ z = 1$ より、

$$\frac{dx}{dt} = -\sin t,\ \frac{dy}{dt} = \cos t,\ \frac{dz}{dt} = 0$$

なので、

$$= \int_0^{2\pi} \{-\sin t\,(-\sin t) + \cos t \cdot \cos t + \sin t \cos t \cdot 0\}\, dt$$

$$= \int_0^{2\pi} (\sin^2 t + \cos^2 t)\, dt$$

$$= \int_0^{2\pi} dt = \left[\ t\ \right]_0^{2\pi} = 2\pi \quad \cdots \text{(答)}$$

第7章

フーリエ級数と
フーリエ変換

フーリエ級数とフーリエ変換は、単純な三角関数の
波形をいくつも重ね合わせることで、様々な関数を
表現するものです。逆に言うと、どんなに複雑な波
形も、単純な三角関数の波形成分に分解できます。
この発見は、実用的な様々な技術に応用されています。

---

01 フーリエ級数とはなにか

この節の概要

▶ フーリエ級数は、サイン波とコサイン波を合成して、様々な周期関数を表したものです。

▶ フーリエ級数が表す関数の形は、フーリエ係数によって決まります。フーリエ係数を導出します。

■ 周期関数について

三角関数のサインやコサインは、一定の周期で必ず同じ値になります。たとえばコサインは、

$$\cos 0 = 1, \ \cos 2\pi = 1, \ \cos 4\pi = 1, \ \cdots$$

のように 2π ごとに必ず同じ値になり、

$$\cos x = \cos (x + 2n\pi), \ n = 0, \ 1, \ 2, \ \cdots$$

と書けます。一般に、すべての x について

$$f(x) = f(x + nT), \ T > 0, \ n = 0, \ 1, \ 2, \ \cdots$$

が成り立つ関数を周期関数といい、T を基本周期といいます。

$\cos x$ や $\sin x$ の基本周期は 2π ですが、x を2倍すると、

$$\cos 2x = \cos (2x + 2n\pi) = \cos 2 (x + n\pi)$$

となり、基本周期は π になります。

一般に、$\sin kx$ や $\cos kx$ の基本周期は $\dfrac{2\pi}{k}$ となり、グラフで表すと 2π の間に同じ波形を k 回繰り返します。

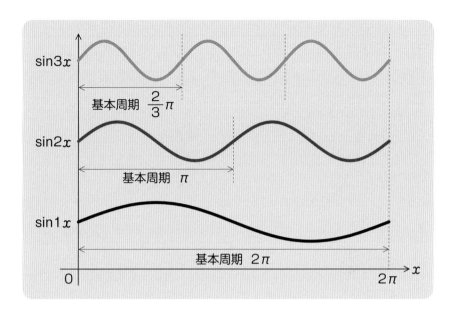

フーリエ級数とは

　サインやコサインのグラフは単純な波形ですが、複数の波形を合成すると、より複雑な曲線の波形を描くことができます。

　たとえば、$\sin x + \sin 2x$ の波形は次のようになります。

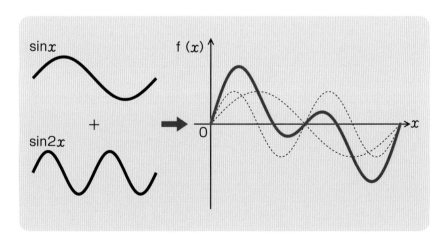

　上の例では2つの波形を合成しただけですが、波形をいくつも合成す

れば、もっと複雑な形の波形をつくることもできそうです。では、次の
ような波形はどうでしょうか？

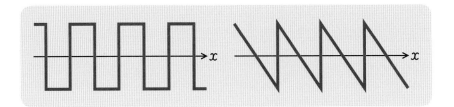

　曲線の波形を組み合わせて、こんなギザギザした四角形や三角形の波
形がつくれるでしょうか？　それを可能にするのが**フーリエ級数**です。
　級数とは数列の和のことです。フーリエ級数は、周期関数 $f(x)$ を、
次のような複数のsinとcosを足し合わせることによって表したものです。

$$f(x) = \frac{a_0}{2} + a_1\cos\frac{\pi}{L}x + b_1\sin\frac{\pi}{L}x + a_2\cos\frac{2\pi}{L}x + b_2\sin\frac{2\pi}{L}x + \cdots$$

$$= \frac{a_0}{2} + \sum_{n=1}^{\infty}\left(a_n\cos\frac{n\pi}{L}x + b_n\sin\frac{n\pi}{L}x\right)$$

　この式で、L は関数 $f(x)$ の半周期分の長さを表します。つまり上の
式は、基本周期が $2L$ の周期関数 $f(x)$ を表したものです。
　話を単純にするために、$f(x)$ の基本周期を 2π、すなわち $L = \pi$ と
しましょう。すると、上のフーリエ級数の式は次のようになります。

$$f(x) = \frac{a_0}{2} + a_1\cos x + b_1\sin x + a_2\cos 2x + b_2\sin 2x + \cdots$$

　この式の右辺のうち、$\frac{a_0}{2}$ は x にかかわらず一定の値になります。
　また、$\cos x$, $\cos 2x$, $\cos 3x$, …は、基本周期 2π を1倍、$\frac{1}{2}$倍、$\frac{1}{3}$
倍、…のように変化させたものです（sinについても同様）。
　フーリエ級数は、このように周期の異なる波形を足し合わせて、様々
な波形をつくります。逆に言うと、どんなに複雑な波形であっても、周
期の異なる sin と cos に分解できることを示しています。

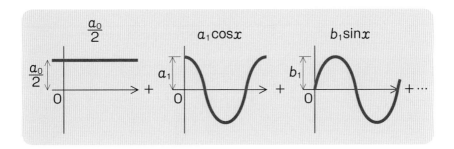

また、フーリエ級数の式のうち、関数 $f(x)$ によって異なる部分は、半周期分の長さを表す L の値と、a_0, a_1, a_2, $\cdots$, b_1, b_2, $\cdots$ といった係数だけです。これらの値を**フーリエ係数**といいます。フーリエ級数では、フーリエ係数を調整することで、様々な波形をつくることができるのです。

三角関数の直交性

では、目的の関数を表すフーリエ係数はどのように計算すればよいのでしょうか？　これらを求めるには、三角関数のもつ以下の性質を利用します。

三角関数の直交性

m, n が正の整数のとき、

$$\int_{-\pi}^{\pi} \sin mx \cos nx\, dx = 0 \quad \cdots ①$$

$$\int_{-\pi}^{\pi} \cos mx \cos nx\, dx = \begin{cases} 0 & (m \neq n) \\ \pi & (m = n) \end{cases} \quad \cdots ②$$

$$\int_{-\pi}^{\pi} \sin mx \sin nx\, dx = \begin{cases} 0 & (m \neq n) \\ \pi & (m = n) \end{cases} \quad \cdots ③$$

式①〜③は、いずれも三角関数同士の積を $-\pi$ から π まで1周期にわたって定積分したものです。$\sin \times \cos$、$\cos \times \cos$、$\sin \times \sin$ の定積分

がいずれもゼロになるというこの性質は、直交するベクトル同士の内積がゼロになることと同じなので、**三角関数の直交性**と呼ばれます。

これらの式が成り立つことを確認しましょう。式①は、計算すると次のようになります。

$$\int_{-\pi}^{\pi} \sin mx \cos nx \, dx$$

$$= \int_{-\pi}^{\pi} \frac{\sin(mx+nx)+\sin(mx-nx)}{2} dx \quad \blacktriangleleft 積を和にする公式$$

$$= \frac{1}{2}\int_{-\pi}^{\pi} \sin(m+n)x + \sin(m-n)x \, dx \quad \cdots ①'$$

$m \neq n$ のとき、式①'は、

$$\frac{1}{2}\left[-\frac{1}{m+n}\cos(m+n)x - \frac{1}{m-n}\cos(m-n)x\right]_{-\pi}^{\pi}$$

$$\int \sin(ax+b)\,dx = -\frac{1}{a}\cos(ax+b)$$

となります。$m+n=a$、$m-n=b$ と置けば、

$$= -\frac{1}{2}\left\{\frac{1}{a}(\cos a\pi - \cos(-a\pi)) + \frac{1}{b}(\cos b\pi - \cos b(-b\pi))\right\}$$

$$= -\frac{1}{2}\left\{\frac{1}{a}(\cos a\pi - \cos a\pi) + \frac{1}{b}(\cos b\pi - \cos b\pi)\right\} \quad \blacktriangleleft \cos(-\theta)=\cos\theta$$

$$= 0$$

また、$m=n$ のとき、式①'は

$$\frac{1}{2}\int_{-\pi}^{\pi} \sin 2mx + \sin 0 \, dx$$

$$= \frac{1}{2}\left[-\frac{1}{2m}\cos 2mx\right]_{-\pi}^{\pi} = -\frac{1}{4m}(\cos 2m\pi - \cos(-2m\pi))$$

$$= -\frac{1}{4m}(\cos 2m\pi - \cos 2m\pi) = 0$$

となり、やはり 0 になります。

次に式②は、計算すると次のようになります。

$$\int_{-\pi}^{\pi} \cos mx \cos nx \, dx$$

$$= \int_{-\pi}^{\pi} \frac{\cos(mx+nx)+\cos(mx-nx)}{2} dx \quad \blacktriangleleft 積を和にする公式$$

$$= \frac{1}{2} \int_{-\pi}^{\pi} \cos(m+n)x + \cos(m-n)x\,dx \quad \cdots ②'$$

$m \ne n$ のとき、式②′は、

$$\frac{1}{2}\left[\frac{1}{m+n}\sin(m+n)x + \frac{1}{m-n}\sin(m-n)x \right]_{-\pi}^{\pi}$$

となります。$m + n = a$、$m - n = b$ と置けば、

$$= \frac{1}{2}\left\{ \frac{1}{a}(\sin a\pi - \sin(-a\pi)) + \frac{1}{b}(\sin b\pi - \sin(-b\pi)) \right\} \leftarrow$$

$$= \frac{1}{2}\left\{ \frac{1}{a}(2\sin a\pi) + \frac{1}{b}(2\sin b\pi) \right\}$$

$$= \frac{1}{a}\underset{=0}{\underline{\sin a\pi}} + \frac{1}{b}\underset{=0}{\underline{\sin b\pi}} = 0$$

$$\sin(-\theta) = -\sin\theta$$

上の式の a, b はいずれも整数で、$\sin\pi$, $\sin 2\pi$, $\cdots$ はいずれも 0 なので、上の式は 0 になります。また、$m = n$ のとき、式②′は、

$$\frac{1}{2}\int_{-\pi}^{\pi} \cos 2mx + \cos 0\,dx = \frac{1}{2}\int_{-\pi}^{\pi}\cos 2mx + 1\,dx$$

$$= \frac{1}{2}\left[\frac{1}{2m}\sin 2mx + x \right]_{-\pi}^{\pi}$$

$$= \frac{1}{2}\left\{ \frac{1}{2m}(\sin 2m\pi - \sin(-2m\pi)) + \pi - (-\pi) \right\}$$

$$= \frac{1}{2}\left\{ \frac{1}{2m}(\underset{=0}{\underline{\sin 2m\pi}} + \underset{=0}{\underline{\sin 2m\pi}}) + 2\pi \right\}$$

$$= \frac{1}{2} \cdot 2\pi = \pi$$

となり、π になります（式③については省略しますが、式②と同様に計算すれば確認できます）。

■ フーリエ係数を求める

以上を頭に入れて、関数 $f(x)$ を表すフーリエ係数 a_0, a_1, a_2, $\cdots$ と b_1, b_2, $\cdots$ を求めましょう。周期関数 $f(x)$ の周期を 2π とすると、$f(x)$ のフーリエ級数は、

$$f(x) = \frac{a_0}{2} + a_1\cos x + b_1\sin x + a_2\cos 2x + b_2\sin 2x + \cdots \quad \cdots ④$$

と書けます。式④の両辺に $\cos x$ を掛け、$-\pi$ から π まで積分します。

$$\int_{-\pi}^{\pi} f(x)\cos x\, dx$$

$$= \frac{a_0}{2}\int_{-\pi}^{\pi}\cos x\, dx + a_1\boxed{\int_{-\pi}^{\pi}\cos x\cos x\, dx} + a_2\int_{-\pi}^{\pi}\cos 2x\cos x\, dx + \cdots$$

$$+ b_1\int_{-\pi}^{\pi}\sin x\cos x\, dx + b_2\int_{-\pi}^{\pi}\sin 2x\cos x\, dx + \cdots$$

この式の右辺の第1項は、

$$\frac{a_0}{2}\int_{-\pi}^{\pi}\cos x\, dx = \frac{a_0}{2}\Bigl[\sin x\Bigr]_{-\pi}^{\pi} = \frac{a_0}{2}\{\sin\pi - \sin(-\pi)\} = 0$$

また、$\boxed{}$ の部分は $\int_{-\pi}^{\pi}\cos mx\cos nx\, dx$ の $m=n$ の場合なので π となり、それ以外は先ほど確認した三角関数の直交性よりすべてゼロになります。したがって、

$$\int_{-\pi}^{\pi} f(x)\cos x\, dx = a_1\int_{-\pi}^{\pi}\cos x\cos x\, dx = a_1\pi$$

$$\therefore a_1 = \frac{1}{\pi}\int_{-\pi}^{\pi} f(x)\cos x\, dx$$

一般に、式④の両辺に $\cos nx$ を掛け、$-\pi$ から π まで積分すると、

$$\int_{-\pi}^{\pi} f(x)\cos nx\, dx$$

この項以外はすべて0 ⌐

$$= \frac{a_0}{2}\int_{-\pi}^{\pi}\cos nx\, dx + a_1\int_{-\pi}^{\pi}\cos x\cos nx\, dx + \cdots + \boxed{a_n\int_{-\pi}^{\pi}\cos nx\cos nx}$$

$$+ \cdots + b_1\int_{-\pi}^{\pi}\sin x\cos nx\, dx + b_2\int_{-\pi}^{\pi}\sin 2x\cos nx\, dx + \cdots +$$

$$= a_n\pi$$

となるので、

$$a_n = \frac{1}{\pi}\int_{-\pi}^{\pi} f(x)\cos nx\, dx \quad \cdots ⑤$$

となります。なお、式④の両辺に $\cos 0$ を掛けて $-\pi$ から π まで積分すると、

$$\int_{-\pi}^{\pi} f(x)\cos 0 dx = \frac{a_0}{2}\underbrace{\int_{-\pi}^{\pi}\cos 0 dx}_{2\pi} + \underbrace{a_1\int_{-\pi}^{\pi}\cos x\cos 0 dx + \cdots}_{\text{すべて}0} = a_0\pi$$

となるので、式⑤は $n = 0$ の場合にも成り立ちます。

次に b_n については、式④の両辺に $\sin nx$ を掛け、$-\pi$ から π まで積分すると、

$$\int_{-\pi}^{\pi} f(x)\sin nx dx = \frac{a_0}{2}\int_{-\pi}^{\pi}\sin nx dx + a_1\int_{-\pi}^{\pi}\cos x\sin nx dx + \cdots$$

$$+ b_1\int_{-\pi}^{\pi}\sin x\sin nx dx + \cdots + \underbrace{b_n\int_{-\pi}^{\pi}\sin nx\sin nx dx}_{\text{この項以外はすべて}0} + \cdots$$

$$= b_n\pi$$

$$\therefore b_n = \frac{1}{\pi}\int_{-\pi}^{\pi} f(x)\sin nx dx$$

となります。

以上から、周期関数 $f(x)$ のフーリエ係数は、次のように求められます。

$$a_n = \frac{1}{\pi}\int_{-\pi}^{\pi} f(x)\cos nx dx, \quad b_n = \frac{1}{\pi}\int_{-\pi}^{\pi} f(x)\sin nx dx$$

ただし、この式は $f(x)$ の基本周期が 2π の場合に限られます。基本周期 $2L$ のフーリエ級数は、一般に

$$f(x) = \frac{a_0}{2} + \sum_{n=1}^{\infty}\left(a_n\cos\frac{n\pi}{L}x + b_n\sin\frac{n\pi}{L}x\right)$$

と書けます。この場合のフーリエ係数は次のようになります。

重要 フーリエ級数とフーリエ係数

$$f(x) = \frac{a_0}{2} + \sum_{n=1}^{\infty}\left(a_n\cos\frac{n\pi}{L}x + b_n\sin\frac{n\pi}{L}x\right)$$

$$a_n = \frac{1}{L}\int_{-L}^{L} f(x)\cos\frac{n\pi}{L}x dx, \quad b_n = \frac{1}{L}\int_{-L}^{L} f(x)\sin\frac{n\pi}{L}x dx$$

02 フーリエ正弦級数と フーリエ余弦級数

この節の概要

▶ フーリエ係数は計算が面倒なので、少しでも楽になるように
工夫しましょう。フーリエ級数で表したい関数が偶関数か奇
関数かがわかれば、計算は半分になります。

■ 偶関数と奇関数

たとえば $f(x) = x^2$ のグラフは、
図のように y 軸をはさんで左右対称
になります。このような関数を偶関
数といいます。偶関数は、数式では
次のように定義できます。

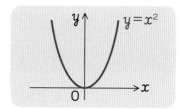

$$f(x) = f(-x) \quad ◀ 偶関数$$

また、$g(x) = x$ のグラフは、図の
ように原点を中心に対称になります。
このような関数を奇関数といいます。
奇関数は、数式では次のように定義
されます。

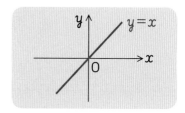

$$g(x) = -g(-x) \quad ◀ 奇関数$$

三角関数の場合、cos は y 軸をはさんで対称なので偶関数、sin は原

点を中心に対称なので奇関数です。

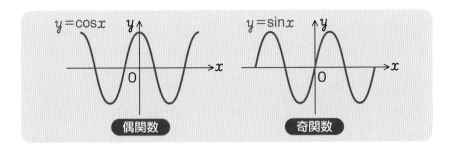

偶関数・奇関数の性質

　偶関数 $f(x)$ を $-a$ から a まで定積分した値は、$f(x)$ を 0 から a まで定積分した値の 2 倍になります。また、奇関数 $g(x)$ を $-a$ から a まで定積分した値は必ずゼロになります。これは、次のように積分の値を面積として考えればよくわかります。

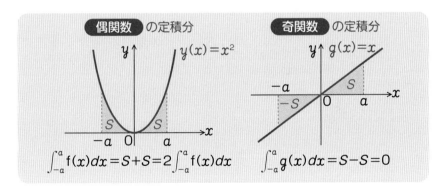

また、
$$f(x)\,f(x) = f(-x)\,f(-x) \text{ より、　偶関数 × 偶関数＝偶関数}$$
$$f(x)\,g(x) = f(-x)\cdot(-g(-x)) = -f(-x)\cdot g(-x) \text{ より、}$$

偶関数 × 奇関数＝奇関数

$$g(x)\,g(x) = (-g(-x))(-g(-x)) = g(-x)\,g(-x) \text{ より、}$$

奇関数 × 奇関数＝偶関数

となります。

309

偶関数・奇関数とフーリエ級数

フーリエ級数において、$f(x)$ が奇関数のとき、

$$a_n = \frac{1}{L} \int_{-L}^{L} \boxed{f(x) \cos \frac{n\pi}{L} x} dx = 0 \quad \blacktriangleleft f(x)が奇関数のとき$$

奇関数 × 偶関数 ＝ 奇関数

ですから、フーリエ係数 a_n はすべてゼロになります。そのため、$f(x)$ が奇関数の場合のフーリエ級数は、次のように sin だけの式で表せます。これをフーリエ正弦級数といいます。

$$f(x) = \boxed{\frac{a_0}{2}} + \sum_{n=1}^{\infty} \left(\boxed{a_n} \cos \frac{n\pi}{L} x + b_n \sin \frac{n\pi}{L} x \right)$$

ゼロ　　　　ゼロ

$$= \sum_{n=1}^{\infty} b_n \sin \frac{n\pi}{L} x \quad \blacktriangleleft フーリエ正弦級数$$

一方、$f(x)$ が偶関数のときは、

$$b_n = \frac{1}{L} \int_{-L}^{L} \boxed{f(x) \sin \frac{n\pi}{L} x} dx = 0 \quad \blacktriangleleft f(x)が偶関数のとき$$

偶関数 × 奇関数 ＝ 奇関数

となり、フーリエ係数 b_n がすべてゼロになります。したがって、$f(x)$ が偶関数の場合のフーリエ級数は、次のように cos だけの式で表せます。これをフーリエ余弦級数といいます。

$$f(x) = \frac{a_0}{2} + \sum_{n=1}^{\infty} \left(a_n \cos \frac{n\pi}{L} x + \boxed{b_n} \sin \frac{n\pi}{L} x \right)$$

ゼロ

$$= \frac{a_0}{2} + \sum_{n=1}^{\infty} a_n \cos \frac{n\pi}{L} x \quad \blacktriangleleft フーリエ余弦級数$$

f(x)が偶関数か奇関数かがわかると、フーリエ級数を求める計算がずっと楽になります。

310

03 いろいろな波形の フーリエ級数を求める

この節の概要

▶ フーリエ級数とフーリエ係数の計算方法ついて説明したの
で、ここでは実際に、いくつかの関数のフーリエ級数を求め
てみましょう。

■ 方形波のフーリエ級数を求める

例題1 次の関数 $f(x)$ をフーリエ級数で表しなさい。

$$f(x) = \begin{cases} -1 & (-\pi < x < 0) \\ 1 & (0 < x < \pi) \end{cases}$$

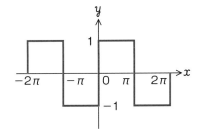

解 図のような四角形の波形を**方形波**といいます。基本周期は 2π な
ので、$L = \pi$ としてフーリエ係数を求めます。

ただし、グラフは原点を中心に対称なので、$f(x)$ は奇関数になりま
す。したがってフーリエ係数 a_n は

$$a_n = \frac{1}{L} \int_{-L}^{L} \underbrace{f(x) \cos \frac{n\pi}{L} x}_{\text{奇関数×偶関数＝奇関数}} dx = 0$$

となります。一方、b_n は次のように計算できます。

$$b_n = \frac{1}{\pi} \int_{-\pi}^{\pi} f(x) \sin nx\, dx$$

$$= \frac{1}{\pi} \left\{ \int_{-\pi}^{0} \boxed{f(x)} \sin nx\, dx + \int_{0}^{\pi} \boxed{f(x)} \sin nx\, dx \right\}$$

$-\pi < x < 0$ のとき $f(x) = -1$　　$0 < x < \pi$ のとき $f(x) = 1$

$$= \frac{1}{\pi} \left\{ -\int_{-\pi}^{0} \sin nx\, dx + \int_{0}^{\pi} \sin nx\, dx \right\} \quad \blacktriangleleft \int \sin nx = -\frac{1}{n} \cos nx + C$$

$$= \frac{1}{\pi} \left\{ -\left[-\frac{1}{n} \cos nx \right]_{-\pi}^{0} + \left[-\frac{1}{n} \cos nx \right]_{0}^{\pi} \right\}$$

$$= \frac{1}{\pi} \left\{ \frac{1}{n} \left[\cos nx \right]_{-\pi}^{0} - \frac{1}{n} \left[\cos nx \right]_{0}^{\pi} \right\}$$

$$= \frac{1}{n\pi} \left\{ (\boxed{\cos 0} - \boxed{\cos(-n\pi)}) - (\cos n\pi - \boxed{\cos 0}) \right\}$$

$\quad = 1 \quad \cos(-\theta) = \cos\theta \qquad\qquad = 1$

$$= \frac{1}{n\pi} (1 - \cos n\pi - \cos n\pi + 1)$$

$$= \frac{1}{n\pi} (2 - 2\cos n\pi)$$

$$= \frac{2}{n\pi} (1 - \cos n\pi) \quad \cdots ①$$

式①において、$n = 1,\ 3,\ 5,\ \cdots$ のとき、$\cos n\pi = -1$ となるので、

$$b_n = \frac{2}{n\pi} (1 + 1) = \frac{4}{n\pi} \quad (n = 1,\ 3,\ 5,\ \cdots)$$

また、$n = 2,\ 4,\ 6,\ \cdots$ のとき、$\cos n\pi = 1$ となるので、

$$b_n = \frac{2}{n\pi} (1 - 1) = 0 \quad (n = 2,\ 4,\ 6,\ \cdots)$$

以上から、この方形波のフーリエ係数は、

$$a_n = 0,\quad b_n = \begin{cases} \dfrac{4}{n\pi} & (n = 1,\ 3,\ 5,\ \cdots) \\[2mm] 0 & (n = 2,\ 4,\ 6,\ \cdots) \end{cases}$$

となります。これらをフーリエ級数の式（307ページ）に代入すると、

$$f(x) = \frac{\boxed{a_0}}{2} + \sum_{n=1}^{\infty}\left(\boxed{a_n}\cos\frac{n\pi}{L}x + b_n\sin\frac{n\pi}{\boxed{L}}x\right)$$

ゼロ　　　　ゼロ　　　　　　　　　　　$=\pi$

$$= \sum_{n=1}^{\infty} b_n\sin nx$$

$$= \boxed{b_1}\sin x + \boxed{b_2}\sin 2x + \boxed{b_3}\sin 3x + \boxed{b_4}\sin 4x + \boxed{b_5}\sin 5x + \cdots$$

$\dfrac{4}{n\pi}$　　ゼロ　　$\dfrac{4}{n\pi}$　　ゼロ　　$\dfrac{4}{n\pi}$

$$= \frac{4}{\pi}\sin x + \frac{4}{3\pi}\sin 3x + \frac{4}{5\pi}\sin 5x + \cdots$$

$$= \frac{4}{\pi}\left(\sin x + \frac{1}{3}\sin 3x + \frac{1}{5}\sin 5x + \cdots\right)$$

となります。右辺のカッコ内を総和記号を使って表すと、

$$f(x) = \frac{4}{\pi}\sum_{n=0}^{\infty}\frac{1}{2n+1}\sin(2n+1)x \quad \cdots（答）$$

これが、方形波のフーリエ級数です。

　数式だけをみてもあまりピンとこないので、実際にグラフを描いて確認してみましょう。上の式は無限個の sin を足し合わせていますが、とりあえずはじめの 3 個の sin を足し合わせた

$$f(x) = \frac{4}{\pi}\left(\sin x + \frac{1}{3}\sin 3x + \frac{1}{5}\sin 5x\right)$$

のグラフは次のようになります。

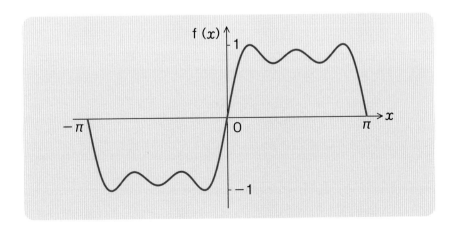

この段階では、まだ方形波にみえませんが、足し合わせる sin の個数 n を増やしていくと、徐々に方形波に近づいていきます。

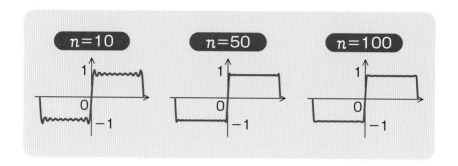

上の方形波は、x の値が $-\pi < x < 0$ のときの値が -1、$0 < x < 1$ のときの値が 1 のように、値が途切れ途切れになっています。このように、ある区間でしか値が連続していない関数を、**区分的に連続な関数**といいます。フーリエ級数は、方形波のように区分的に連続な関数でも表すことができるのが特徴です。

■■ 三角波のフーリエ級数を求める

例題2 次の関数 $f(x)$ をフーリエ級数で表しなさい。

$$f(x) = \begin{cases} x + \pi & (-\pi < x < 0) \\ \pi - x & (0 < x < \pi) \end{cases}$$

解 図のような三角形の波形を**三角波**といいます。基本周期は 2π なので、$L = \pi$ としてフーリエ係数を求めます。

また、グラフは y 軸を中心に左右対称なので、$f(x)$ は偶関数です。したがってフーリエ係数 b_n は

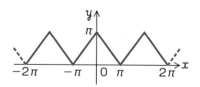

$$b_n = \frac{1}{L} \int_{-L}^{L} f(x) \sin \frac{n\pi}{L} x \, dx = 0$$

偶関数 × 奇関数 ＝ 奇関数

となります。一方、a_n は次のように計算できます。

$n = 0$ のとき：

$$a_0 = \frac{1}{\pi} \int_{-\pi}^{\pi} f(x) \underset{1}{\boxed{\cos 0}}\, dx$$

$$= \frac{2}{\pi} \int_{0}^{\pi} f(x)\, dx \quad \blacktriangleleft \int_{-a}^{a} f(x)\, dx = 2\int_{0}^{a} f(x)\, dx \,(偶関数の性質)$$

$$= \frac{2}{\pi} \int_{0}^{\pi} (\pi - x)\, dx$$

$$= \frac{2}{\pi} \left[\pi x - \frac{1}{2} x^2 \right]_{0}^{\pi} = \frac{2}{\pi} \left(\pi^2 - \frac{1}{2} \pi^2 \right) = \frac{2}{\pi} \cdot \frac{1}{2} \pi^2 = \pi$$

$n > 0$ のとき：

$$a_n = \frac{1}{\pi} \int_{-\pi}^{\pi} f(x) \cos nx\, dx$$

$$= \frac{1}{\pi} \cdot 2 \int_{0}^{\pi} \underset{\pi - x}{\boxed{f(x)}} \cos nx\, dx \quad \blacktriangleleft \int_{-a}^{a} f(x)\, dx = 2\int_{0}^{a} f(x)\, dx$$

$$= \frac{2}{\pi} \int_{0}^{\pi} (\pi - x) \cos nx\, dx \quad \blacktriangleleft\ f(x) = \pi - x,\ g'(x) = \cos nx として 部分積分する$$

$$= \frac{2}{\pi} \left\{ \left[(\pi - x) \cdot \frac{1}{n} \sin nx \right]_{0}^{\pi} - \int_{0}^{\pi} \boxed{(-1) \cdot \frac{1}{n}} \sin nx\, dx \right\}$$

$$= \frac{2}{\pi} \left\{ \underset{0}{0 \cdot \frac{1}{n} \sin n\pi} - \underset{0}{\pi \cdot \frac{1}{n} \sin 0} + \frac{1}{n} \left[-\frac{1}{n} \cos nx \right]_{0}^{\pi} \right\}$$

$$= \frac{2}{n^2 \pi} (-\cos n\pi + \cos 0)$$

$$= \frac{2}{n^2 \pi} (1 - \cos n\pi) \quad \cdots ②$$

式②において、$n = 1,\ 3,\ 5,\ \cdots$ のとき、$\cos n\pi = -1$ となるので、

$$a_n = \frac{2}{n^2 \pi} (1 + 1) = \frac{4}{n^2 \pi} \quad (n = 1,\ 3,\ 5,\ \cdots)$$

また、$n = 2,\ 4,\ 6,\ \cdots$ のとき、$\cos n\pi = 1$ となるので、

$$a_n = \frac{2}{n^2\pi}(1-1) = 0 \quad (n = 2,\ 4,\ 6,\ \cdots)$$

以上から、この方形波のフーリエ係数は、

$$a_n = \begin{cases} \pi & (n=0) \\ \dfrac{4}{n^2\pi} & (n=1,\ 3,\ 5,\ \cdots) \\ 0 & (n=2,\ 4,\ 6,\ \cdots) \end{cases}$$
$$b_n = 0$$

となります。これらをフーリエ級数の式 (307 ページ) に代入すると、

$$f(x) = \frac{a_0}{2} + \sum_{n=1}^{\infty}\left(a_n\cos\underbrace{\frac{n\pi}{\boxed{L}}}_{=\pi} x + \underbrace{\boxed{b_n}}_{\text{ゼロ}}\sin\frac{n\pi}{L}x\right)$$

$$= \frac{a_0}{2} + \sum_{n=1}^{\infty} a_n\cos nx$$

$$= \underset{\pi}{\frac{\boxed{a_0}}{2}} + \underset{\frac{4}{n^2\pi}}{\boxed{a_1}}\cos x + \underset{\text{ゼロ}}{\boxed{a_2}}\cos 2x + \underset{\frac{4}{n^2\pi}}{\boxed{a_3}}\cos 3x + \underset{\text{ゼロ}}{\boxed{a_4}}\cos 4x + \underset{\frac{4}{n^2\pi}}{\boxed{a_5}}\cos 5x + \cdots$$

$$= \frac{\pi}{2} + \frac{4}{\pi}\cos x + \frac{4}{3^2\pi}\cos 3x + \frac{4}{5^2\pi}\cos 5x + \cdots$$

$$= \frac{\pi}{2} + \frac{4}{\pi}\left(\cos x + \frac{1}{3^2}\cos 3x + \frac{1}{5^2}\cos 5x + \cdots\right)$$

となります。右辺のカッコ内を総和記号を使って表すと、

$$f(x) = \frac{\pi}{2} + \frac{4}{\pi}\sum_{n=0}^{\infty}\frac{1}{(2n+1)^2}\cos(2n+1)x \quad \cdots \text{(答)}$$

これが、三角波のフーリエ級数です。

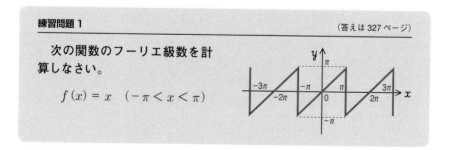

練習問題 1

（答えは 327 ページ）

次の関数のフーリエ級数を計算しなさい。

$$f(x) = x \quad (-\pi < x < \pi)$$

04 複素フーリエ級数

この節の概要

▶ フーリエ級数とフーリエ係数の式を、三角関数ではなく指数関数を使って表したものを複素フーリエ級数といいます。

▶ 次節で説明するフーリエ変換は、複素フーリエ級数を使うと理解しやすくなります。

■ フーリエ級数を複素数で表す

フーリエ級数の式

$$f(x) = \frac{a_0}{2} + \sum_{n=1}^{\infty} \left(a_n \cos \frac{n\pi}{L} x + b_n \sin \frac{n\pi}{L} x \right)$$

の中の sin と cos を、指数関数で表してみましょう。オイラーの公式より、

$$e^{ix} = \cos x + i\sin x \qquad \cdots ①$$
$$e^{-ix} = \cos x - i\sin x \qquad \cdots ②$$

① + ② より、$e^{ix} + e^{-ix} = 2\cos x \quad \Rightarrow \quad \cos x = \frac{1}{2}(e^{ix} + e^{-ix})$

① − ② より、$e^{ix} - e^{-ix} = i2\sin x \quad \Rightarrow \quad \sin x = \boxed{\frac{1}{i2}}(e^{ix} - e^{-ix})$

分母と分子に i を掛ける

$$= -i\frac{1}{2}(e^{ix} - e^{-ix})$$

と書けます。これらをフーリエ級数の式に代入すると、次のようになります。

$$f(x) = \frac{a_0}{2} + \sum_{n=1}^{\infty} \left\{ \frac{a_n}{2} \left(e^{i\frac{n\pi}{L}x} + e^{-i\frac{n\pi}{L}x} \right) - \frac{ib_n}{2} \left(e^{i\frac{n\pi}{L}x} - e^{-i\frac{n\pi}{L}x} \right) \right\}$$

$$= \frac{a_0}{2} + \sum_{n=1}^{\infty} \left(\frac{a_n - ib_n}{2} e^{i\frac{n\pi}{L}x} + \frac{a_n + ib_n}{2} e^{-i\frac{n\pi}{L}x} \right) \quad \cdots ③$$

式③の総和記号をはずして、各項を書き出します。

$$\frac{a_0}{2}+\frac{a_1-ib_1}{2}e^{i\frac{\pi}{L}x}+\frac{a_1+ib_1}{2}e^{-i\frac{\pi}{L}x}+\frac{a_2-ib_2}{2}e^{i\frac{2\pi}{L}x}+\frac{a_2+ib_2}{2}e^{-i\frac{2\pi}{L}x}+\cdots$$

色の項を$\frac{a_0}{2}$の左側に並べると、

$$\cdots+\frac{a_2+ib_2}{2}e^{-i\frac{2\pi}{L}x}+\frac{a_1+ib_1}{2}e^{-i\frac{\pi}{L}x}+\frac{a_0}{2}+\frac{a_1-ib_1}{2}e^{i\frac{\pi}{L}x}+\frac{a_2-ib_2}{2}e^{i\frac{2\pi}{L}x}+\cdots \quad \cdots ④$$

ここで、フーリエ係数 a_n, b_n を、a_{-n}, b_{-n} に拡張します（$n = 1$, 2, 3, $\cdots$）。a_n と a_{-n}、b_n と b_{-n} との間には、

$$a_n=\frac{1}{L}\int_{-L}^{L}f(x)\boxed{\cos\frac{n\pi}{L}x}dx=\frac{1}{L}\int_{-L}^{L}f(x)\cos\frac{-n\pi}{L}xdx=a_{-n}$$
$$\cos\theta=\cos(-\theta)$$

$$b_n=\frac{1}{L}\int_{-L}^{L}f(x)\boxed{\sin\frac{n\pi}{L}x}dx=\frac{1}{L}\int_{-L}^{L}f(x)\cdot\left(-\sin\frac{-n\pi}{L}x\right)dx$$
$$\sin\theta=-\sin(-\theta)$$
$$=-\frac{1}{L}\int_{-L}^{L}f(x)\sin\frac{-n\pi}{L}xdx=-b_{-n}$$

という関係が成り立つので、これらを式④の色の項に適用すると、

$$\cdots+\frac{a_{-2}-ib_{-2}}{2}e^{-i\frac{2\pi}{L}x}+\frac{a_{-1}-ib_{-1}}{2}e^{-i\frac{\pi}{L}x}+\frac{a_0}{2}+\frac{a_1-ib_1}{2}e^{i\frac{\pi}{L}x}+\frac{a_2-ib_2}{2}e^{i\frac{2\pi}{L}x}+\cdots$$

となります。この式は、総和記号を使って次のように書けます。

$$f(x)=\sum_{n=-\infty}^{\infty}\frac{a_n-ib_n}{2}e^{i\frac{n\pi}{L}x}$$

また、$c_n=\frac{a_n-ib_n}{2}$ と置けば、

$$c_n=\frac{a_n-ib_n}{2}=\frac{1}{2}\left\{\frac{1}{L}\int_{-L}^{L}f(x)\cos\frac{n\pi}{L}xdx-i\frac{1}{L}\int_{-L}^{L}f(x)\sin\frac{n\pi}{L}xdx\right\}$$

$$=\frac{1}{2L}\int_{-L}^{L}f(x)\left(\cos\frac{n\pi}{L}x-i\sin\frac{n\pi}{L}x\right)dx$$

$$=\frac{1}{2L}\int_{-L}^{L}f(x)e^{-i\frac{n\pi}{L}x}dx$$

オイラーの公式 $e^{-ix}=\cos x-i\sin x$

以上をまとめると、次のようになります。このように、複素数で表したフーリエ級数を**複素フーリエ級数**といいます。

複素フーリエ級数

$$f(x) = \sum_{n=-\infty}^{\infty} c_n e^{i\frac{n\pi}{L}x} \quad \blacktriangleleft 複素フーリエ級数$$

$$c_n = \frac{1}{2L} \int_{-L}^{L} f(x) e^{-i\frac{n\pi}{L}x} dx \quad \blacktriangleleft 複素フーリエ係数$$

例題 次の関数 $f(x)$ を複素フーリエ級数で表しなさい。

$$f(x) = \begin{cases} -1 & (-\pi < x < 0) \\ 1 & (0 < x < \pi) \end{cases}$$

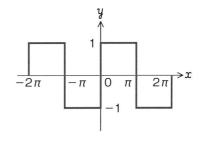

解 311 ページの例題と同じ方形波を、今度は複素フーリエ級数で表してみましょう。関数 $f(x)$ は、$-\pi < x < 0$ のとき $f(x) = -1$, $0 < x < \pi$ のとき $f(x) = 1$ となります。また、周期 $2L = 2\pi$ です。これらを上の複素フーリエ係数の式に当てはめると、

$$
\begin{aligned}
c_n &= \frac{1}{2\pi} \int_{-\pi}^{\pi} f(x) e^{-inx} dx \\
&= \frac{1}{2\pi} \left\{ \int_{-\pi}^{0} (-1) \cdot e^{-inx} dx + \int_{0}^{\pi} 1 \cdot e^{-inx} dx \right\} \\
&= \frac{1}{2\pi} \left\{ -\left[-\frac{1}{in} e^{-inx} \right]_{-\pi}^{0} + \left[-\frac{1}{in} e^{-inx} \right]_{0}^{\pi} \right\} \\
&= \frac{1}{i2n\pi} \left\{ \left[e^{-inx} \right]_{-\pi}^{0} - \left[e^{-inx} \right]_{0}^{\pi} \right\} = \frac{1}{i2n\pi} \left\{ (1 - e^{in\pi}) - (e^{-in\pi} - 1) \right\} \\
&= \frac{1}{i2n\pi} (2 - e^{in\pi} - e^{-in\pi}) \\
&= \frac{1}{i2n\pi} \left\{ 2 - (\cos n\pi + i\sin n\pi) - (\cos n\pi - i\sin n\pi) \right\} \quad \blacktriangleleft オイラーの公式 \\
&= \frac{1}{i2n\pi} (2 - 2\cos n\pi) = \frac{1 - \cos n\pi}{in\pi} = i\frac{\cos n\pi - 1}{n\pi} \quad \cdots ①
\end{aligned}
$$

式①を複素フーリエ級数の式に代入すると、

$$f(x) = \sum_{n=-\infty}^{\infty} i\,\frac{\cos n\pi - 1}{n\pi}\, e^{inx} \quad \cdots \text{（答）}$$

となります。

式①より、

$$n = 0, \ \pm 2, \ \pm 4, \ \pm 6, \ \cdots \text{のとき、} \cos n\pi = 1$$
$$n = \pm 1, \ \pm 3, \ \pm 5, \ \cdots \text{のとき、} \cos n\pi = -1$$

となります。これらを上の式に代入して展開すると、

$$f(x) = \cdots + i\,\frac{2}{5\pi}\, e^{-i5x} + i\,\frac{2}{3\pi}\, e^{-i3x} + i\,\frac{2}{\pi}\, e^{-ix} - i\,\frac{2}{\pi}\, e^{ix} - i\,\frac{2}{3\pi}\, e^{i3x}$$

$$\underset{n=-5}{\uparrow} \quad \underset{n=-3}{\uparrow} \quad \underset{n=-1}{\uparrow} \quad \underset{n=1}{\uparrow} \quad \underset{n=3}{\uparrow}$$

$$- i\,\frac{2}{5\pi}\, e^{i5x} - \cdots$$

$$\underset{n=5}{\uparrow}$$

$$= i\,\frac{2}{\pi}\,(e^{-ix} - e^{ix}) + i\,\frac{2}{3\pi}\,(e^{-i3x} - e^{i3x}) + i\,\frac{2}{5\pi}\,(e^{-i5x} - e^{i5x}) + \cdots$$

$$\underset{n=\pm 1}{} \qquad\qquad \underset{n=\pm 3}{} \qquad\qquad \underset{n=\pm 5}{}$$

となります。ここで、オイラーの公式より、

$$e^{-inx} - e^{inx} = (\cos nx - i\sin nx) - (\cos nx + i\sin nx)$$
$$= -i2\sin nx$$

なので、

$$f(x) = i\,\frac{2}{\pi}\,(-i2\sin x) + i\,\frac{2}{3\pi}\,(-i2\sin 3x) + i\,\frac{2}{5\pi}\,(-i2\sin 5x) + \cdots$$

$$= -i^2\,\frac{4}{\pi}\,\sin x - i^2\,\frac{4}{3\pi}\,\sin 3x - i^2\,\frac{4}{5\pi}\,\sin 5x + \cdots$$

$$= \frac{4}{\pi}\left(\sin x + \frac{1}{3}\,\sin 3x + \frac{1}{5}\,\sin 5x + \cdots\right)$$

となり、313ページの式と一致します。

05 フーリエ変換とはなにか

この節の概要

▶ フーリエ級数は、周期的に変化する関数を表すものでした。
これを周期的でない関数でも使えるようにしたのがフーリエ
変換です。

周期性のない関数のフーリエ級数

　フーリエ級数で扱うのは、方形波や三角波のような周期的な関数ですが、これを拡張して、周期性のない関数を表すことはできないでしょうか。

　周期性のない関数は、周期関数の基本周期を、無限大に拡張したものとみなすことができます。このような関数のフーリエ級数の式を考えてみましょう。

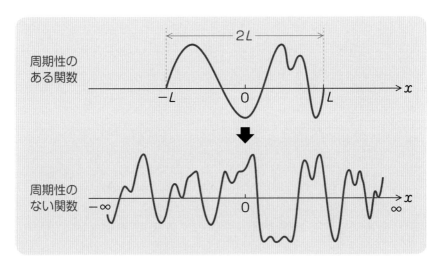

　周期 $2L$ の関数 $f(x)$ の複素フーリエ級数と係数 c_n を、

$$f(x) = \sum_{n=-\infty}^{\infty} c_n e^{i\frac{n\pi}{L}x} \quad \blacktriangleleft 複素フーリエ級数$$

$$c_n = \frac{1}{2L} \int_{-L}^{L} f(u) e^{-i\frac{n\pi}{L}u} du \quad \blacktriangleleft 複素フーリエ係数$$

とします（便宜上、c_n の式の積分変数は u に置き換えています）。係数 c_n の式を複素フーリエ級数の式に代入すると、

$$f(x) = \sum_{n=-\infty}^{\infty} \left(\frac{1}{2L} \int_{-L}^{L} f(u) e^{-i\frac{n\pi}{L}u} du \right) e^{i\frac{n\pi}{L}x}$$

$$= \frac{1}{2L} \sum_{n=-\infty}^{\infty} \left(\int_{-L}^{L} f(u) e^{-i\frac{n\pi}{L}u} du \right) e^{i\frac{n\pi}{L}x} \quad \blacktriangleleft 定数を外に出す$$

ここで、

$$\omega_n = \frac{n\pi}{L}, \quad \Delta\omega = \omega_{n+1} - \omega_n = \frac{(n+1)\pi - n\pi}{L} = \frac{\pi}{L}$$

とします。すると上の複素フーリエ級数の式は少し簡潔になって、

$$f(x) = \frac{1}{2L} \sum_{n=-\infty}^{\infty} \left(\int_{-L}^{L} f(u) e^{-i\omega_n u} du \right) e^{i\omega_n x} \quad \cdots ①$$

となります。この式の $f(x)$ を非周期的な関数とみなして、$L \to \infty$ としましょう。すると の積分は、

$$\int_{-L}^{L} f(u) e^{-i\omega_n u} du = \int_{-\infty}^{\infty} f(u) e^{-i\omega_n u} du$$

と書けます。$L \to \infty$ では、$\Delta\omega = \dfrac{\pi}{L}$ は限りなくゼロに近づくので、ω_n は連続変数とみなせます。そこで、変数名 ω_n を ω に変え、上の式を ω の関数とみなし、$F(\omega)$ と置きます。

$$F(\omega) = \int_{-\infty}^{\infty} f(u) e^{-i\omega u} du$$

　この式は、関数 $f(u)$ を $F(\omega)$ という別の関数に変換する働きをするので、フーリエ変換といいます。

　関数 $F(\omega)$ を式①に代入すると、

$$f(x) = \frac{1}{2L} \sum_{n=-\infty}^{\infty} F(\omega) e^{i\omega x}$$

$$= \frac{\Delta\omega}{2\pi} \sum_{n=-\infty}^{\infty} F(\omega) e^{i\omega x} \quad \blacktriangleleft \; \Delta\omega = \frac{\pi}{L} \; \text{より}$$

$$= \frac{1}{2\pi} \sum_{n=-\infty}^{\infty} F(\omega) \Delta\omega \cdot e^{i\omega x}$$

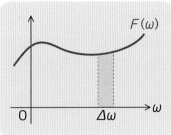

関数 $F(\omega)$ に $\Delta\omega$ を掛けた値は、右図のような細長い短冊上の面積を表します。$\Delta\omega$ を限りなくゼロに近づければ、その総和は積分とみなすことができます。したがって、

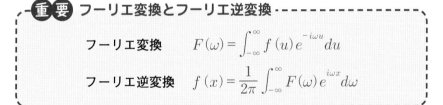

$$f(x) = \frac{1}{2\pi} \underbrace{\sum_{n=-\infty}^{\infty}}_{\int_{-\infty}^{\infty}} F(\omega) \underbrace{\Delta\omega}_{d\omega} e^{i\omega x} = \frac{1}{2\pi} \int_{-\infty}^{\infty} F(\omega) e^{i\omega x} d\omega$$

となります。この式は、フーリエ変換した関数 $F(\omega)$ を元の関数 $f(x)$ に戻すので、フーリエ逆変換といいます。

重要 **フーリエ変換とフーリエ逆変換**

フーリエ変換　　$F(\omega) = \displaystyle\int_{-\infty}^{\infty} f(u) e^{-i\omega u} du$

フーリエ逆変換　$f(x) = \dfrac{1}{2\pi} \displaystyle\int_{-\infty}^{\infty} F(\omega) e^{i\omega x} d\omega$

なお、上の式ではフーリエ逆変換の式にだけ係数 $\dfrac{1}{2\pi}$ がついていますが、これをフーリエ変換にも割り振って、

$$F(\omega) = \frac{1}{\sqrt{2\pi}} \int_{-\infty}^{\infty} f(u) e^{-i\omega u} du$$

$$f(x) = \frac{1}{\sqrt{2\pi}} \int_{-\infty}^{\infty} F(\omega) e^{i\omega x} d\omega$$

とする場合もあります。

第7章　フーリエ級数とフーリエ変換

◾◾ フーリエ変換の意味

　フーリエ変換は、関数 $f(x)$ を ω の関数 $F(\omega)$ に変換します。ここで、変数 ω は、$\sin\omega x$ や $\cos\omega x$ のように、関数 $f(x)$ の成分となる三角関数の波形の周期を変化させる変数ですから、$F(\omega)$ は関数 $f(x)$ に含まれる周波数 ω の波形成分を取り出す関数と考えることができます。

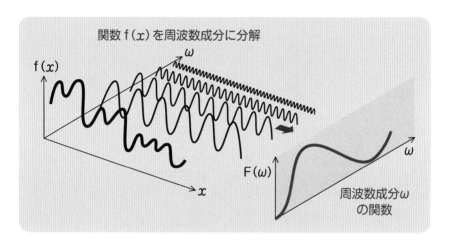

関数 f(x) を周波数成分に分解

　物理学では、熱力学、電磁気学、量子力学といった様々な分野の物理量の解析にフーリエ変換が使われています。

◾◾ いろいろな関数をフーリエ変換する

例題1 次のパルス信号のフーリエ変換を求めなさい。

$$f(x) = \begin{cases} 1 & (|x| < a) \\ 0 & (|x| > a) \end{cases}$$

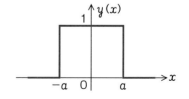

解 フーリエ変換の式に $f(x)$ の値を当てはめると、次のようになります。

$$F(\omega) = \int_{-\infty}^{\infty} f(x) e^{-i\omega x} dx = \int_{-a}^{a} 1 \cdot e^{-i\omega x} dx$$

$-a < x < a$ 以外は $f(x) = 0$ なので、この範囲のみ積分すればよい

$$= \left[-\frac{1}{i\omega} e^{-i\omega x} \right]_{-a}^{a} \quad \blacktriangleleft \int e^{ax} dx = \frac{1}{a} e^{ax} + C$$

$$= -\frac{1}{i\omega} (e^{-i\omega a} - e^{i\omega a})$$

$$= -\frac{1}{i\omega} (\cos a\omega - i\sin a\omega - \cos a\omega - i\sin a\omega) = \frac{2\sin a\omega}{\omega} \quad \cdots \text{(答)}$$

ここで求めた $F(\omega)$ のグラフは、次のようになります。

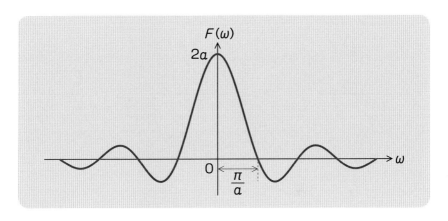

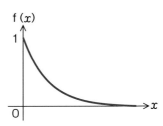

例題2 次の関数のフーリエ変換を求めなさい。

$$f(x) = \begin{cases} e^{-ax} & (x \geqq 0) \\ 0 & (x < 0) \end{cases}$$

解 フーリエ変換の式に $f(x)$ の値を当てはめると、次のようになります。

$$F(\omega) = \int_{-\infty}^{\infty} f(x) e^{-i\omega x} dx = \int_{0}^{\infty} e^{-ax} \cdot e^{-i\omega x} dx = \int_{0}^{\infty} e^{-(a+i\omega)x} dx$$

$$= \left[-\frac{1}{a+i\omega} e^{-(a+i\omega)x} \right]_0^\infty \quad \blacktriangleleft \int e^{ax}dx = \frac{1}{a}e^{ax}+C$$

$$= -\frac{1}{a+i\omega}(\underset{=0}{\underbrace{e^{-\infty}}}-\underset{=1}{\underbrace{e^{0}}}) = \frac{1}{a+i\omega} \quad \cdots \text{（答）}$$

この結果は分母に虚数単位 i が含まれているので、実部と虚部に分け
て整理すると、

$$F(\omega) = \frac{1}{a+i\omega} = \frac{a-i\omega}{(a+i\omega)(a-i\omega)} = \frac{a-i\omega}{a^2-i^2\omega^2} = \frac{a-i\omega}{a^2+\omega^2}$$

$$= \underset{\text{実部}}{\underbrace{\frac{a}{a^2+\omega^2}}} - i\underset{\text{虚部}}{\underbrace{\frac{\omega}{a^2+\omega^2}}} \qquad \underset{i^2=-1}{\sqcup}$$

実部と虚部をそれぞれグラフにすると、次のようになります。とく
に、実部がこのような左右対称のグラフになる関数を、**ローレンツ型関
数**といいます。

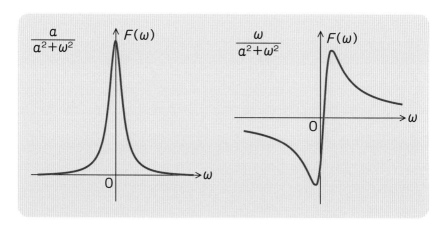

練習問題2 （答えは 328 ページ）

次の関数で表される信号のフー
リエ変換を求めなさい。

$$f(x) = \begin{cases} e^{-ax} & (x \geqq 0) \\ e^{ax} & (x < 0) \end{cases}$$

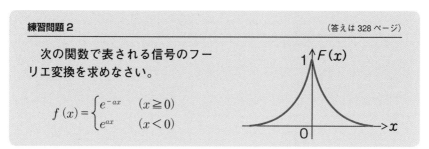

第7章　練習問題の解答

練習問題1 ≫316 ページ

　基本周期は 2π なので、$L = \pi$ としてフーリエ係数を求めます。ただし、グラフは原点を中心に対称なので、$f(x)$ は奇関数となり、$a_n = 0$ です。

　一方、b_n は次のようになります。

$$b_n = \frac{1}{\pi}\int_{-\pi}^{\pi} x\sin nx\,dx \quad \blacktriangleleft 奇関数 \times 奇関数 = 偶関数$$

$$= \frac{2}{\pi}\int_0^{\pi} x\sin nx\,dx \quad \blacktriangleleft f(x)=x,\ g'(x)=\sin nx と置く$$

$$= \frac{2}{\pi}\left\{\left[x \cdot \left(-\frac{1}{n}\cos nx\right)\right]_0^{\pi} - \int_0^{\pi} 1 \cdot \left(-\frac{1}{n}\cos nx\right)dx\right\} \quad \blacktriangleleft 定積分の部分積分$$

$$= \frac{2}{\pi}\left\{-\frac{1}{n}(\pi\cos n\pi - 0 \cdot \cos 0) + \frac{1}{n}\int_0^{\pi}\cos nx\,dx\right\}$$

$$= \frac{2}{\pi}\left\{-\frac{\pi}{n}\cos n\pi + \frac{1}{n}\left[\frac{1}{n}\sin nx\right]_0^{\pi}\right\}$$

$$= \frac{2}{\pi}\left(-\frac{\pi}{n}\cos n\pi + \frac{1}{n^2}\sin n\pi\right) \quad \blacktriangleleft \int\cos nx\,dx = \frac{1}{n}\sin nx + C$$

（n がどんな整数でも 0 になる）

$$= -\frac{2}{n}\cos n\pi$$

　上の式において、$n = 1,\ 3,\ 5,\ \cdots$ のとき、$\cos n\pi = -1$

$$\therefore b_n = -\frac{2}{n} \cdot (-1) = \frac{2}{n} \quad (n = 1,\ 3,\ 5,\ \cdots)$$

また、$n = 2,\ 4,\ 6,\ \cdots$ のとき、$\cos n\pi = 1$

$$\therefore b_n = -\frac{2}{n} \cdot 1 = -\frac{2}{n} \quad (n = 2,\ 4,\ 6,\ \cdots)$$

となります。これらをフーリエ級数の式に代入すると、次のようになります。

$$f(x) = \frac{a_0}{2} + \sum_{n=1}^{\infty}\left(a_n\cos\frac{n\pi}{L}x + b_n\sin\frac{n\pi}{L}x\right)$$

（$a_0 \to 0$, $a_n \to 0$, $L \to \pi$）

$$= \sum_{n=1}^{\infty} b_n\sin nx$$

$$= b_1\sin x + b_2\sin 2x + b_3\sin 3x + b_4\sin 4x + b_5\sin 5x + \cdots$$

（$b_1 = \frac{2}{n}$, $b_2 = -\frac{2}{n}$, $b_3 = \frac{2}{n}$, $b_4 = -\frac{2}{n}$, $b_5 = \frac{2}{n}$）

$$= \frac{2}{1} \sin x - \frac{2}{2} \sin 2x + \frac{2}{3} \sin 3x - \frac{2}{4} \sin 4x + \frac{2}{5} \sin 5x - \cdots$$

◀ 総和記号を
使ってまと
める

$$= 2 \sum_{n=1}^{\infty} \frac{(-1)^{n+1}}{n} \sin nx$$

練習問題2 ≫ 326 ページ

$$F(\omega) = \int_{-\infty}^{0} e^{ax} \cdot e^{-i\omega x} dx + \int_{0}^{\infty} e^{-ax} \cdot e^{-i\omega x} dx$$

$$= \int_{-\infty}^{0} e^{(a-i\omega)x} dx + \int_{0}^{\infty} e^{-(a+i\omega)x} dx$$

$$= \left[\frac{1}{a-i\omega} e^{(a-i\omega)x} \right]_{-\infty}^{0} + \left[-\frac{1}{a+i\omega} e^{-(a+i\omega)x} \right]_{0}^{\infty}$$

◀ $\int e^{ax} dx = \frac{1}{a} e^{ax}$

$$= \frac{1}{a-i\omega} \underbrace{(e^{0}}_{=1} - \underbrace{e^{-\infty})}_{=0} - \frac{1}{a+i\omega} \underbrace{(e^{-\infty}}_{=0} - \underbrace{e^{0})}_{=1}$$

$$= \frac{1}{a-i\omega} + \frac{1}{a+i\omega}$$

$$= \frac{(a+i\omega) + (a-i\omega)}{(a-i\omega)(a+i\omega)}$$

◀ 通分する

$$= \frac{2a}{a^2 + \omega^2} \quad \cdots \text{（答）}$$

『やさしくわかる物理学のための数学』公式集

三角関数の基本公式　　　　　▶P.27

$\sin^2\theta + \cos^2\theta = 1$

$\tan\theta = \dfrac{\sin\theta}{\cos\theta}$

$\sin(-\theta) = -\sin\theta,\ \cos(-\theta) = \cos\theta$

$\sin\theta = \cos\left(\dfrac{\pi}{2} - \theta\right),\ \cos\theta = \sin\left(\dfrac{\pi}{2} - \theta\right)$

加法定理　　　　　　　　　　▶P.30

$\sin(\alpha \pm \beta) = \sin\alpha\cos\beta \pm \cos\alpha\sin\beta$

$\cos(\alpha \pm \beta) = \cos\alpha\cos\beta \mp \sin\alpha\sin\beta$

倍角の公式　　　　　　　　　▶P.32

$\sin2\alpha = 2\sin\alpha\cos\alpha$

$\cos2\alpha = \cos^2\alpha - \sin^2\alpha = 2\cos^2\alpha - 1$

$\qquad\quad = 1 - 2\sin^2\alpha$

半角の公式　　　　　　　　　▶P.32

$\sin^2\dfrac{\alpha}{2} = \dfrac{1 - \cos\alpha}{2} \qquad \cos^2\dfrac{\alpha}{2} = \dfrac{1 + \cos\alpha}{2}$

積を和にする公式　　　　　　▶P.33

$\sin\alpha\cos\beta = \dfrac{\sin(\alpha + \beta) + \sin(\alpha - \beta)}{2}$

$\cos\alpha\sin\beta = \dfrac{\sin(\alpha + \beta) - \sin(\alpha - \beta)}{2}$

$\cos\alpha\cos\beta = \dfrac{\cos(\alpha + \beta) + \cos(\alpha - \beta)}{2}$

$\sin\alpha\sin\beta = \dfrac{\cos(\alpha - \beta) - \cos(\alpha + \beta)}{2}$

和を積にする公式　　　　　　▶P.33

$\sin A + \sin B = 2\sin\dfrac{A + B}{2}\cos\dfrac{A - B}{2}$

$\sin A - \sin B = 2\cos\dfrac{A + B}{2}\sin\dfrac{A - B}{2}$

$\cos A + \cos B = 2\cos\dfrac{A + B}{2}\cos\dfrac{A - B}{2}$

$\cos A - \cos B = -2\sin\dfrac{A + B}{2}\sin\dfrac{A - B}{2}$

三角関数の合成　　　　　　　▶P.33

$A\sin\theta + B\cos\theta = \sqrt{A^2 + B^2}\ \sin(\theta + \alpha),$

$\tan\alpha = \dfrac{B}{A}$

指数法則　　　　　　　　　　▶P.37

$a^m \cdot a^n = a^{m+n} \qquad \dfrac{a^m}{a^n} = a^{m-n} \qquad (a^m)^n = a^{mn}$

$(ab)^n = a^n b^n \qquad a^0 = 1$

対数の性質　　　　　　　　　▶P.41

$\log_a a^k = k \qquad \log_a a = 1,\ \log_a 1 = 0$

$\log_a N^k = k\log_a N$

$\log_a MN = \log_a M + \log_a N$

$\log_a \dfrac{M}{N} = \log_a M - \log_a N$

$\log_a b = \dfrac{\log_c b}{\log_c a}$

微分の基本公式　　　　　　　▶P.53

$(x^n)' = nx^{n-1}$

$(k)' = 0 \quad \{kf(x)\}' = kf'(x) \quad ※k は定数$

$\{f(x) \pm g(x)\}' = f'(x) \pm g'(x)$

積の微分公式　　　　　　　　▶P.56

$\{f(x)g(x)\}' = f'(x)g(x) + f(x)g'(x)$

逆数の微分公式　　　　　　　▶P.56

$\left\{\dfrac{1}{f(x)}\right\}' = -\dfrac{f'(x)}{\{f(x)\}^2}$

商の微分公式 ▶P.56

$$\left\{\frac{f(x)}{g(x)}\right\}' = \frac{f'(x)g(x)-f(x)g'(x)}{\{g(x)\}^2}$$

合成関数の微分公式 ▶P.56

$$\{f(g(x))\}' = f'(g(x))g'(x)$$

逆関数の微分公式 ▶P.56

$$g'(x) = \frac{1}{f'(y)}$$ ※$g(x)$は$f(x)$の逆関数

三角関数の微分 ▶P.64, 66

$$(\sin x)' = \cos x \qquad (\cos x)' = -\sin x$$
$$(\tan x)' = \frac{1}{\cos^2 x}$$
$$\{\sin(ax+b)\}' = a\cos(ax+b)$$
$$\{\cos(ax+b)\}' = -a\sin(ax+b)$$

対数関数の微分 ▶P.68

$$(\log_a x)' = \frac{1}{x\log a} \qquad (\log x)' = \frac{1}{x}$$

指数関数の微分 ▶P.68, 71

$$(a^x)' = a^x\log a \qquad (e^x)' = e^x$$
$$\{e^{ax+b}\}' = ae^{ax+b}$$

不定積分の基本公式 ▶P.76

$$\int x^n dx = \frac{1}{n+1}x^{n+1}+C$$
$$\int k dx = kx+C$$
$$\int kf(x)dx = k\int f(x)dx$$ ※kは定数
$$\int\{f(x)\pm g(x)\}dx = \int f(x)dx \pm \int g(x)dx$$

いろいろな関数の積分 ▶P.78, 82

$$\int \frac{1}{x}dx = \log|x|+C$$
$$\int \frac{1}{ax+b}dx = \frac{1}{a}\log|ax+b|+C$$

$$\int e^x dx = e^x+C$$
$$\int e^{ax+b}dx = \frac{1}{a}e^{ax+b}+C$$
$$\int \sin x dx = -\cos x+C$$
$$\int \sin(ax+b)dx = -\frac{1}{a}\cos(ax+b)+C$$
$$\int \cos x dx = \sin x+C$$
$$\int \cos(ax+b)dx = \frac{1}{a}\sin(ax+b)+C$$

部分積分 ▶P.82

$$\int f(x)g'(x)dx = f(x)g(x) - \int f'(x)g(x)dx$$

定積分 ▶P.84, 85, 87

$$\int_a^b f(x)dx = \Big[F(x)\Big]_a^b = F(b)-F(a)$$
$$\int_a^b f(x)dx = \int_a^c f(x)dx + \int_c^b f(x)dx$$
$$\int_a^b f(x)dx = -\int_b^a f(x)dx$$
$$\int_a^b f(x)g'(x)dx = \Big[f(x)g(x)\Big]_a^b - \int_a^b f'(x)g(x)dx$$

2×2 の逆行列 ▶P.104

$$\begin{pmatrix} a & b \\ c & d \end{pmatrix}^{-1} = \frac{1}{ad-bc}\begin{pmatrix} d & -b \\ -c & a \end{pmatrix}$$

3×3 の逆行列 ▶P.108

$$A^{-1} = \frac{1}{\det A}\begin{pmatrix} C_{11} & C_{21} & C_{31} \\ C_{12} & C_{22} & C_{32} \\ C_{13} & C_{23} & C_{33} \end{pmatrix}$$

※$C_{ij} = (-1)^{i+j}M_{ij}$

行列式 ▶P.111

$$\det A = a_{i1}C_{i1} + a_{i2}C_{i2} + \cdots + a_{in}C_{in}$$
$$= a_{1j}C_{1j} + a_{2j}C_{2j} + \cdots + a_{nj}C_{nj}$$
$$(i=1, 2, \cdots, n, \ j=1, 2, \cdots, n)$$

クラメルの公式　　　　　　　　▶P.118

$$\begin{pmatrix} a_{11} & a_{12} & a_{13} \\ a_{21} & a_{22} & a_{23} \\ a_{31} & a_{32} & a_{33} \end{pmatrix} \begin{pmatrix} x \\ y \\ z \end{pmatrix} = \begin{pmatrix} b_1 \\ b_2 \\ b_3 \end{pmatrix} \text{のとき、} \begin{cases} x = \dfrac{D_x}{\det A} \\ y = \dfrac{D_y}{\det A} \\ z = \dfrac{D_z}{\det A} \end{cases}$$

$$\text{※} D_z = \begin{vmatrix} b_1 & a_{12} & a_{13} \\ b_2 & a_{22} & a_{23} \\ b_3 & a_{32} & a_{33} \end{vmatrix} \quad D_y = \begin{vmatrix} a_{11} & b_1 & a_{13} \\ a_{21} & b_2 & a_{23} \\ a_{31} & b_3 & a_{33} \end{vmatrix} \quad D_z = \begin{vmatrix} a_{11} & a_{12} & b_1 \\ a_{21} & a_{22} & b_2 \\ a_{31} & a_{32} & b_3 \end{vmatrix}$$

ベクトルの内積（スカラー積）　▶P.129

$$\vec{A} \cdot \vec{B} = |\vec{A}||\vec{B}|\cos\theta = a_1 b_1 + a_2 b_2 + a_3 b_3$$

$\vec{B}(b_1, \ b_2, \ b_3)$

$\vec{A}(a_1, \ a_2, \ a_3)$

ベクトルの外積（ベクトル積）　▶P.131

$$\vec{A} \times \vec{B} = \begin{vmatrix} a_2 & a_3 \\ b_2 & b_3 \end{vmatrix} \vec{i} + \begin{vmatrix} a_3 & a_1 \\ b_3 & b_1 \end{vmatrix} \vec{j} + \begin{vmatrix} a_1 & a_2 \\ b_1 & b_2 \end{vmatrix} \vec{k}$$

ド・モアブルの定理　　　　　　▶P.138

$$(\cos\theta + i\sin\theta)^n = \cos n\theta + i\sin n\theta$$

オイラーの公式　　　　　　　　▶P.145

$$e^{ix} = \cos x + i\sin x$$

1階線形微分方程式の一般解　▶P.160, 162

同次方程式：$y = Ce^{-\int P(x)dx}$

非同次方程式：

$$y = e^{-\int P(x)dx} \left(\int Q(x) \, e^{\int P(x)dx} \, dx + C \right)$$

ロンスキアン　　　　　　　　　▶P.168

$$W(y_1, \ y_2) = \begin{vmatrix} y_1 & y_2 \\ y_1' & y_2' \end{vmatrix}$$

定数係数の2階同次線形方程式の一般解　▶P.176

①特性方程式が実数解 λ_1, λ_2 をもつ：

$$y = C_1 e^{\lambda_1 x} + C_2 e^{\lambda_2 x}$$

②特性方程式が重解 λ をもつ：

$$y = e^{\lambda x}(C_1 + C_2 x)$$

③特性方程式が虚数解 $\alpha + i\beta$, $\alpha - i\beta$ を
　もつ：$y = e^{\alpha x}(C_1 \cos\beta x + C_2 \sin\beta x)$

定数係数の2階非同次線形方程式の一般解▶P.180

$$y = \underbrace{C_1 y_1 + C_2 y_2}_{\text{同次方程式の一般解}} - y_1 \int \frac{R(x) y_2}{W(y_1, \ y_2)} dx$$

$$+ y_2 \int \frac{R(x) y_1}{W(y_1, \ y_2)} dx$$

勾配（grad）　　　　　　　　　▶P.209

$$\mathrm{grad}\, \phi = \frac{\partial \phi}{\partial x} \vec{i} + \frac{\partial \phi}{\partial y} \vec{j} + \frac{\partial \phi}{\partial z} \vec{k}$$

発散（div）　　　　　　　　　　▶P.216

$$\mathrm{div}\, \vec{A} = \frac{\partial A_x}{\partial x} + \frac{\partial A_y}{\partial y} + \frac{\partial A_z}{\partial z}$$

回転（rot）　　　　　　　　　　▶P.221

$$\mathrm{rot}\, \vec{A} = \left(\frac{\partial A_z}{\partial y} - \frac{\partial A_y}{\partial z} \right) \vec{i} + \left(\frac{\partial A_x}{\partial z} - \frac{\partial A_z}{\partial x} \right) \vec{j}$$

$$\left(\frac{\partial A_y}{\partial x} - \frac{\partial A_x}{\partial y} \right) \vec{k}$$

二次元スカラー場の線積分　▶P.246, 249

$$\int_C f(x, y)ds = \int_a^b f(x, g(x)) \sqrt{1 + \left(\frac{dy}{dx} \right)^2} \, dx$$

※曲線$C: y = g(x)$　$(a \leqq x \leqq b)$

$$\int_C f(x, y)ds$$

$$= \int_a^b f(x(t), y(t)) \sqrt{\left(\frac{dx}{dt} \right)^2 + \left(\frac{dy}{dt} \right)^2} \, dt$$

※曲線$C: \vec{r}(t) = x(t)\vec{i} + y(t)\vec{j}$　$(a \leqq t \leqq b)$

ベクトル場の線積分　　　　　　▶P.253

$$\int_C \vec{A}(x, y, z) \cdot d\vec{s} = \int_C (A_x dx + A_y dy + A_z dz)$$

スカラー場の面積分　　　▶P.263

$$\iint_S \phi(x, y, z)\, dS$$
$$= \iint_D \phi(x, y, f(x, y)) \sqrt{\left(\frac{\partial f}{\partial x}\right)^2 + \left(\frac{\partial f}{\partial y}\right)^2 + 1}\, dxdy$$

※曲線$S : z = f(x, y)$

ベクトル場の面積分　　　▶P.269

$$\iint_S \vec{A} \cdot \vec{n}\, dS$$
$$= \iint_D \left(- A_x \frac{\partial f}{\partial x} - A_y \frac{\partial f}{\partial y} + A_z \right) dxdy$$

平面におけるグリーンの定理　　　▶P.274

$$\oint_C P(x, y)\, dx + Q(x, y)\, dy$$
$$= \iint_D \left(\frac{\partial Q}{\partial x} - \frac{\partial P}{\partial y}\right) dxdy$$

ストークスの定理　　　▶P.280

$$\oint_C \vec{A} \cdot d\vec{s} = \iint_S \mathrm{rot}\, \vec{A} \cdot \vec{n}\, dS$$

ガウスの発散定理　　　▶P.283

$$\iint_S \vec{A} \cdot \vec{n}\, dS = \iiint_V \mathrm{div}\, \vec{A}\, dV$$

フーリエ級数とフーリエ係数　　　▶P.307

$$f(x) = \frac{a_0}{2} + \sum_{n=1}^{\infty} \left(a_n \cos \frac{n\pi}{L} x + b_n \sin \frac{n\pi}{L} x\right)$$
$$a_n = \frac{1}{L} \int_{-L}^{L} f(x) \cos \frac{n\pi}{L} x dx$$
$$b_n = \frac{1}{L} \int_{-L}^{L} f(x) \sin \frac{n\pi}{L} x dx$$

複素フーリエ級数　　　▶P.319

$$f(x) = \sum_{n=-\infty}^{\infty} c_n e^{i\frac{n\pi}{L}x}$$
$$c_n = \frac{1}{2L} \int_{-L}^{L} f(x) e^{-i\frac{n\pi}{L}x} dx$$

フーリエ変換　　　▶P.323

$$F(\omega) = \int_{-\infty}^{\infty} f(u)\, e^{-i\omega u} du$$

フーリエ逆変換　　　▶P.323

$$f(x) = \frac{1}{2\pi} \int_{-\infty}^{\infty} F(\omega)\, e^{i\omega x} d\omega$$

索引

333

●著者略歴　**株式会社ノマド・ワークス**（執筆：平塚陽介）

　書籍、雑誌、マニュアルの企画・執筆・編集・制作に従事する。著書に『電験三種ポイント攻略テキスト＆問題集』『電験三種に合格するための初歩からのしっかり数学』『第1・2種電気工事士　合格へのやりなおし数学』『中学レベルからはじめる！やさしくわかる統計学のための数学』『徹底図解　基本からわかる電気数学』（ナツメ社）、『消防設備士4類　超速マスター』（TAC出版）、『らくらく突破 乙種第4類危険物取扱者合格テキスト』（技術評論社）、『図解まるわかり時事用語』（新星出版社）、『かんたん合格　基本情報技術者過去問題集』（インプレス）等多数。

　　　本文イラスト◆川野　郁代
　　　　編集協力◆ノマド・ワークス
　　　　編集担当◆山路　和彦（ナツメ出版企画株式会社）

ナツメ社Webサイト
http://www.natsume.co.jp
書籍の最新情報（正誤情報を含む）は
ナツメ社Webサイトをご覧ください。

こうこう
高校レベルからはじめる！
ぶつりがく　　　　　すうがく
やさしくわかる物理学のための数学

2020年 9月 1日　初版発行

著　者	ノマド・ワークス	©Nomad Works, 2020
発行者	田村正隆	

発行所　　株式会社ナツメ社
　　　　　東京都千代田区神田神保町1-52　ナツメ社ビル1F（〒101-0051）
　　　　　電話　03(3291)1257（代表）　　FAX　03(3291)5761
　　　　　振替　00130-1-58661
制　作　　ナツメ出版企画株式会社
　　　　　東京都千代田区神田神保町1-52　ナツメ社ビル3F（〒101-0051）
　　　　　電話　03(3295)3921（代表）
印刷所　　広研印刷株式会社

ISBN978-4-8163-6896-7　　　　　　　　　　Printed in Japan